数智赋能智能生产线组线关键技术

王红军　王翰洋　著

中国财富出版社有限公司

图书在版编目（CIP）数据

数智赋能智能生产线组线关键技术 / 王红军，王翰洋著．－－北京：中国财富出版社有限公司，2025.3．－－ISBN 978－7－5047－8399－8

Ⅰ．TG659；TP278

中国国家版本馆 CIP 数据核字第 20256W569H 号

策划编辑 徐 妍　　**责任编辑** 徐 妍　　**版权编辑** 武 玥

责任印制 荀 宁　　**责任校对** 杨小静　　**责任发行** 敬 东

出版发行 中国财富出版社有限公司

社　　址 北京市丰台区南四环西路 188 号 5 区 20 楼　　**邮政编码** 100070

电　　话 010－52227588 转 2098（发行部）　　010－52227588 转 321（总编室）

010－52227566（24 小时读者服务）　　010－52227588 转 305（质检部）

网　　址 http：//www.cfpress.com.cn　　**排　　版** 宝蕾元

经　　销 新华书店　　**印　　刷** 北京九州迅驰传媒文化有限公司

书　　号 ISBN 978－7－5047－8399－8/TP·0118

开　　本 710mm×1000mm　1/16　　**版　　次** 2025 年 3 月第 1 版

印　　张 15　　**印　　次** 2025 年 3 月第 1 次印刷

字　　数 253 千字　　**定　　价** 62.00 元

内容简介

我国大力推动数智赋能中小企业数字化转型，着力推进制造业信息化建设，使国产数控机床得到广泛应用。本书对国产数控机床组线技术进行研究，阐述了数控机床组线的技术规范和柔性生产线的可靠性保障技术，探讨了智能制造生产线的基本组成和发展趋势。本书是围绕国产数控机床组线关键技术，并结合作者在该领域的科研和工程实践写成的。

全书共分为5章，全面系统地介绍了各个行业对国产数控机床组线的需求、智能制造生产线组线布局技术、生产线布局的数字化建模、智能制造生产线性能的仿真分析；国产数控机床组线设备及刀具选型、国产数控机床生产控制规范、数控机床的可靠性评估与运维等。

本书可作为高等学校机械工程及自动化、机械电子工程、工业工程、管理工程等专业的本科生及研究生的参考教材，也可作为机械工程领域的工程师、智能制造领域的研究人员等的参考用书。

前　言

制造业是国民经济和综合国力的支柱产业，关系着国计民生的发展。近十年来，人们将制造技术与飞速发展的信息技术有机融合，逐渐形成新一代“先进制造技术”。生产线是制造业中的关键元素，对生产线设计提供有效的技术支持，能推动制造业乃至国计民生的发展。特别是大量采用新技术、新结构、新材料后，汽车零部件生产线、航空结构件加工不得不大量使用国外高档数控机床。国产数控机床成套能力不强、可靠性低，特别是服役阶段的运行可靠性已成为国内机床产业发展的技术瓶颈，引起行业和学术界高度关注。这些严重制约着国产数控机床的市场推广和工程化应用，急需全面梳理数控机床组线资源，分析重点行业对组线工艺的需求，开展国产数控机床组线方法研究，为重点领域对成套数控装置及组线配套技术需求提供指导性参考。

本书针对当前我国中小企业数字化转型和制造过程信息化建设的需求，结合作者长期以来在科研和工程方面的实践经验，主要针对国产数控机床组线关键技术进行研究，探讨智能制造生产线的基本组成和发展趋势；阐述数控机床组线的布局、仿真分析、设备选型等技术规范及可靠性保障技术，既有基本理论，也有相关的科研成果、场景案例和前沿介绍。

全书共分为 5 章，全面系统地介绍了各个行业对国产数控机床组线的需求、智能制造生产线组线布局技术、生产线布局的数字化建模、智能制造生产线性能的仿真分析；国产数控机床组线设备及刀具选型、国产数控机床生产控制规范、数控机床的可靠性评估与运维等。

本书的出版得到了北京市自然科学基金（IS24076），国家自然科学基金（51575055），“高档数控机床与基础制造装备”科技重大专项（2015ZX04001002），北京市自然科学基金重点项目（KZ201211232039），北京市自然科学基金重点项目（21JC0016），北京市科学技术委员会、中关村科技园区管理委员会计划项目

（Z201100008320004），北京市属高等学校人才强教深化计划学术创新团队资助项目（PHR201106132），北京市科技计划（D121100004112001、D08010400130801）等项目的资助。感谢国家自然科学基金委员会、“高档数控机床与基础制造装备”国家科技重大专项实施管理办公室、北京市自然科学基金委员会、北京市科学技术委员会的支持。对课题组的徐小力、韩秋实、杨庆东等所有老师，课题组的孙磊、柴树峰、林雯雯、周玉飞、冯昊天、杨俊峰、毛向向、徐统等全体研究生表示衷心的感谢！该书的出版得到了北京市教学名师项目、高端装备智能感知与控制北京市国际科技合作基地、北京信息科技大学中小企业数字化转型赋能中心暨未来数智产业学院和北京市高水平教学团队项目的支持，对北京市教委和北京信息科技大学的支持表示感谢！

书中的遗漏和不妥之处敬请各位专家、读者批评指正，不吝赐教。

作　者

2025 年 1 月

目 录

第1章　绪论

制造业是国民经济的支柱产业，随着科技的飞速发展和全球制造业的转型升级，智能制造已成为制造业发展的重要趋势。智能制造生产线作为实现智能制造的核心载体，其建设对提升制造业生产效率、降低成本、增强市场竞争力具有重要意义。

随着科学技术的飞速发展和市场竞争的日趋激烈，以及航空、汽车和轻工业消费产品的高速增长，对零件加工的精度、效率、绿色制造技术及产品回收循环制造技术的要求越来越高。随着大量采用新技术、新结构、新材料，汽车零部件生产线、航空结构件加工不得不大量使用国外高档数控机床。国产数控机床近年发展迅速，在精度、速度、多轴联动和复合加工等先进功能方面取得了明显进展。但国产数控机床成套能力不强，可靠性低，特别是服役阶段的运行可靠性已成为国内机床产业发展的技术瓶颈，引起了行业和学术界的高度关注，这些严重制约了国产数控机床的市场推广和工程化应用。

智能制造生产线是指采用先进的信息技术、自动化技术和制造技术，实现生产线全过程的高度自动化、智能化和柔性化。通过智能制造生产线，企业可以实现对生产过程的精准控制、资源优化配置和高效协同，从而提高生产效率、降低能耗和减少浪费。智能制造生产线的特点包括：

①高度自动化。智能制造生产线采用大量自动化设备，实现生产过程的自动化和无人化，减少人力成本，提高生产效率。

②智能化管理。智能制造生产线通过运用物联网、大数据、人工智能等技术，实现对生产设备的智能监控、故障诊断和预警，提高设备利用率和维护效率。

③柔性化生产。智能制造生产线具有较高的生产灵活性，可根据市场需求快速调整生产计划和产品种类，满足个性化、多样化的需求。

1.1 国产数控机床的行业需求

1.1.1 航空工业需求

航空工业涉及的范围越来越广，产品种类越来越多，其主要产品分为军用飞机、民用飞机、机载设备、非航空设备四大类，重点是前两类。飞机制造所需要的机床主要用于加工发动机、机身（含机头、机翼、尾翼等）、机载设备（控制仪表、救生设备、通信设备、战术导弹等）和飞机起落架等。

（1）发动机加工设备

飞机的发动机种类很多，加工方式大同小异，所需设备以高精度数控机床为主，如加工箱体的四轴以上联动卧式加工中心和立式加工中心，加工叶片的五轴联动叶片加工中心，加工主轴的数控车床、高精度数控磨床等。

（2）机身（包括机头、机翼、尾翼等）加工设备

机身的零部件主要是大型框架结构，材料以铝合金、钛合金为主。其加工工艺也是大同小异，设备以数控龙门式机床为主，如数控龙门镗铣床、数控龙门加工中心、数控落地铣镗床、数控五轴联动龙门加工中心等。

（3）机载设备加工设备

由于机载设备种类很多，所需设备也比较复杂，一般需要规格较小的高精度、高速数控机床，如中小型高精度立式加工中心、高精度数控车床、数控磨床等。

（4）飞机起落架加工设备

飞机起落架所需材料比较特殊，起落支架采用高强度的钛合金等材料，加工难度大。其毛坯需要万吨压力机锻造成型，机械加工需要数控落地铣镗床、龙门五轴联动加工中心等设备。

1.1.2 兵器工业需求

在兵器工业中，各种装备的加工设备与大型汽车的加工设备有不少相同之处，需要各种高档数控机床，只是因批量较少，使用单机加工的较多。此

外，特殊材质厚钢板的加工需要各种大量切割机床和板材焊接设备。

①高新技术武器装备加工需要的设备。高新技术武器装备的加工，大多需要高精度数控机床，如高精度加工中心、高精度数控车床、高精度数控磨床及精密数控齿轮加工机床等。

②各种大型火炮等重武器制造设备。各种大型火炮的加工主要需要大型立式和卧式加工中心、数控龙门镗铣床、数控车床、数控深孔钻等设备。

③中小型武器加工需要的设备。这类武器的加工需要加工精度高、功能多的五轴联动机床，以及大批量、高效率生产和自动化程度高的机床。

④专用机床。专用机床包括加工枪炮来复线的拉线机、枪弹生产的多工位压力冲床和加工小直径长孔的深孔钻机床等。

⑤其他需要的设备。除以上设备外，兵器工业中还需要一些其他设备，如工业 CT 检测仪、光学镀膜机、多自由度振动台和一些分析仪器、检测仪器等。

1.1.3　船舶工业需求

我国船用设备装船率达 60% 以上，实现船用设备年销售收入持续增加，形成了一批具有较强国际竞争力的船用设备专业化生产企业。船舶工业需要的设备主要有：船体加工设备、船用柴油机机体制造设备、零件加工设备、螺旋推进器制造设备和船用机械和仪表制造设备。

①船体加工设备多为专用设备。如卷边设备、校平设备、压力机、折边机、型钢弯曲机、剪板机、刨边机、光电跟踪切割机、数控切割机、抛丸除锈设备等。

②船用柴油机机体制造设备。该种设备主要用到重型和超重型龙门镗铣床、数控落地镗铣床、大型数控卧式镗铣中心，多轴五联动数控镗铣床、数控立式车床、大型数控成型砂轮磨齿机。

③曲轴等零件加工设备。该种设备主要用到曲轴铣床、大型曲轴车铣中心、大型曲轴磨床等。

④螺旋推进器制造设备。该种设备主要用到大型五轴立式车铣中心、多轴五联动数控镗铣中心、大型数控立式车床等。

⑤船用机械和仪表制造设备。该种设备主要用到五轴立卧转换加工中心、

五轴车铣中心、卧式加工中心、大型数控落地镗铣床、数控立式车床、各种规格的数控车床和车削中心等。

1.1.4 汽车工业需求

汽车工业对数控机床的基本要求可以归纳为：高效柔性、精密可靠、环保成套。汽车工业的发展对机床行业有着巨大影响。汽车生产按工艺流程，大致可分为如下生产线：发动机（缸体、缸盖、曲轴、凸轮轴、连杆等）、变速箱、底盘零件、冲压、焊接、涂装、总装、铸造、锻造、热处理等生产线。

①发动机零部件生产线加工设备。包括缸体、缸盖、曲轴、凸轮轴、连杆等的生产线，主要采用高效、高性能、高可靠性的数控机床和专用数控机床，缸体、缸盖加工柔性生产线大多由卧式加工中心组成。曲轴加工设备主要有车拉机床、数控曲轴内铣或外铣床、数控曲轴磨床、曲轴抛光机等设备。凸轮轴加工设备主要有凸轮轴数控车床、凸轮轴磨床等。连杆加工大多为专用设备，如双端面磨床等。变速箱加工设备基本上与缸体的加工设备类似。

②大型覆盖件冲压、焊接、涂装、总装等设备。冲压设备主要用于加工大型覆盖件，如车门、侧围、前后盖、顶盖等板材类零件，冲压生产线可分为人工上下料和自动上下料两种，也有采用大型多工位压力机代替的。焊接设备中部件焊接大多采用悬挂式点焊机手工焊接，部分整车车身总成焊接采用焊接机器人焊接。涂装设备多采用机器人自动喷涂的方式。总装设备大多采用人工装配和机器人装配相结合的方法。

③铸造、锻造、热处理设备。铸造设备主要用于铸造发动机缸体、缸盖及变速箱等铸件，大多采用气冲造型自动生产线，从上料、造型、浇注到清砂等过程全程自动化，部分中小铸件采用压铸或其他精密铸造方法。热处理设备主要采用高频淬火、渗碳渗氮、电镀、涂层及发蓝等方法。

④各种汽车零部件生产设备。汽车的零部件有几千种，需要的机床各式各样，基本上覆盖了所有的机床品种。

1.1.5 电力工业需求

电力工业装备主要包括两大部分，即发电设备和电网设备。其中，发电设备分为煤电、水电、核电、风电和气电等；电网设备主要为超高压输变电设备，包括：变压器、断路器、电抗器、互感器、电容器、隔离开关等。

①煤电、核电和水电等发电设备。当前，我国仍然以火力发电为主，水力发电在快速增加，并将逐渐增加核能发电，这些发电机组的生产都需要大型、重型加工设备。加工一个重 200 多吨 60 万 kW 的汽轮机转子，需要回转直径 3.5 ~4.0m、长 15 ~20m 的重型卧车。加工涡轮叶片需要五轴联动加工中心。加工中压缸、高压缸需 20m 数控立式车床，镗杆直径为 200 ~260mm 的数控落地镗铣床，龙门宽 7.5 ~8m、长 22m 的数控龙门镗铣床等。

②风力发电设备。近几年风力发电发展迅速，内蒙古、新疆及山东、江苏、广东等地都做了大规模发展风力发电的规划。内蒙古自治区已上报国家和自治区的风电项目，规模达 139 万 kW，获得国家和自治区核准、批复的有 10 项，规模约达 64 万 kW。其中，有 6 个风力发电项目已经开工建设，投资约 40 亿元。风力发电机组要求设备可靠、寿命周期长，因此零部件的精度和功能要求高，如变速箱中的箱体孔、轴、齿轮等的精度要求达到 5 级，内齿轮的精度要求达到 6 级，寿命不小于 20 年，保用期 5 年。目前比较常用的是圆柱齿和圆锥齿，需要加工的零部件主要为变速箱体、箱盖、大型齿轮和齿圈，所需要的主要设备为各种大型卧式加工中心、龙门加工中心和龙门镗铣床、落地镗铣床、大型立式滚齿机、插齿机等。此外，在制作长达几十米的叶片（目前半径超过 60m）和高达几十米（目前已超过 80m）、直径几米（其内部具有人可以上下的装备）的大型塔柱时，需要各种大型成形加工设备。

③电网输变电设备。输变电设备在电力行业中的作用越来越重要，为了减少在输送电过程中的损耗，电压越来越高，规格越来越大。所需要的设备主要有加工变压器矽钢片的冲压设备和加工钢结构的成套数控设备，如铁塔型钢成套加工设备，包括切断、数控角钢冲孔、钻孔、开槽复合机等，为成形机床行业提供了广阔的市场空间。

1.1.6　工程机械需求

工程机械主要包括挖掘机械、铲土运输机械、工程起重机械、工业车辆、路面机械、桩工机械、混凝土机械、凿岩机械、军用工程机械等。

工程机械行业是机床企业的重要用户，需要较多的机床，如各种规格的立、卧加工中心（加工壳体和变速箱）、数控车床、数控磨床、齿轮加工机床、数控专用机床等。工程机械行业也需要大量锻压设备，如大型数控剪板机、数控折弯机、数控切割机、自动上下料的各种压力机等。此外，该行业还需要焊接机械手、机器人、喷漆与表面处理等设备。

1.1.7 重型机械需求

重型机械制造业主要为能源等工业和国防工业提供重大技术装备和大型铸锻件，为国家重大工程项目服务，如钢铁行业的大型冷热轧机、石油化工的钻探和加工设备、大型电站设备、地下核试验、航天发射和各种大型军工装备（如核潜艇压力壳、大型军舰等），为汽车工业、水利建设等部门提供大量的技术装备。

为了完成诸多的重大工程项目，需要大量高档数控机床，如数控重型立式和卧式车床、大型立式和卧式加工中心、数控龙门加工中心（含龙门五面体加工中心）、数控重型落地镗铣床、大型深孔钻床、大型立式和卧式滚齿机、大型数控轧辊、数控导轨磨床以及大型机械压力机、大型油压机、大型水压机、锻锤等大型锻造设备。

1.1.8 农业机械需求

我国农业在大力向农业机械化和自动化发展，农机产品结构发生了很大变化，国内对农机产品的需求增加，出口也大幅增加。而且，农机产品也由低档产品向大型、高效、成套及智能化的高档产品发展，如多功能通用型高效联合收割机、大中型拖拉机、自走式联合收割机、水稻插秧机、大型自走式喷灌机等。

这些自动化程度高的大型农业机械的制造，需要数控机床才能完成。如生产大型拖拉机、联合收割机等需要的设备同汽车生产类似，以生产自动化为主，所需设备有各种数控车床、立式和卧式加工中心、数控铣床、各种数控磨床、数控齿轮加工机床、各种组合机床等金属切割机床。加工板材需要各种成形机床，如数控剪板机、数控折弯机、数控压力机及锻造机等。

1.1.9 铁路行业需求

我国铁路建设速度加快，铁路制造业将迎来一个新的行业发展时期。

高速列车车体和机车的制造，需要大量高档数控机床。机车主要是电动机车和内燃机车的制造，以及转向架、制动系统等的加工，需要的数控机床主要有各种大中型立式和卧式加工中心、数控镗铣床、数控立式车床、数控磨床及数控专用机床等。

高速机车对车体和大型覆盖件的要求越来越高，开始采用铝合金或不锈钢等材料，表面加工要求很高，主要需要大量板材加工设备，如数控压力机、数控剪板机、数控折弯机和锻压机。高速动车组的车轮系统主要是动轮、车轮及车轴的加工，由于批量较大，制造企业多采用专用自动生产线，车轮加工多采用以数控立式车床组成并带有自动上下料和翻转机构的自动线。车轴加工大多采用由数控卧式车床和上下料机构组成的自动生产线。

大修机务段加工车轮主要使用数控专用仿形车轮车床或数控不落轮对车床，加工车轴大多采用数控车轴车床。此外，铁轨的接头和道岔加工大多采用数控道岔铣床等。

来自航空、航天领域的用户提出了比较具体的设备需求：一类是针对钛合金、高温合金等难加工材料的加工机床；另一类是针对铝合金及合成材料零件的加工设备。主要包括：①大型铝结构件加工机床，如高速、大功率、大型卧式镗铣床和龙门加工中心等；②中小结构件制造设备，如加工中心、复合机床等；③标准件自动加工生产线；④回转件加工用数控机床，包括数控车床、数控磨床、车铣复合加工中心等。

针对新一代油泵油嘴高压共轨系统的加工，汽车领域未来将对加工中心、电火花加工机床、液体研磨挤压机、高精密磨床、硬车、热处理设备、表面处理设备及装配线和测试设备等 17 大类产品具有较大需求。

未来对中高档数控设备的需求将越来越多，对成套设备和交钥匙工程将有较大需求。

1.2　汽车行业生产线的现状

1.2.1　汽车行业数控机床发展现状

近年来，汽车制造业迅猛发展，新产品的开发周期不断缩短，质量不断提高，生产成本也不断降低，前沿科技被应用到汽车的设计和制造中，这些都得益于汽车制造装备的不断进步，尤其是数控机床的广泛应用，这些数控机床为汽车制造业以最快速度满足市场需求提供了装备支持。

机床因其结构简单、价格低廉、适用于各种轴类零件及盘类零件的生产，在机械零件的加工中得到了广泛应用，尤其是数控机床，其精度高、性能稳定、故障率低，备受汽车行业用户的青睐。数控机床在汽车制造业中主要用来加工轴类零件和盘类零件，如曲轴、凸轮轴、飞轮、前轮毂、后轮毂、制动盘、一轴、二轴、齿轮、齿套、差速器壳体等，而轴类零件和盘类零件是汽车零部件的重要组成部分。

国外的机床，如日本 Mazak NEXUS 6300、德国 Huller Hille 公司生产的 BLUESTAR 6、MAKINO 公司生产的高速卧式加工中心等，都属于高端市场的产品，这些机床虽然价格较高，但是深得用户的喜爱，原因在于机床的可靠性和精度特别高，其他各项性能也出色，故障率也极低。

韩国斗山机床的市场占有率正在快速上升，如 HM630、HP6300 等卧式加工中心销量非常好，其原因主要是机床的市场定位较为合理，与同类产品相比价格较低。

国外制造商采用高品质零部件来保证机床的精度和性能。这些机床经过长时间的研发、试验验证和改进，确保了其高精度和高可靠性。

国内制造商开发的产品，如大连机床开发的 HDS500 型高速卧式加工中心、北京工研精机的 2000/630H 型卧式加工中心等，都具有相当高的技术含量，并且都已经形成各种规格的系列化产品。

1.2.2 汽车生产线关键零部件的国内外发展现状

1. 汽车发动机缸体缸盖自动线现状及发展趋势

汽车发动机缸体和缸盖的制造，是汽车制造中重要的一环，其加工自动线是广泛应用的一种高效设备。加工自动线的特点是在完成各项工序的加工内容时，被加工工件不需要人工搬运，而是在控制系统的协调下，机床和辅助装置按照设定的程序进行工作，完成各项工序，所以加工自动线能满足缸体和缸盖高精度、批量生产的要求。

近年来，随着汽车工业呈现快速发展的势头，自动线在加工技术、加工效率及形式上都在不断地发展革新。在我国，加工缸体和缸盖应用最多的就是组合机床自动线，其输送形式有棘爪输送、摆杆输送和抬起步伐输送等。

这些加工自动线均为刚性自动线，其主机是专门根据被加工工件的某一工序设计的。由于汽车产品更新快，多品种的汽车如雨后春笋，刚性自动线的专用性已跟不上汽车变换的节奏，其适合加工大批量产品和高效率的优势不再突出，加工自动线中的专用机床逐渐被加工中心机床取代，由加工中心机床组成的柔性加工自动线显示出更高的优越性。

柔性加工自动线可适应不断变化的产品转型生产，已成为制造生产线的一种流行趋势，如配上桁架机械手空中输送，无论档次和水平，都达到了国际先进水平。在发达工业国，由高速加工中心和桁架机械手组成的敏捷柔性生产系统已经是主流产品，桁架机械手在高空中运送零件，直接把被加工零件从一台机床输送到另一台机床上，桁架机械手兼有工序间运输和自动上下料的功能。

我国汽车发动机关键零件加工装备技术先后经历了技术的引进、消化吸收、自主开发及产业化阶段。经过几十年的不懈努力，我国在汽车发动机缸体缸盖加工装备关键技术方面取得了明显进步，部分加工技术指标达到国际先进水平，但在高效、高精、柔性、功能、性能和可靠性等方面与国外先进水平仍存在着一定差距。

目前，汽车发动机缸体缸盖的生产大多采用高速加工中心组成的敏捷柔性生产系统（见图 1 -1），日本及欧美等国家和地区不仅掌握了设备制造的专用技术，而且都非常重视汽车制造工艺流程的开发，他们能够实现交钥匙工程，拥有自己的系统开发能力，机床可靠性指标先进，制造成本不断降低，新产品投放周期大幅缩短，形成了技术和市场的垄断局面。

我国汽车发动机生产厂的柔性加工自动线，几乎全部从国外进口，高档柔性加工自动线被国外机床厂家垄断。近年来，随着技术的发展，这种现象有所改善。

上海通用汽车有限公司 L850 发动机生产线的缸体缸盖自动线采用了德国 GROB 公司的先进设备和技术。缸体自动线就是由多台 G500 高速加工中心（见图 1 -2）、GROB 专机、清洗机、拧紧机、试漏机、压装机在线检具、辅机及珩磨机组成的柔性生产线。缸盖自动线是由多台 G300 高速加工中心、

图 1－1　敏捷柔性生产系统

G500 高速加工中心、清洗机、拧紧机、试漏机、压装机在线检具、辅机及珩磨机组成的柔性生产线。整个缸体自动线采用串行、并行相结合的混合布置方式，大部分 CNC（计算机数字控制，即数控）加工中心由于节拍较长，分成 A、B 两个模块，而辅机、清洗机和珩磨机则为两个模块共用。

图 1－2　G500 高速加工中心

江苏无锡柴油发动机厂的缸体缸盖柔性加工自动线也采用了德国 GROB 公司的先进设备和技术。该自动线由 BZ800 加工中心、GROB 专机、清洗机、拧紧机、试漏机、压装机在线检具、辅机及珩磨机组成。输送系统采用空中桁架机械手和机动滚道自动线。

与国外的差距，便是我国机床制造商努力的方向。采用高效、高精的柔性加工自动线是加工缸体缸盖的发展趋势。

发动机是汽车的核心部件，缸体和缸盖则是发动机的关键零件，它们的质量决定了发动机的性能。因此，加工出高质量的缸体和缸盖是发动机制造的关键。这就要求机床制造商必须研究缸体缸盖的加工工艺，了解缸体缸盖的关键精度要求，目前，缸体和缸盖的主要加工精度指标如表 1－1 和表 1－2 所示。

表 1－1　　缸体的主要加工精度指标

加工精度指标	详情
尺寸精度	IT6
表面粗糙度 $Ra/\mu m$	0.8～1.6
缸孔与主轴孔垂直度/mm	0.015～0.02
缸孔圆柱度/mm	0.006～0.008
缸孔与止口深度误差/mm	0.020～0.025
主轴孔圆柱度/mm	0.005～0.008
各主轴孔同轴度/mm	ϕ0.02
端面销孔与主轴孔位置度/mm	ϕ0.06

表 1－2　　缸盖的主要加工精度指标

<table>
<tr><th colspan="2">加工精度指标</th><th>详情</th></tr>
<tr><td rowspan="5">气门导管孔</td><td>尺寸精度</td><td>IT6～IT7</td></tr>
<tr><td>对底面的垂直度/mm</td><td>0.03</td></tr>
<tr><td>直线度/mm</td><td>100∶0.01</td></tr>
<tr><td>表面粗糙度 $Ra/\mu m$</td><td>0.8</td></tr>
<tr><td>圆柱度/mm</td><td>0.008</td></tr>
<tr><td rowspan="2">阀座锥面</td><td>对导管孔的跳动/mm</td><td>0.02</td></tr>
<tr><td>表面粗糙度 $Ra/\mu m$</td><td>0.8</td></tr>
</table>

在国外，轿车的发动机缸体缸盖大多采用加工中心；而在国内，大多采用专用机床加工。在自动线中，关键工序采用专用机床，其他工序采用加工中心机床，该自动线称为刚柔自动线。要达到国际先进水平，应采用加工中心机床来加工缸体的缸孔、止口、主轴孔和缸盖气门导管孔等。目前，国内已经能够生产由加工中心组成的柔性加工自动线（见图 1－3），并逐步实现高水平的柔性加工自动线的国产化。

敏捷柔性自动线的高速加工中心，快移速度已达 60～100m/min，加速度

图 1－3　国产柔性加工自动线

达 0.6～1.5g，主轴最高转速达 8000～15000r/min，对于定位精度/重复定位精度，工作台在 1m 以下的为 8μm/4μm，工作台在 1m 以上的为 10μm/5μm，主轴普遍应用电主轴，进给运动采用直线电动机，同时运用三坐标模块化和箱中箱结构，机床非常简约。

国外先进的加工中心，如 Cincinati Lamb 公司的 HPC80hp 加工中心、Cross Huller 公司的“啄木鸟”加工中心，以及 MAZAK 公司的新一代 UH“瘦身”型加工中心，是柔性加工自动线的发展趋势。

国产桁架机械手输送柔性加工自动线如图 1－4 所示。

图 1－4　国产桁架机械手输送柔性加工自动线

要实现自动线的敏捷性和柔性，必须解决高速桁架机械手关键技术，具体包括以下几个方面。

（1）桁架机械手的快速运动单元制造技术。该技术可实现高速、高效、高精度的搬运功能，其传输单元及支撑单元必须在高速运动及载荷情况下，有足够的刚度及强度。

（2）桁架机械手的快速运动单元高速、高精度控制技术。快速运动单元高速、高精度控制主要表现为伺服电动机高响应、高刚度及高精度的控制技术。在高速搬运过程中要求运动部件在极短的时间内到达给定的速度并能在高速行程中瞬间停止。

（3）快速物流单元与加工中心协调控制技术。自动线中的加工设备之间进行物料运输时，桁架机械手与加工设备之间存在严格的物流分配控制。

2. 曲轴复合加工技术的现状及发展趋势

曲轴柔性生产线包括加工中心、数控车床、曲轴油孔数控钻床、沉割槽数控滚压机床、数控外铣机床、数控车拉机床、数控磨床及砂带磨床等。

目前，国内较陈旧的曲轴生产线多数由普通机床和专用机床组成，生产效率和自动化程度相对较低。粗加工设备一般采用多刀车床车削曲轴主轴颈及连杆轴颈，工序质量稳定性差，容易产生较大的加工应力，难以达到合理的加工余量。精加工普遍采用 MQ8260 等普通曲轴磨床进行粗磨、半精磨、精磨、抛光，通常靠人工操作，加工质量不稳，尺寸一致性差。

老式生产线的主要特点是普通设备太多，一条微车曲轴生产线有 35 ~ 60 台设备。国内一个月产 10000 件左右的锻钢曲轴生产线，粗加工通常采用普通车床或外铣机床加工主轴颈和连杆轴颈，再经过多道工序才转入精加工工序。生产线设备达 60 多台，导致产品周转线长、场地占用面积大，其生产效率完全靠多台设备分解工序和余量来提高。

20 世纪 80 年代后期，德国 Boehringer 公司和 Heller 公司开发出了完善的曲轴车—车拉加工工艺。该加工工艺将曲轴车削工艺与曲轴车拉工艺完美结合，生产效率高、加工精度好、柔性强、自动化程度高、换刀时间短，特别适合有沉割槽曲轴的加工，加工后曲轴可直接进行精磨，省去粗磨工序。

20 世纪 90 年代中期出现的新型 CNC 高速曲轴外铣机床使曲轴粗加工工艺又上了一个新台阶。英国 Landis 公司生产的曲轴磨床，磨削速度高达 120m/s，用扒皮法一次装夹，从毛坯到精磨完毕，耗时仅几分钟，出现以磨代替其他粗加工工艺的新局面。

随着技术的发展，复合加工工艺进入曲轴制造业中。复合机床具有工序集成功能。奥地利 WFL 公司生产的卧式车铣复合加工中心在曲轴硬化前“一次装夹，全部加工”，加工后的曲轴可直接转入精加工工序。曲轴精加工采用工序集成的 CBN（立方氮化硼）数控磨床，即一次装夹磨削全部曲轴主轴颈和连杆轴颈（摆动跟踪磨削）。

（1）我国曲轴加工技术的发展趋势

我国的汽车发动机曲轴制造面临以下几个挑战：①多品种、小批量生产；②交货期大幅缩短；③需要降低生产成本；④难切削材料的出现使加工难度明显增加，加工中提出了许多需要解决的课题，如硬切削；⑤为保护环境，要求少用或不用切削液，即实现干式切削或准干式切削。

中航工业哈尔滨东安发动机（集团）有限公司的曲轴生产线为全自动柔性流水生产线。粗加工生产线由德国的专机自动线、数控车—车拉机床、数控高速随动外铣机床、圆角滚压机和止推面车滚专机、淬火机等组成；精加工生产线由日本的数控高速 CBN 磨床、动平衡机、抛光机、检测机、清洗机等组成。连杆轴颈加工采用数控高速随动加工技术，全线采用高速 CBN 砂轮磨削技术，磨削线速度达到 120m/s。

文登天润曲轴股份有限公司通过引进德、美、意等发达国家的先进设备，组建具有当今国际先进水平的大型曲轴生产基地，由 CBN 磨床、HAAS 立式和卧式加工中心、意大利 SAIMP 磨床、德国 Heller 曲轴内铣床和 SA－FINA 抛光机等设备组成的加工生产线已经开始大批量生产。在一轿车发动机曲轴生产线看到，全线设备（包括热处理、表面强化）只有 13 台，产品周转线短、加工效率高、易于质量控制和管理。

南京南亚汽车有限公司菲亚特轿车曲轴生产线引进了德国 Boehringer 公司 2 台设备，其中 1 台为数控曲轴车—车拉机床，另外 1 台为 CNC 高速曲轴外铣机床，该设备应用工件回转和铣刀进给伺服联动控制技术，一次装夹不改变曲轴回转中心，并随动跟踪铣削曲轴的连杆轴颈。可加工长度为 450～700mm、回转直径在 380mm 以内的各种曲轴，连杆轴颈直径误差为 ±0.02mm。由此可以看出，曲轴粗加工比较流行的工艺是：主轴颈采用车拉工艺和高速外铣，连杆轴颈采用高速外铣，而且倾向于高速随动外铣，全部采用干式切削。

（2）我国曲轴加工设备生产的发展趋势

国外设备价格昂贵，产品加工成本很高，国内一些机床生产厂家（如青海第二机床制造有限责任公司等）相继开发出了数控曲轴车床、数控高速曲轴铣床、数控曲轴车拉机床等专用机床。曲轴精加工采用国内数控磨床的情况已相当普遍，产品加工精度大幅提升。

现代曲轴磨床除了要有很高的静态与动态刚度和很高的加工精度外，还要求有很高的磨削效率和更多的柔性。

现代驱动和控制技术、测量控制、CBN 砂轮和先进机床部件的应用，为曲轴磨床的高精度、高效磨削加工创造了条件。连杆颈随动磨削的工艺正是这些新技术综合应用的体现。在第十届中国国际机床展览会上展出的数控重型曲轴旋风切削加工车床，标志着中国已具备自主生产数控重型曲轴旋风切削加工车床的能力。它的成功研制使中国成为世界上继德国和日本之后第三个可以自主生产大型曲轴加工设备的国家，结束了我国此前无法加工大型船用曲轴、只能依赖进口的历史。

3. 凸轮轴生产线现状

金属—塑料复合凸轮轴已在美国应用。将粉末金属成型，并将磨削加工的凸轮片和中空钢轴放入模具内，在中空轴周围注射塑料。凸轮片和轴之间不再有金属直接接触，而是由塑料固定并形成一体。这种凸轮轴的成本及重量均可减少 40%，可降低发动机噪声，加工准备时间由原来的几小时缩短至几分钟。

装配式凸轮轴目前以较快的速度发展，主要应用于高性能发动机上。世界上许多汽车工业发达的汽车制造厂正在越来越多地使用装配式凸轮轴制造技术，但因技术掌握的程度、方法不同，使用装配式凸轮轴的种类也不同。日本日野自动车工业株式会社在 20 世纪 90 年代初开发了热套和焊接组合的生产方式，凸轮采用碳钢，用冷精锻方法制造，轴颈采用高频淬火钢管制成，轴则采用冷拔碳钢管。日本丰田汽车公司也有相似的生产方式。日本精工株式会社用扩管法生产凸轮轴，产品的刚度较铸造产品提高 1.7 倍。

日本柱塞环株式会社从 20 世纪 80 年代中期开始生产烧结连接式凸轮轴，1992 年开始生产专门用于低能耗发动机的凸轮轴，凸轮轴采用烧结合金，具有非常好的耐磨损及耐点蚀性能。从 20 世纪 90 年代中期该公司开始研制刮削连接式凸轮轴。

美国通用汽车公司、福特汽车公司等都已将装配式凸轮轴应用于生产中。

德国的大众汽车公司、奔驰汽车公司等也先后开发研制了装配式凸轮轴的生产工艺及设备。目前，我国上海大众汽车公司有1条生产装配式凸轮轴的生产线。吉林大学对装配式凸轮轴已经研制开发多年，重点针对滚花连接方式进行了研究，对连接机理进行了探讨，应用计算机模拟方法对连接部位工作状态的应力应变做了模拟研究，并对装配力做了不同情况的试验分析。在连接试验的基础上开发了自动化装配机。随着装配式凸轮轴生产技术的提高，性能更好、成本更低、技术多样化的装配式凸轮轴将会涌现。

4. 连杆加工发展现状

工序10：粗磨两端面—卧式数控双端面磨床，该工序工时节拍可达10秒。厂家有朱斯蒂娜机械制造有限公司（GIUSTINA），主要用户有上汽大众汽车有限公司、天津一汽夏利汽车股份有限公司、长安福特汽车有限公司等；迪克斯（DISKUS），主要用户有华晨汽车集团控股有限公司旗下的沈阳华晨金杯汽车有限公司、南京名爵汽车有限公司；勇克机械制造有限公司（JUNKER），主要用户有华泰汽车集团有限公司、海马汽车集团股份有限公司；日本光洋精工株式会社，用户为国内日资企业。

工序20：粗加工大头孔，精加工小头孔。采用阿尔芬机械制造有限公司（ALFING）的AK204四主轴加工中心。用户有沈阳华晨金杯汽车有限公司、长安福特汽车有限公司南京分公司等。

工序30：精加工螺栓孔和钻油孔。采用ALFING的AK204四主轴加工中心。小批量时可与工序20合用。

工序40：激光割槽、裂解、上螺栓初拧紧、终拧紧、压衬套—连杆涨断自动线。设备供应商有ALFING，主要用户有上汽大众汽车有限公司、上海交运集团股份有限公司、一汽—大众汽车有限公司、马勒技术投资（中国）有限公司、湖北长源东谷实业股份有限公司等；吉林大学吉扬华欣科技有限公司，主要用户有承德苏垦银河连杆股份有限公司、广东四会实力连杆有限公司、湖北长源东谷实业股份有限公司、精强连杆制造有限公司等；日本安永精机株式会社，用户为国内日资企业。

工序50：精磨两端面—卧式数控双端面磨床，与工序10合用。

工序 60：精加工连杆大头孔、衬套孔。采用 ALFING 的 AK204 四主轴加工中心，主要用户有沈阳华晨金杯汽车有限公司、长安福特汽车有限公司南京分公司等；ALFING 精镗自动线，用户有上海交运集团股份有限公司、一汽—大众汽车有限公司长春分公司等；韩国现代威亚株式会社多工位数控精加工自动线，用户有北京内燃机总厂及国内韩资企业。

工序 70：珩磨大小头孔—数控多工位珩磨机床。格林珩磨机，用户有东风汽车集团有限公司、中国第一汽车集团有限公司第二发动机厂、沈阳华晨金杯汽车有限公司等。

工序 80：清洗连杆—通过式清洗机。设备供应商有大连现代辅机开发制造有限公司、大连智云自动化装备股份有限公司、涿州华峰盛达清洗设备有限公司等国内知名厂家。

工序 90：测量、称重、分组打标识。采用测量、称重，分组及打标自动线。马波斯测量机，用户有上海交运集团股份有限公司、沈阳华晨金杯汽车有限公司等；济南易恒技术有限公司测量自动线，主要用户有哈尔滨东安汽车发动机制造有限公司、东安三菱、云南西仪工业股份有限公司、天润曲轴股份有限公司连杆生产线等；无锡富瑞德测控设备有限公司测量自动线，用户为上海交运集团股份有限公司。

国内最具代表性的乘用车连杆柔性生产线是华晨宝马汽车有限公司的发动机连杆线，共有设备 6 台，其中进口设备 5 台，分别为：ALFING 多工位涨断装配机 1 台，四主轴加工中心 1 台，DISKUS 双端面磨床 1 台，格林连杆大头孔珩磨机 1 台，马波斯测量机 1 台；国产设备 1 台：大连现代辅机开发制造有限公司清洗机 1 台；全线自动上下料；全线为柔性生产线，可以适应 1. 6L、1. 8T、1. 8L、2. 0L 发动机连杆的加工。刚投入批量生产的中国重型汽车集团有限公司旗下的重汽曼 M 系列重卡发动机连杆生产线，主要加工设备采用德国 MAUSER 公司的数控自动化设备，包括粗加工机床 1 台、涨断装配机床 1 台、精加工机床 1 台、去毛刺机床 1 台、一套自动输送线（包括机器人自动上下料系统），全线设备共计 12 台。设备之间采用自动输送线输送，主要工序设备间自动上下料。

上述连杆生产线关键工序设备均配有随机主动测量系统，利用测量的数据，通过处理系统反馈并发出指令进行刀具补偿，监控关键工序。生产线占地面积小，大幅降低了生产线的设备投入。

1.2.3　国产数控机床在汽车行业生产线的应用需求

我国数控技术发展在“六五”“七五”时期，通过吸收和引进相结合，于“八五”时期建立起国产体系。“九五”时期进入产业化阶段，组建了数控研发机构和数控生产基地，掌握了数控发展的技术，同时培养了一批数控专业技术人才，形成了国产数控产业规模，开拓了国产数控产业市场。图 1－5 所示为我国数控机床所占市场分布。规模较大的生产公司有武汉华中数控股份有限公司、广州数控设备有限公司和北京航天数控系统有限公司等，这些公司拥有具备经济性和普及性的数控系统及机床产品。经过多年的大力发展，其产品和性能大幅提高，并逐渐在市场上站稳脚跟。

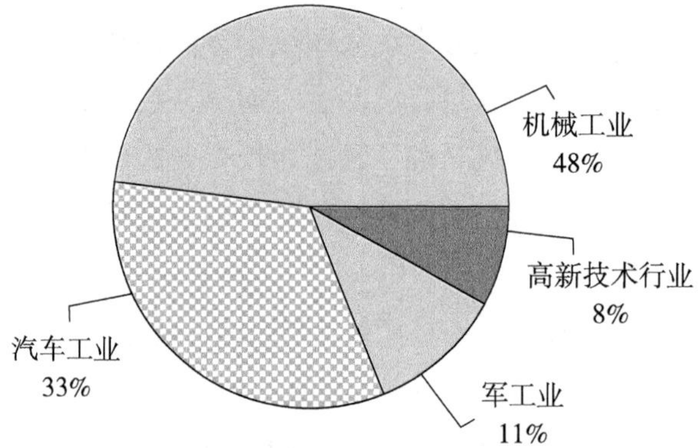

图 1－5　我国数控机床所占市场分布

随着中国制造业的不断升级，在国内汽车零部件制造领域，数控机床的应用越来越广泛。如今的汽车制造商为了降低成本、缩短开发周期，对工业化项目实施交钥匙工程，国产供应商还需要具备汽车零部件制造工艺开发能力，能够提供重要汽车发动机零部件敏捷制造系统，如缸体、缸盖、曲轴、连杆、凸轮轴的零件整线的开发经验，以及辅机开发配套能力和系统连线设计能力。此外，数控机床还要具备可靠性好、故障率低，人机界面的设计人性化，带有主动测量及补偿系统，能提供带自动上下料装置加工单元等技术特点。

1.3　智能制造与智能工厂

20 世纪 80 年代以来，根据制造车间自动化的范围和程度及各种功能生产区域的集成程度，经历了从柔性制造单元和柔性制造系统到计算机集成制造再到智能制造的演变。智能制造由计算机辅助生产和计算机集成制造发展而来，早期更强调自动化和灵活制造。1988 年，美国学者赖特和伯恩出版专著《制造智能》（*Manufacturing Intelligence*）一书，认为“智能制造”（Intelligent Manufacturing，简称 IM）通过集成知识工程、制造软件系统、机器视觉和机器控制，对制造技术人员的技能和专业知识进行建模，使智能机器在没有人工干预的情况下实现小批量生产。

2013 年，德国工业 4.0 白皮书及后续相关文章较多使用“Smart Manufacturing”来表述先进制造模式，多数情况下也被翻译为“智能制造”。“工业 4.0”依托智能技术，融合虚拟网络与实体的信息—物理系统，降低综合制造成本，联结资源、人员和信息，提供一种从制造端到用户端的生产组织模式。德国更强调生产系统的灵巧性、经济性和高效性，通过嵌入式软件和智能装备实现制造系统的自动化、敏捷化、灵巧化和绿色化。

美国能源部在 2014 年 12 月牵头组织建设第八个创新研究院，即“智能制造创新研究院”，认为智能制造是先进传感、仪器、监测、控制和过程优化的技术和实践的组合，它们将信息和通信技术与制造环境融合在一起，实现工厂和企业中能量、生产率和成本的实时管理。

中华人民共和国工业和信息化部 2016 年发布的《智能制造发展规划（2016—2020 年）》将智能制造定义为“基于新一代信息通信技术与先进制造技术深度融合，贯穿于设计、生产、管理、服务等制造活动的各个环节，具有自感知、自学习、自决策、自执行、自适应等功能的新型生产方式”，该定义较为强调智能技术的应用。

智能工厂旨在通过集成先进的数字化技术和自动化系统，实现制造生产的高度智能化和高效化。智能工厂借助物联网、大数据分析、人工智能等技术，使制造过程中的各个环节实现数字化连接和协同，以提高生产效率、灵活性和质量。在智能工厂中，传感器和嵌入式系统用于实时监测生产环境、设备状态和产品质量。通过实时数据采集和分析，智能工厂能够进行实时决策和生产过程优化。

此外，人工智能技术被广泛应用于生产计划、调度和质量控制等方面，以提高整体的生产效能。智能工厂注重生产过程中的自动化和数字化集成，自动化系统涵盖了各个生产阶段，包括原材料处理、生产装配、物流管理等，数字化集成则通过整合各种信息系统，实现生产数据的实时共享和管理。

智能制造是先进制造技术与新一代信息技术的深度融合，贯穿研发、生产、供应、销售和服务等制造全生命周期的各个环节。智能制造的目标是实现制造过程的数字化、网络化、智能化，以不断提升企业的产品质量、效益和服务水平，推动制造业朝着创新、协调、绿色、开放、共享的方向发展。

智能制造作为高阶制造业态和新型生产方式，已然成为新一轮科技革命的核心驱动力。当前，我国制造业处于转型升级和提质增效的关键期，传统产业亟须通过新旧动能转换焕发新的生机，新兴技术产业和未来产业需要通过富有竞争力的制造模式抢占全球制高点，智能制造高质量发展成为我国制造业嵌入全球价值链高端环节的关键支撑。

智能制造具有以下显著特征：以智能工厂为载体，以生产制造关键环节和主要流程的智能化为核心，以工业互联网为关键支撑，以端到端数据流为基础。推动智能制造高质量发展，要以关键核心技术攻关为核心，加快智能制造装备、工业软件和智能制造系统解决方案高端化、智能化发展，推动智能工厂全面推广落地，打造传统制造业数字化转型样板，加快工业互联网标准体系的建设。

1.3.1 智能制造生产线组成

智能制造生产线由人、机、料、法、环基本元素组成，采用先进的控制技术、工业机器人技术、视觉检测技术、传感技术等，实现多样化定制的批量生产，同时具备质量好、效率高、成本低、服务优、环境友好和能源节约等优点。智能制造生产线由控制系统、物料系统和加工生产单元组成。

1. 控制系统

智能制造生产线的控制系统主要由生产管理系统、网络及检测系统、地面控制站组成。

（1）生产管理系统主要负责生产过程的全面管理与优化。

生产管理系统管理车间正常生产需要 CNC（计算机数字控制）类数据、机床状态数据、现场工况数据、生产指令类数据。除了在数控设备和程序管理系统之间双向传送 NC（数控）程序、刀具补偿文件、数控系统参数，生产管理系统还能实现生产任务的下发，设备状态、任务完工等生产现场的数据采集，为车间生产管理系统的正常运行提供反馈。生产管理系统还能以可视化的形式，实现对生产线计划调度、运行状态、生产进度、质量信息、作业指导信息、设备信息等与生产线运行相关的信息的全面管理，为生产线的可靠运行提供技术上的保障。

（2）网络及检测系统用于生产线各设备与上位机之间的信息传输，传输信息包括机床和物流等的运行状态及必要的位置检测信息等。

（3）地面控制站是智能制造生产线的现场操作中心，主要负责现场设备的直接控制与管理。

2. 物料系统

智能制造生产线的物料系统主要由物流小车、导轨、托盘缓冲站、上下料托盘站点组成，由物流小车实现托盘在上下料托盘站点、托盘缓冲站与卧式加工中心双工位交换工作台之间的托盘运输工作。

3. 加工生产单元

智能制造生产线的加工生产单元主要由高端数控装备和检验设备组成。对于高端数控装备一般要求具有下列特性。

（1）高速化。高速化主要是为了提高机床单位时间内有效切除零件毛坯上多余材料的能力，主要方法为采用高速主轴、高进给速度和大切削深度等，从而获得较高的材料去除速率。

（2）高刚性与优良的动态响应特性。为适应不同零件材料对切削加工的要求，尤其是针对钛合金等加工难度较大的材料，机床的主轴系统、进给系统和机床结构必须具有良好的静刚度、动刚度及热稳定性，以减少由工件负载和切削力引起的机床变形、动态切削过程产生的振动及切削热与环境温度变化等作用引起的热变形。

（3）高可靠性。可靠性指产品在规定条件下和规定时间内完成规定功能的能力，它是产品质量在时间尺度的描述。数控机床可靠性主要用数控机床的平均故障间隔时间 MTBF（Mean Time Between Failures）进行评价，它综合反映了数控机床设计、制造的质量水平。

（4）装备与工艺融合性。针对现代产品加工工艺的特点和需求，将加工工艺的关键技术及解决方案深度融入数控机床的设计与制造中，开发出能够实现工艺优化和高效生产的智能化数控装备。这种融合不仅提升了数控机床的加工精度和效率，还满足了复杂零件的多样化定制需求，正逐渐成为国内外企业的关注焦点。

1.3.2 智能装配生产线组成

装配生产线是指按照制定的工艺流程，应用制定的操作步骤，按照一定的节拍，对各装配目标有序地进行组装的生产过程。

1. 智能装配生产线的总体布局

智能装配生产线的总体布局主要从信息化建设和设备、物料的管理与调度两个方面着手。首先，生产线的信息化建设应达到数字化管理的要求，通过数据连接及管理平台，构建协同设计的构架，通过信息化进行整合，通过车间布局改造、设备升级及自动化改造，最终实现智能装配生产线的构建。其次，要解决好零部件装配质量控制与检测各个阶段的管理与控制，解决好产品从设计到装配制造阶段的全过程监控问题，降低设计到生产制造之间的不确定因素，使生产过程通过数字化手段得以验证。

利用现代信息技术和网络技术，以“产品加工与装配”为主线，将由计算机、网络、数据库、设备、软件等所组成的系统平台构建成一个高速信息网，实现计划快速下达、作业调度控制、工艺指导、生产统计、设备状态监控、质量全面管控及追溯、生产信息协同（物料协同、准时配送、生产准备协同）等，实现设备的智能化与生产管理的信息化。

2. 智能装配生产线信息化集成

多台智能化装备组成数字化装配生产线，实现智能化装备间的连接；多条数字化装配生产线进一步组成数字化车间，实现数字化生产线的连接；最终，数字化车间组成了智能化工厂，实现各数字化车间的连接。顶层的应用层采用物联网、云计算、大数据、机器学习、远程运维等智能技术，为智能装配系统提供技术支撑与服务。

智能装配生产线的信息化集成通过计算机集成控制产品的装配过程，通过智能人机交互将机器和人的优势充分发挥，实现产品装配过程的智能化、高效化。智能装配生产线融合智能装备、智能配送、物联网、人工智能、数据挖掘、信息系统集成、计算机仿真等先进技术。

智能装配生产线由智能总装生产过程建模与仿真优化系统、智能生产管控系统、智能物料配送系统、基于物联网的制造信息智能感知系统和智能制造云服务平台等子系统组成。

智能装配生产线采用物联网技术对移动装配生产线现场各项信息数据进行采集和分析整理，并结合节拍设计与管理、生产计划与执行等信息化管理系统实现产品装配过程中的监测及控制、生产过程追踪和质量控制。

3. 智能装配生产线的硬件设备

智能装配生产线的硬件设备是实现智能制造的核心载体。智能化装备具有自我感知、自适应与优化、自我诊断与维护、自主规划与决策等能力。智能化装备的发展水平是衡量一个国家工业现代化程度的重要标志。智能装配生产线典型的硬件设备包括智能机器人、智能传感器、柔性工装、智能装配装备等。

（1）智能机器人

智能机器人是集计算机技术、制造技术、自动控制技术、传感技术及人工智能技术于一体的智能制造装备，其主体包括机器人本体、控制系统、伺服驱动系统和检测传感装置，具有拟人化、自控制、可重复编程等特点。智能机器人可以利用传感器对环境变化进行感知，基于物联网技术，实现机器与人员之间的交互，并自主做出判断，给出决策指令，从而在生产过程中减少对人的依赖。随着人工智能技术、多功能传感技术及信息收集、传输和分析技术的快速发展，通过配备传感器、机器视觉和智能控制系统，智能机器人正朝着服务化与标准化的方向发展。其中，服务化要求未来的智能机器人充分利用互联网技术，实现在线的主动服务。而标准化是指智能机器人的各种组件和构建实现模块化、通用化，使智能机器人的制造成本降低，制造周期缩短，应用范围得到拓展。

（2）智能传感器

智能传感器是指将待感知、待控制的参数进行量化并集成应用于工业网络的高性能、高可靠性与功能性的新型传感器，通常带有微处理系统，具有信息感知、信息诊断、信息交互的能力。智能传感器是集成技术与微处理技术相结合的产物，是一种新型的系统化产品。目前常见的智能传感器类型包括视觉传感器、位置传感器、射频识别传感器、音频传感器与力/触觉传感器等。多个智能传感器还可以组建成相应的拓扑网络，并且具备从系统到单元的反向分析与自主校准能力。在当前大数据网络化发展的趋势下，智能传感器将成为推动制造业信息化、网络化发展的重要力量。

（3）柔性工装

高端装备装配过程中的柔性工装设备包括柔性对接平台、柔性制孔设备、AGV 等相关辅助设备，是实现智能化装配的硬件基础。柔性定位过程采用弹性体曲面柔性定位技术，通过调整、重组、控制等手段动态生成工装定位模块，通过拼装或调换柔性工装局部定位件进行信息重组，完成多型号装备的装配任务，适用于多机型、多结构的生产模式。柔性工装配合先进的测量检验系统与连接设备，是保障智能化装配的重要的设备。

（4）智能装配装备

随着人工智能技术的不断发展，智能装配技术与装备开始在航空、航天、汽车、家用电器、半导体、医疗等重点领域得到应用。例如，配备机器视觉的多功能、多目标智能装配装备可以准确找到目标的各类特征，并自动确定目标的外形特征和准确位置，再进一步利用自动执行装置完成装配，实现对产品质量的有效控制，同时提高生产装配过程的柔性、可靠性与稳定性，提升生产制造效率。数字化智能装配系统则可以根据产品的结构特点和加工工艺特点，结合供货周期要求，进行全局装配规划，最大限度地提升各装配设备的利用率，尽可能缩短装配时间。

1.4 智能制造生产线的关键环节

1.4.1 生产线规划设计

智能工厂规划应重点考虑生产线的整体布局。合理的设备配置和物流路径设计可以减少物料搬运距离，提高生产效率。同时，利用物联网技术可以实现设备间的互联互通，为生产过程的可视化监控和智能调度奠定基础。

智能制造生产线建设首先需要进行生产线规划设计，包括生产线的布局、设备选型、工艺流程等。生产线规划设计应充分考虑生产线的可扩展性、可升级性和可维护性，以适应未来生产需求的变化。

1.4.2 信息系统建设

信息系统是实现智能制造生产线的基础。企业应建立完善的信息系统，包括生产管理系统、设备管理系统、质量管理系统等，实现生产过程的数据采集、分析和应用，为生产决策提供支持。

高级计划与排程系统（APS）是智能工厂的核心组成部分。它能够根据订单和生产计划，智能生成生产排程，确保生产按照最优顺序进行。通过与制造执行系统（MES）的集成，可以实现实时的生产调度和调整。

制造执行系统是实现智能制造全流程管控的关键系统。它收集生产现场的数据，对生产过程进行实时监控和调度，确保生产按照计划进行。同时，MES还提供生产报表和数据分析功能，帮助管理者做出科学决策。

APS与MES的协同是实现智能制造的重要一环。APS提供智能排程计划，而MES则负责执行这些计划并实时反馈生产信息。两者之间的无缝衔接确保了生产的高效和灵活。

企业资源规划（ERP）与供应链管理。ERP系统整合了企业内外的资源信息，包括采购、销售、库存、财务等方面。通过与供应链管理系统的集成，可以实现全球范围内的资源优化配置和协同管理，提高企业对市场变化的响应速度。

智能工厂还强调对资源和能源的有效管理。通过集成ERP系统和能源管理系统，可以实现对原材料、库存、设备及能源消耗的全面监控和优化，降低生产成本，提高资源利用效率。

1.4.3 自动化设备集成

智能制造生产线需要集成大量自动化设备，如机器人、传感器、执行器等。设备集成应确保设备之间的工作协同和数据互通，实现生产过程的自动化和智能化。

工业机器人能够替代人工完成重复、烦琐或危险的工作任务，提高生产效率和产品质量。同时，通过编程和传感器技术，机器人可以实现灵活的生产适配和精准的操作控制。

在生产过程中，大量的传感器被部署在设备和产品上，用于实时采集生产数据。这些数据包括温度、压力、速度、位置等关键参数，企业通过数据分析和处理，可以实现对生产过程的精准控制和优化。

企业利用在线检测设备和视觉识别技术，可以在生产过程中及时发现并处理质量问题。同时，通过建立完善的产品追溯系统，可以确保产品质量信息的可查询性和可追溯性，满足日益严格的质量监管要求。

1.4.4 人员培训与组织变革

智能制造生产线的建设不仅需要先进的技术和设备，还需要具备相应技能和管理能力的人才。企业应加强员工培训，提高员工的技能水平和综合素质，同时推动组织变革，建立适应智能制造生产线的组织结构和管理体系。

第2章　智能制造生产线组线布局技术

随着智能制造技术的不断发展，生产线的布局设计得到了机械制造、管理运筹学、计算数学等领域科学工作者的关注。

20世纪40年代至60年代，生产线布局问题理论得到了长足发展，对工厂设计的研究由最初的工作研究拓展至物料搬运方法与工厂布置研究，设施规划的研究对象范围扩大，成为具有独立学科方向和技术体系的学科。一系列的数学规划方法被用来解决车间布局的优化问题，如分支定界、割平面法等。

1961年，美国理查德·缪瑟提出了极具代表性的系统布置设计（Systematic Layout Planning，SLP）方法，提出了作业单位相互关系的等级表示法，使设施布置由定性阶段发展到定量阶段。由于设施布局设计问题的复杂性及其实用性，从20世纪60年代开始，有学者着手研究计算机辅助设计问题。随后产生了一系列计算机辅助布局设计和分析的商用软件包，形成了计算机辅助设施布置方法，为生产系统的设施新建和重新布置提供强有力的支持和帮助。

1976年，萨尼提出设施布局问题是一个NP问题（指可以在多项式时间内验证解的问题），采用了许多启发式手段来获得问题的近似最优解。进入20世纪80年代后，随着计算机的进一步发展，产生了各种仿真软件，如UGS公司的eM-plant（软件）和FlexSim公司的FlexSim软件等。

近年来，研究主要集中在对模型的进一步改进和新算法的提出，以及各种启发式优化求解算法的应用与改进。同时，人机交互和人机结合的智能一体化布局也得到了广泛关注。

1. 国内发展现状

从20世纪80年代开始，我国在车间布局规划理论及应用方面做了大量的研究。生产线系统优化是一个复杂的优化问题，宋华明针对U形布局生产线的特点，设计了一种基于遗传算法的平衡优化方法，这种遗传算法以作业元素分配到工作站的先后顺序作为问题的编码方式，按照最大分配原则进行译码，算法能够适应不同约束条件和优化目标的需要。王金敏等对布局问题中的各种约束进行了深入系统的研究和归类，并分析了它们在布局求解中所起的作用，特别是将求解策略、规则与方法也看成一种特殊约束——导向约束，为基于约束求解算法的柔适性提供了可靠的保证。李火生等分析了线性布局形式的多样性，提出了虚拟环境下生产车间设备布局的线性模型，研究了模拟退火算法的特点。陈兵、张华等基于系统布局设计的思想，在考虑资源消耗和环境影响的情况下，提出了对绿色制造车间布局进行改进的方法，并结合某厂生产车间布置具体情况进行了论证。马彤兵等针对旧车间的升级改造问题，将精益生产的思想引入了设施规划改进程序模型，通过对车间设备和操作人员进行相应的调整，使之满足精益生产的要求。张毕西、周艳等分析离散制造系统的车间平面布局情况，提出了在非等面积生产单元布置条件下，缩减解空间的两阶段优化布置法，采用智能最优化算法获取最优解。

周小非等以企业制造流程改善为对象，建立了多层次仿真分析模型及分析方法，构建了生产线与工作单元两级仿真分析模型，并以典型产品为例，进行了生产线瓶颈分布识别和工序分析，进而提出了生产线制造流程改善方案。陈伟等以进化策略的仿真优化方法为基础，开发了一套可用于优化独立制造单元硬件配置的仿真优化系统，实现了在所有可能方案中对最佳硬件配置方案的搜索。郑锋等人提出了一个遗传算法（GA）和过程仿真相结合的调度规则决策方法，用来实现调度规则的优选，其中遗传算法采用分段整数编码，各个基因段按先后顺序分别表示工件进入系统的排序规则、工件选择加工设备的规则和加工设备选择工件的规则，每个染色体代表一个调度方案。王国新等利用遗传算法提出了基于仿真的生产线优化调度方法，并以某车间为例，验证了方法的可行性和有效性。赵骅等采用正交试验设计法选择仿真的优化算子，实现准时制（JIT）系统的仿真优化，并结合企业实例，对JIT系统不同阶段优化方向的选择问题进行了进一步的探讨。郑顺水用生产线仿真软件对生产线规划与布局的合理性及其调度方案的操作性进行了验证，对瓶颈设备与故障进行了分析及生产线能力评估，为生产线规划与生产调度计划的制订提供了可靠的科学依据。

2. 国外发展现状

皮埃尔·瓦尔等采用遗传算法求解生产线的平衡问题；马蒂亚斯采用一

种精确回溯优化方法研究了面向成本的装配线平衡；帕特里克和凯塔克借助启发式的优化算法解决生产线平衡这一问题；约翰采用动态规划算法研究了 JIT 生产模式下 U 形生产线车间的平衡和再平衡问题。

Chen 等提出了多目标生产系统仿真优化的 Hooke - Jeeves 搜索法。Ree 等基于分区和安全网的思想提出了确定初始区域、初始点和设计网格的最佳起始搜索法。古尔坎等对不可靠机器的生产线缓冲区配置问题，利用广义半马氏决策过程理论由一次仿真得到方向导数的回归表达式。Chen 等经过研究提出了一种具有计算能力分配功能的程序优化方法，大大减少了仿真计算的时间。

美国堪萨斯州立大学阿扎迪瓦尔和汤普金斯对具有离散、定性决策变量和模型结构变化的问题提出了一种 GA 和仿真模型自动生成器相结合的仿真优化方法。法国拉罗谢尔大学阿拉维等利用仿真优化技术研究了具有维修时间约束的混合流水车间调度问题，兼顾启发式调度规则、智能优化算法和模型仿真的优点，建立了一个求解调度问题的仿真优化系统。美国密西西比州立大学格林伍德等利用仿真优化技术，研究两个钣金加工车间仿真优化决策支持系统（DSS）的构建过程。法国塞吉巴黎大学丰塔尼等归纳总结了装配线运行过程中可能存在的决策点组合优化问题，采用 GA 和商业化仿真软件 Witness 开发了一个仿真优化系统，在该系统中利用开发工具 Delphi 编制优化算法程序，并通过 Microsoft 对象链接与嵌入自动化技术实现与仿真模型的集成。

自穆瑟提出系统布局规划方法以来，布局问题引起了国内外许多研究者的关注。布局问题具有广泛的应用背景，布局结果对整个行业生产的合理性、经济性、安全性等都有重大的影响。

在制造系统中，布局指在满足必要约束的前提下，将指定设备合理地摆放在指定布局空间中，从而达到某种最优指标的设计。

生产线布置决定了以后车间的物流方向和速率，从结构上限定了车间的功能潜力，布局是构造一个有效车间系统最为重要的环节，相同的车间地址、相同的人员、相同的设备和技术，由于布置方式的不同，生产系统的功能可以有天壤之别。高效率的车间布置作为提高企业生产效率和效益的重要手段之一，越来越受到人们的重视。

基于 SLP 方法的生产线布局规划分为以下四个步骤。

第一步：初步规划。

根据工艺规程和生产纲领等，运用 SLP 方法，综合考虑实际布置中的限制因素及其相互作用的影响，初步计算出生产线所需要的设备类型和数量，得出最初的设计方案。

其中，用 SLP 方法进行工厂总体布局设计时，先要厘清各单位之间物流和信息流的相互关系，绘制相互关系图。根据相互关系图中作业单位之间相互关系的强度，决定它们之间的距离，并绘制作业单位位置关系图。然后将各作业单位的实际占地面积与作业单位位置关系图结合起来，形成作业单位面积关系图。最后对作业单位面积关系图进行修正和调整，从而得到初步的布局方案。

第二步：详细规划。

在前面工作的基础上，根据建筑空间、工艺约束条件及设备的尺寸，考虑运输设备缓冲区和仓库等可能涉及的辅助服务设施，根据实际制约条件，在软件工具的帮助下，得到详细的生产线布局方案图。

第三步：建模仿真。

根据生产线布局方案图，先建立生产线上各实体的对象模型，包括机床、缓冲站、工人、物料运输设备、托盘等，然后根据物料输送路线和输送设备的情况，定义产品的储存器具和搬运方式等，定义所有活动点（Activity Point），设定生产线的物料搬运设备（Material Handling Device），接着以生产工艺流程、搬运设备及生产路线为依据，使用运动连接符（Move Arrow）把所有活动点连接起来，形成 from – to 路线图，最后通过软件对该物流系统进行欧几里得算法、Rectilinear 算法和实际算法的仿真分析。其中，欧几里得算法计算的物流距离是在 m 维空间中两个点之间的真实距离，在二维和三维空间中的欧式距离就是两点之间的距离，这个和实际算法结果相同。Rectilinear 算法用来计算折线距离，即在平面直角坐标系中，两点 A（x_1，y_1），B（x_2，y_2）之间的“折线距离”为 $|x_1-x_2|+|y_1-y_2|$。

第四步：优化评价。

前面工作的完成为优化评价打下了坚实的数据基础，包括设备的利用率、生产空闲时间、生产效率、物料搬运成本、工人工作效率及成品数量等，选择适合的评价模型对各个方案进行综合比较和优化，最终选择最佳的布局方案。图 2 – 1 所示为智能制造生产线的规划设计流程。

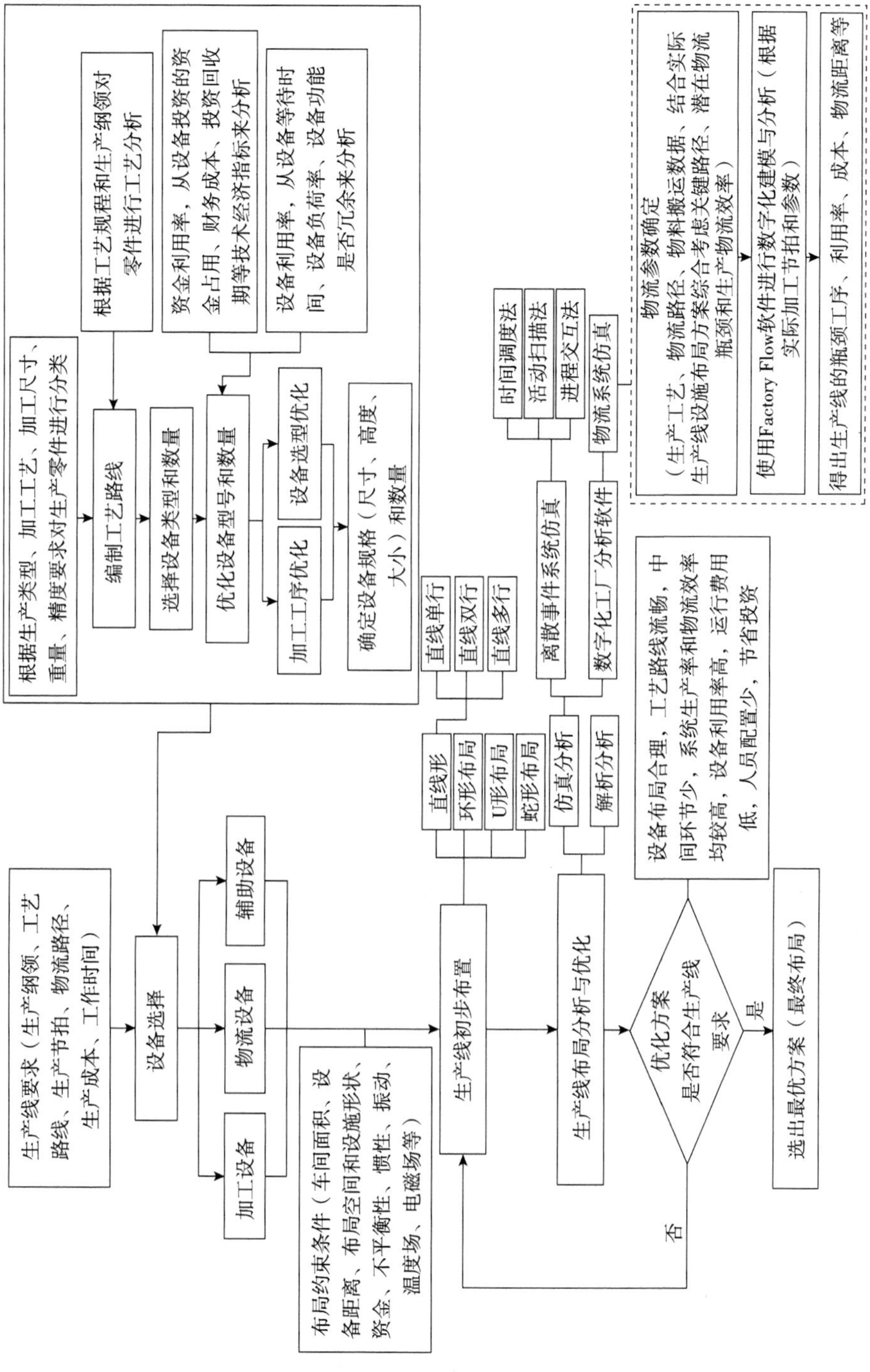

图 2－1　智能制造生产线的规划设计流程

2.1 生产线布局的基本原则

2.1.1 生产线类型

生产线按生产纲领可以分为：大批量生产系统、单件小批量生产系统、个性化定制系统等。如果产品预期市场需求量非常大，则产品的生产可以长时间连续地进行，这样的生产系统称为大批量生产系统，如汽车零部件生产线。

如果产品的市场需求量非常小，则生产能够以单件小批量的方式进行，一般都是柔性生产线，如大型轮船、飞机、重型机床等产品的生产线。

在大批量和单件小批量之间的是批量生产，很多机床制造系统均属于此种类型。个性化定制系统是为适应市场对产品的个性化需求而出现的一种新型制造系统，以逼近大批量制造系统的效率实现产品品种的多样化，实现大规模定制生产（Mass Customization，MC）。

生产线按自动化程度可以分为自动化生产线和非自动化生产线。自动化生产线是指由工件传送系统和控制系统将一组自动机床和辅助设备，按照工艺顺序连接起来，自动完成产品全部或部分制造过程的生产系统，简称自动线。自动化生产线适用于大批量生产，能缩短生产周期，降低生产成本。非自动化生产线是相对自动化生产线而言的。

生产线按通用性可以分为通用生产线和专用生产线。通用生产线是指柔性生产线，柔性生产线是把多台可以调整的机床联结起来，配以自动运送装置组成的生产线。它依靠计算机管理，将多种生产模式结合，从而能够减少生产成本，做到物尽其用。通用生产线是一种技术复杂、高度自动化的系统，它将计算机和系统工程等技术有机地结合起来，解决了机械制造高自动化与高柔性化之间的矛盾。通用生产线有以下几个优点。

①设备利用率高。一组机床编入通用生产线后，产量比这组机床在分散单机作业时的产量提高数倍。

②在制品减少 80% 左右。

③生产能力相对稳定。通用生产线的自动加工系统由一台或多台机床组

成，发生故障时，有降级运转的能力，物料传送系统也有自行绕过故障机床的能力。

④产品质量高。零件在加工过程中，装卸一次完成，加工精度高，加工形式稳定。

⑤运行灵活。通用生产线的检验和维护工作可在第一班完成，第二、第三班可在无人照看下正常生产。在理想的通用生产线中，其监控系统还能处理诸如刀具的磨损调换、物流的堵塞疏通等运行过程中不可预料的问题。

⑥产品应变能力大。刀具、夹具及物料运输装置具有可调性，且通用生产线的平面布置合理，便于增减设备，可满足市场多变的需求。

专用生产线主要针对的是大批量的生产线，它的工艺是固定的，柔性不高，但效率很高。

2.1.2　生产线布局的基本形式

生产线的布局设计是指对建筑物、机器设备、运输通道等按照人流、物流、信息流的合理需要，做出有机的组合和合理的配置，以达到人、物和信息通畅，从而有效率地进行生产。合理的设计布局可以使各个工序之间的衔接更加顺畅紧密、缩短物料搬运距离、提高生产效率。

在考虑资金的利用率、用地的限制及确保安全等限制条件的基础上，为了使生产效率达到最高，企业通常需要对生产线进行布局。

1. 设备布局

根据生产现场设备的排列情况和加工物流路径，设备的布局形式大致可以分为线性布局和网状布局两大类。其中，线性布局的形式多种多样，根据不同的标准可以分为不同的形式。

根据加工零件的物流流向可以分为两种：单向布局和双向布局。

根据设备的线性布局形状可以分为直线形布局、环形布局、U 形布局和蛇形布局。直线形布局可分为直线单行、直线双行和直线多行。

图 2－2 所示为设备布局的基本类型（根据线性布局形状），其中，m 代表设备或放置设备的位置。

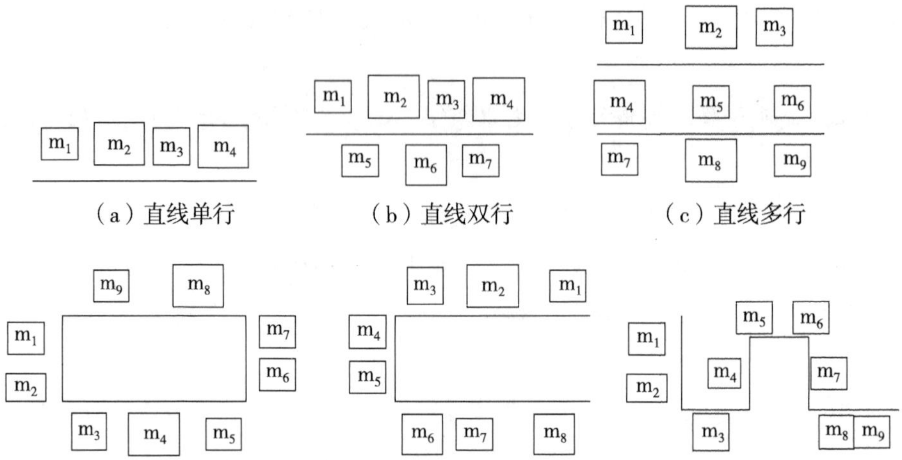

图 2-2　设备布局的基本类型（根据线性布局形状）

2. **设施布局**

按照设施布局是否会随着时间和物流量的改变而改变，可以分为静态设施布局、动态设施布局及鲁棒性设施布局。

（1）静态设施布局问题（Static Facility Layout Problem，SFLP）

在该种情况下，各设施之间的物流量不会随着时间而改变，物流费用取决于设施间的距离，常使用二次分配问题（Quadratic Assignment Problem，QAP）来建模。采用静态设施布局的前提是市场需求静态不变，布局的最优性不会随时间的变化而变化。但如果只考虑 QAP 建模方法，即只考虑等面积设备的布置，没有太多的实用价值。科伊特和史密斯在遗传算法的求解过程中，通过设定长宽比例来控制各部门的形状，库西亚克和赫拉古则对静态设施布局的算法进行了总结。

（2）动态设施布局问题（Dynamic Facility Layout Problem，DFLP）

假定各设施间的物流量随着时间而变化。在生产系统经常发生变化且各生产周期可预测的前提下，企业多采用动态设施布局，该布局问题的优化目标常常是使物料搬运费用和设备重置费用最小化。特别针对多批次、少批量的机群组布局而言，这两个目标变得更为重要。

雷默特和甘布雷尔指出，基于产品原则的设施布局能减少库存与物料搬运费用，降低产品生产周期，但并不适用于动态布局。罗森布拉特提到，动态设施布局问题基本上是基于静态设施布局问题的二次指派问题，从而指出了静态布局与动态布局的联系。巴拉克里斯南等指出，在多阶段设施布局中，DFLP先要确定是重新进行设施布局还是维持原先布局。赫拉古和科赫哈尔总结出来了可重配置的设施布局方法。该方法根据产品或行业特点的要求，结合机器位置的变动，保持生产效率。

（3）鲁棒性设施布局问题（Robust Facility Layout Problem，RFLP）

该布局方式起源于Rosenblatt等提出的布局设计“鲁棒性”概念。虽然某布局对于特定的产品系列并不一定是最优的，但对于大多数产品而言是较优或最优的。此种布局主要反映的是市场和生产系统运行条件的投资效益和适应费用，最终目的为整个时间轴上实现所有物料搬运费用之和最优。

以上三种不同类型的设施布局既有区别，又有联系，并能在一定条件下相互转换。具体转换关系如图2-3所示。

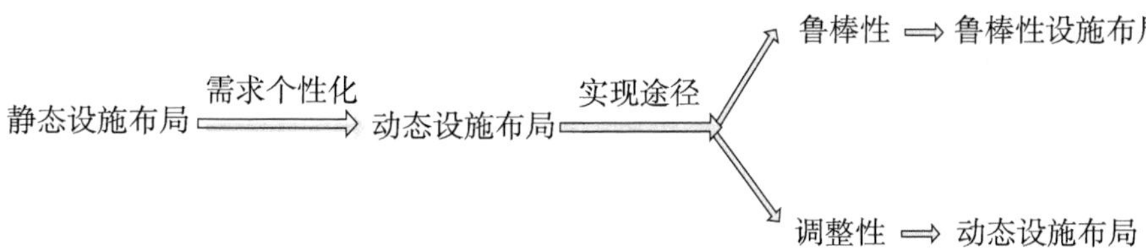

图2-3　静态设施布局、动态设施布局与鲁棒性设施布局的关系

3. 生产系统的布局

制造业生产系统的布局按照工作流程的形式分类，可以分为产品导向布局、工艺导向布局、成组生产单元布局和固定式布局四种基本形式。

每种形式各有优缺点，根据每个企业工艺和设备的特点，可采用其中某一种或几种形式的混合形式。

（1）产品导向布局

产品导向布局是为特定的产品或服务对象设计的，是按照制造产品或服务的步骤来安排设备或工作过程的布局形式。它的基础是标准化和作业分工。这种布局形式将生产某种产品所需要的全部生产设备、工具及人员都集中在固定的区域内，完成与该产品相关的主要加工过程。

采用产品导向布局形式的产品，其生产流程通常可以看作一条从原材料投入开始到成品完工为止的连续的线，因此可以按照产品的工艺流程或加工过程对生产系统进行布局。产品导向布局的特点包括：产品是少品种、大批量的；产品的需求足够稳定；产品的标准化程度值得对专业化机器进行投资；原材料和半成品的规格一致性高，能够在标准化的机器上进行生产。

在产品导向布局形式下，生产线的布局可以有多种形式，包括直线形、U形、蛇形等多种形式。产品导向布局通常用于少品种、大批量的产品生产及各个工作站加工时间基本相等的生产线。

产品导向布局的优缺点如下。

①优点：由于生产现场的布局是按照产品的加工过程布置的，因此产品在各道工序之间的物流比较顺畅；前一道工序和后一道工序之间的衔接协调而紧密，不会有大量在制品堆积的情况发生；机器设备是按照工序流程的顺序设计布局的，各道工序之间物料搬运所需的时间、距离、工作量小；整条生产线上各道工序加工作业的专业性不强，通过简单的培训可以很容易上手，对操作人员的要求不高；生产和管理的难度不大，便于控制；可以使用专业化和自动化的运输设备，提高生产效率。

②缺点：任何一道工序的机器设备出现问题时都将导致整条生产线上的全部工序中断；当产品的工艺流程发生变化时，有可能要调整整条生产线的布局；生产线的工作效率取决于生产线中所需工时最长的那道工序，其他工序的工时再短也不会对生产线的整体效率起到积极的作用，容易产生资源的浪费，影响员工工作的积极性；机器设备的造价比较高；每道工序的工作内容是固定的，简单枯燥的工作很难使员工在工作中一直保持较高的积极性，不利于发挥员工的创造性；机器设备维修保养的成本较高；很难保证各道工序的机器设备高负荷运转。

图 2-4 所示为产品导向布局示例。

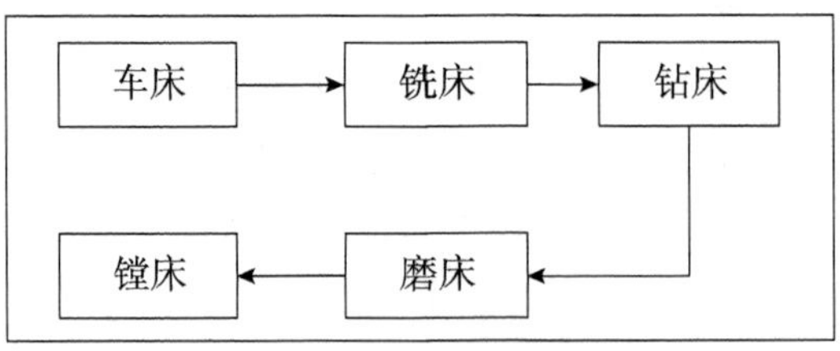

图 2-4　产品导向布局示例

（2）工艺导向布局

工艺导向布局是将功能相同的机器设备集中放置在一起，组成不同生产单位的布局形式，如按照车床组、磨床组、电镀组分区，各类机床组之间也按照一定的顺序进行布局，主要依据大多数零件的加工路线排列。产品按照工艺流程在功能不同的各个生产单位之间移动，在每个生产单位内的加工由该生产单位中的某台机器设备完成。

在工艺导向布局形式下，通常会造成较长的生产周期、复杂且不及时的工作程序、较大的库存和运输成本。工艺导向布局通常用于生产设备具有资本密集特征的产业及多品种、小批量的生产场合。

工艺导向布局的优缺点如下。

①优点：由于机器设备是按照功能分组的，所以可以最大限度地减少设备的数量，降低购置设备的成本，提高对设备的利用率；可以购置通用性强的设备；能够适应客户对产品需求的变化，并适应在生产计划或加工工艺等方面的临时变更；操作人员根据生产需要安排工作，工作内容多样，操作人员容易始终保持较高的工作热情。

②缺点：对单独一件产品而言，生产的全过程需要经历较长的时间，物料搬运的时间、路线不确定，容易产生无价值的浪费；产品生产的全过程比较复杂，制订产品生产计划的难度大，生产和管理不好控制；在每个生产单位所加工的产品型号不是唯一的，不同产品在每一道工序上需要的工时不同，在保证生产线整体平衡生产的基础上，容易造成个别作业单位在制品堆积的情况发生；操作人员需要具备多种技能，对操作人员整体素质要求较高。

图2－5所示为工艺导向布局示例。

（3）成组生产单元布局

成组生产单元布局是通过运用成组技术将某些具有相似特征的一类产品在某个特定的生产单元内进行加工的一种布局形式。这种布局形式的工作原理是将工艺流程相似的一组零部件集中进行加工，根据加工流程确定一组合适的机器设备和操作人员，专门负责这一加工流程下的全部产品的加工。

①成组生产单元布局具有以下特点。

a. 改善人际关系：需要加工单元的数名作业人员合作，共同完成任务，具有良好的互动性。

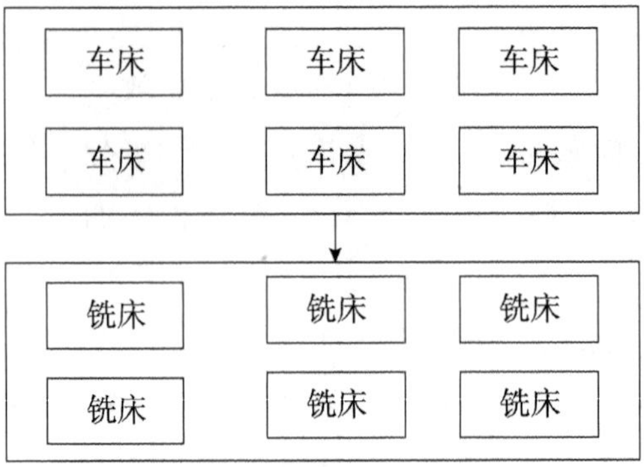

图 2-5　工艺导向布局示例

b. 提高操作技能：团队作业有利于工人快速学习和熟练掌握生产技能。

c. 减少在制品和物料搬运：物料流动于单元中，可以减少零件在车间之间的移动。

d. 缩短生产准备时间：产品簇的设计可以简化规格，意味着可以减少加工工序及模具的使用。成组生产单元布局适用于冗长的生产过程，尤其适用于局部生产过程具有相似性的生产工艺，或由于局部生产过程的复杂性造成生产过程难以控制或生产节拍出现较大差异的情形。

②成组生产单元布局的优缺点如下。

a. 优点：由于在每个组内集中加工流程相似的产品，有利于保证机器设备有较高的利用率；各道工序都是在组内进行，工序间的物料搬运距离短、流程顺畅、搬运的工作量小；有利于增进组内员工的感情，发挥团队作用的优势；操作人员的工作内容多样，可以培养其掌握较多的技能；同时具有产品导向布局和工艺导向布局两种布局形式的优点。

b. 缺点：各个工作单元内的工作内容不同，生产和管理难度大；很难保证各个工作单元之间作业流程的平衡，容易增加物料的堆存及搬运的成本；加工单元内的操作人员需要掌握单元内所有加工产品全部加工流程的操作技能；机器设备的通用性差；同时具备产品导向布局和工艺导向布局两种布局形式的缺点。

图 2-6 所示为成组生产单元布局示例。

（4）固定式布局

固定式布局指加工或服务对象位置固定，而加工或服务围绕着该固定位

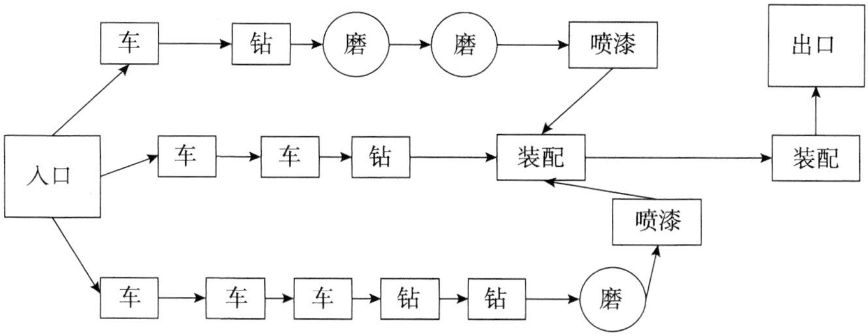

图 2 – 6　成组生产单元布局示例

置移动的一种布局形式。这种布局形式主要用于制造大型或特大型的产品。

这类产品通常体积大、不易移动，需要将产品固定在使用该产品的地点，而全部的制造工作都要在该地点完成，如船舶、内燃机、航空发动机、飞机、轮船等的制造和装配，建筑物的建造等。

固定式布局的优缺点如下。

①优点：机器设备、人员都围绕产品移动，物料搬运的工作量小；可以通过安排不同时段的工作组来提高整体的工作效率；有利于保证产品的质量；灵活性强，容易适应变化；改进作业方法的余地很大。

②缺点：机器设备和人员要围绕产品进行生产，移动距离较长；在同一个时间段，两种或以上的产品需要相同的机器设备或操作人员时，不能实现资源共享；对操作人员的技能要求高；容易产生较多的库存；对生产现场的控制和管理难度较大。常用布局的比较如表 2 – 1 所示。

表 2 – 1　　常用布局的比较

比较项	产品导向布局	工艺导向布局	成组生产单元布局	固定式布局
投资	很大	小	中等	（很）大
柔性	很小	很大	大	小
效率	很高	低	高	中
物流成本	高	中	低	低
适合的生产模式	大批量	中、小批量	中、小批量	单件
产品生产周期	很长	短	较短	长
典型加工零件或产品	标准紧固件、汽车零件	一般零件	相似件，如轴类	船体

生产线布局类型如图 2 -7 所示。

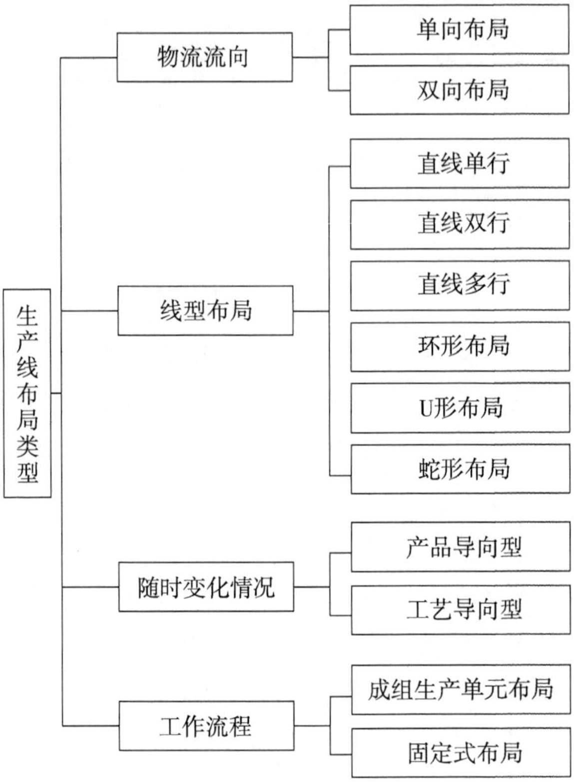

图 2 -7　生产线布局类型

2.1.3　生产线布局设计的基本原则

合理的设计布局可以使各个工序之间的衔接更加顺畅紧密、缩短物料搬运距离、提高生产效率。布局设计得不合理，容易导致以下情形的产生。

(1) 在实际生产过程中，由于生产计划做得不够充分，可能在制订生产计划时未考虑不利于生产的情形。

(2) 生产的产品数量增加或产品的大型化，可能导致必须改变现有工序或增加设施；产品更新或增加产品样式时，导致必须在原有工序中补充新的生产环节。

(3) 技术进步导致原生产方式陈旧，从而需要改变工序。

（4）工厂整体布局的变更可能导致新工序需要移动或重新布局。

在生产现场进行布局设计时，要充分考虑生产系统中各个生产设备的利用率及各设备在空间布局上的协调性，以确保生产系统物流的畅通和高效运转。合理的布局设计会对加工系统中物流的合理性产生关键作用。

在进行布局设计的研究时，应该从工艺、经济、柔性、安全等方面进行考虑。生产线布局设计的基本原则主要有统一原则、最短距离原则、物流顺畅原则、利用立体空间原则、安全满意原则和灵活机动原则，如表 2－2 所示。

表 2－2　生产线布局设计的基本原则

序号	原则	内容	理由
1	统一原则	把工序四要素“人”“机械”“材料”“作业方法”有机统一起来，并充分保持平衡	一旦四要素没有统一协调好，作业就容易割裂，而且会延长停止时间，增加物料搬运次数。应该在充分考虑四要素平衡的基础上进行布局
2	最短距离原则	配置时要使物料搬运距离、时间最短	移动距离越短，物料搬运所花费的费用和时间就越短
3	物流顺畅原则	布局要保证工序不会发生堵塞，物流顺畅	物流不能出现倒流和交叉现象，要设法使物流顺畅无阻
4	利用立体空间原则	利用立体空间也能有效利用时间	在材料仓库、零件仓库等仓库，往往空间有限，需要高效利用空间，可以把仓库设计成网架式储存架，以高效率地利用三维空间
5	安全满意原则	布局要使工作人员既能安全作业又能轻松作业	确保作业人员的安全并减轻他们的疲劳程度是非常重要的。材料的移动、旋转等会出现不安全状况，抬升、卸下货物会加剧作业疲劳，应尽量减少这些操作
6	灵活机动原则	适应变化，随机应变，采取灵活措施	面对各工序的变化，尽可能随机应变、见机行事

2.1.4 生产线布局要素

布局设计的最基本要素是产品、数量、生产路线、辅助服务部门、时间，用5个英文字母来表示：P（Product）、Q（Quantity）、R（Route）、S（Supporting Service）、T（Time）。这五项基本要素是设施布置必不可少的基础材料。

（1）P（产品），指规划设计系统所涉及的产品、原材料、加工的零件、成品或提供服务的项目。这些资料由生产纲领（工厂的和插件的）和产品设计提供，包括项目、种类、型号、零件号、材料等。产品的这一要素影响着设施的组成及其相互关系、设备的类型、物料搬运的方式等。

（2）Q（数量），指所生产、供应或使用的商品量或服务的工作量。其资料由生产统计和产品设计提供，用数量、重量、体积或销售的价值表示。数量这一要素影响着设施规模、设备数量、运输量、建筑物面积等因素。

（3）R（生产路线），这一要素是工艺过程设计的结果，可用设备表、工艺路线卡、工艺过程图等表示。它影响着各作业单位之间的关系、物料搬运路线、仓库及堆放地的位置等。

（4）S（辅助服务部门），指公用、辅助、服务部门，包括工具、铁路专用线、办公区、卫生站、更衣室、食堂、洗手间等，由有关专业设计人员提供。这些部门是生产的支持系统，在某种意义上加强了生产能力。有时候，辅助服务部门的总面积可能大于生产部门所占的面积，必须给予足够重视。

（5）T（时间），指在什么时候、用多长时间生产出产品，包括各工序的操作时间、更换批量的次数。在工艺过程设计中，根据时间因素可以求出设备的数量、需要的面积和人员，并平衡各工序的生产能力。

要完成布局设计，在掌握5项基本要素的基础上，还必须收集和分析其他有关因素，包括城市规划、外部协作条件、交通运输条件、地质水文条件、自然条件，以及职业安全和卫生、消防、环境保护、建筑、通道等方面的技术规范、规程等。

2.2　基于 SLP 的车间布局设计

2.2.1　生产线布局规划方法

在企业初建或者重组扩建的过程中，采用 SLP 方法进行车间布局规划时应该重点考虑以下几个方面。

①按照尽量少占用空间、物料搬运尽量方便、生产周期尽量缩短的原则重新整合以往的生产环节，对一些不必要或者可有可无的作业进行慎重考虑。

②从整体上对生产系统进行系统的分析和优化。

③在扩建或者重组时，应考虑到将来发展的可能性，既不能怠慢生产，还要给技术改造和升级留下空间。

2.2.2　生产线布局约束条件

生产线布局问题中常见的约束条件包括以下几个。

①面积约束，指车间的长度和宽度，即设施在车间内的位置及其面积分配。

②间距约束，各设备之间应保持一定的距离，保证工人能够对设备进行正常的操作和维修。

③形状及方向约束，对布局空间和设施形状的约束。放置不规则形状或方向各异的设施会增加布局问题的复杂性，通常将布局空间和设施形状设定为矩形，设施的摆放方向应保持一致。

④性能约束，涉及不平衡性、惯性、振动、温度场、电磁场等。

⑤资金约束，对布局费用进行限制。

⑥特定约束，在实际生产中还应根据具体的情况考虑其他的一些约束。

2.2.3　生产线布局初步设计

生产线布局初步设计采用 SLP 方法。系统布置设计程序模式如图 2 – 8 所示。

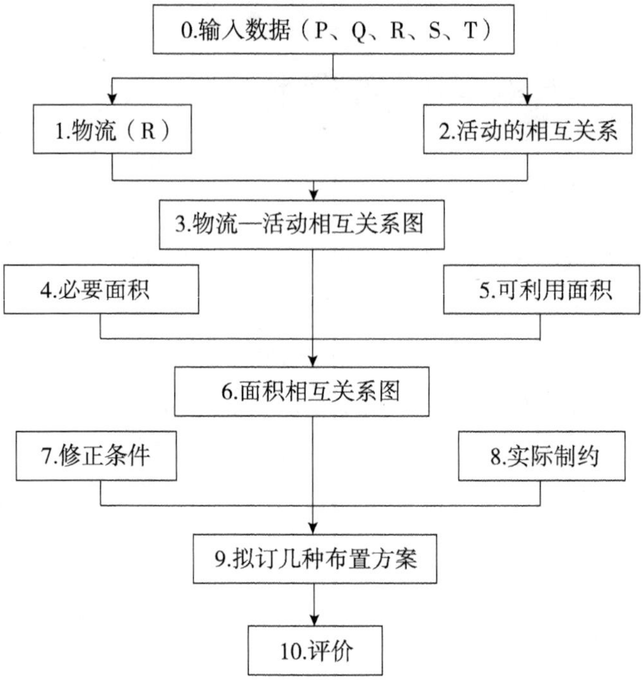

图 2-8　系统布置设计程序模式

1. 生产线作业单位划分并绘制作业单位相互关系图

生产线作业单位划分为生产部门和辅助部门。

生产部门：按照工艺不同分成不同的工作区域，如车削钻削区、磨削区、抛光清洗区、检测区等。

辅助部门：按照职能不同分为不同区域，如洗手间、办公区和更衣室等。

对工厂各组成部分进行面积的规划，在确定面积的过程中要注意满足工业厂房设计的相关标准，例如主要通道宽度最小为 127cm，旁道宽度最小为 76cm，货车两侧应留最小间隙为 2.5m 等。在初步确定了工厂各区域的面积之后，最好能够找到相似的工厂进行核对和校正，以满足客观实际的需要。

同时，还应该列出有特殊要求的项目，如：磨床区、洗手间等对供水排水有一定的要求；抛光清洗区对压缩空气有需求。列出这些要求并进行重要性的评价。表 2-3 所示为各作业单位面积和特殊要求，根据“密切程度”代码和“密切程度理由”代码，绘制作业单位相互关系图。

表 2－3　　各作业单位面积和特殊要求

<table>
<tr><td colspan="2" rowspan="3">作业单位</td><td rowspan="3">面积（m^2）</td><td colspan="5">特殊要求</td></tr>
<tr><td>×××要求</td><td>×××要求</td><td>×××要求</td><td>×××要求</td><td>×××要求</td></tr>
<tr><td colspan="5">特殊要求相对重要性：A，E，I，O，…</td></tr>
<tr><td>1</td><td>×××区</td><td></td><td></td><td></td><td></td><td></td><td></td></tr>
<tr><td>2</td><td>××××区</td><td></td><td></td><td></td><td></td><td></td><td></td></tr>
<tr><td>3</td><td>×××区</td><td></td><td></td><td></td><td></td><td></td><td></td></tr>
<tr><td>4</td><td>×××区</td><td></td><td></td><td></td><td></td><td></td><td></td></tr>
<tr><td colspan="2">其他面积</td><td></td><td colspan="5" rowspan="2"></td></tr>
<tr><td colspan="2">共计</td><td></td></tr>
</table>

在绘制的作业单位相互关系图中，左方为需要进行设施布置的各作业单位，图右方的每个菱形框表示和左方相对应的两个作业单位之间的关系。菱形框上半部为密切程度代码，下半部为密切程度理由代码。各个作业单位针对影响相互关系的因素初步确定相互关系等级。

2. 绘制作业单位位置相关图

依据作业单位相互关系图绘制作业单位位置相关图，其步骤如下：

第一步，确定关系“密切程度”为 A 级的作业单位位置，尽量靠近。

第二步，处理关系“密切程度”为 E 级的作业单位位置。

第三至第五步，分别处理位置相关图中 I、O、U 级的作业单位对。最后重点调整 X 级作业单位对的相互位置，尽量远离，得出最终的作业单位位置相关图。

其中，用直线的多少来表示这一对作业单位的密切程度，设定 A 级使用四条并列的直线，E 级使用三条并列的直线，I 级使用两条并列的直线，O 级使用一条并列的直线，U 级不使用直线，经过初步规划可得出初步作业单位位置相关图。

按照密切程度越大、距离越近且尽量避免交叉的原则调整初步作业单位位置相关图，得到最终版。

3. 绘制面积相关图

面积相关图须按照以下方法绘制：

①按照布置工厂构成的复杂程度，选择图幅大小，工厂越复杂，则图幅越大。

②按图样大小与厂区大小比例选择绘图比例。

③将各作业单位面积绘入面积相关图中，若预留空间不足，可适当调整。

4. **绘制工厂总平面布置方案图**

考虑修正因素与实际条件限制因素，修改调整面积相关图后绘制工厂总平面布置方案图。需要考虑的因素包括以下几项。

①车间占地面积。根据加工设备的选型结果及工厂现有设备的型号，确定各工位设备的占地面积。

②根据产品特点，确定物料搬运方法，确定车间内外运输方式，如采用叉车实现工段之间的运输。物料空间应包含物料接收与储存空间、在制品空间、成品储存和运送空间、废料和不合格品储存和运送空间。

③根据车间条件选择道路形式及技术参数，通道既应有足够的空间便于工人行走，又应方便搬运物料和设备。

④控制室用于实现生产线控制、调度等，检验室、办公室和中控室等用于生产管理和控制。要合理改变办公、服务等设施的位置，根据交通情况，设定门的位置。

⑤考虑风向特别是盛行风向对作业单位相对位置的影响，避免烟尘、异味等空气污染影响人们的身体健康。北方的工厂建筑尽量避免将大门开在西面或者北面。

⑥考虑建筑物朝向、间距、防火、防噪声等因素。

⑦生产线总联系尺寸根据生产线加工机床之间、机床与辅助装置之间、各辅助装置之间的尺寸确定。当选用的机床和其他设备的型号、数量确定以后，根据拟订的布局就可以绘制生产线总联系尺寸图。需要确定的尺寸有机床间距、装料高度、机床与辅助装置间的联系尺寸。

根据以上布局设计，最终确定不同的设计方案，并得出布局图。

2.3 生产线布局的数字化建模

合理的生产线布局能确保企业的有效生产和合理的物流。生产线布局的建模与仿真是制造系统建模和仿真中的重要组成部分，通过对生产线布局的仿真模拟，以及对不同参数下的布置进行分析，可以对生产线布局中可能出现的问题做出早期的决策，实现对生产线布局的优化，并节约成本。生产线布局的建模包含三个层次：建筑实体建模、宏观的各个作业区之间的整体建模、微观的各个作业区内的细节建模。将生产线上的加工中心、运输轨道、夹具、托盘等相关设备模型依照真实尺寸建立，放置到实际位置上，构建生产线的三维（3D）数字模型。该模型反映了车间生产线的建筑、空间信息、工位的安排、输送系统等；提供了生产系统的三维数字模型，基于此可以进行生产系统布局的物流路线优化和整个生产系统的成本优化，为生产系统规划设计的优化提供依据。

2.3.1 数字化建模涉及的因素

合理的建模是模型准确性的保证，一般生产线建模涉及的因素有以下几个。

①产品生产的工位工序。

②加工、辅助等设备类型与型号。

③各类产品的加工时间定额。

④设备、工作区域、通道等空间需求。

⑤建筑规格。

⑥生产线总体尺寸联系。

⑦物流通道网络。

⑧物流输送、搬运、交换、储存设备。

2.3.2 数字化建模的方法

数字化建模的方法很多，实体流图法、活动周期图法、各种扩展的 Petri 网方法、Euler 网方法等得到了广泛的应用。

系统建模是系统仿真的前提。其中，Petri 网是一种重要的离散事件动态系统建模方法，现在已被应用于生产线的建模。作为生产线系统的建模工具，Petri 网具有以下显著优点：有严格的数学表达方式，能进行精确的数学分析；图形工具简洁直观；描述能力强；在性能分析与验证能力方面，能实现定性和定量的系统分析。随着计算机仿真技术的发展，融合了 SLP

仿真技术的工业软件 FactoryCAD 可以用于工业和制造设施规划设计，其具有以下功能。

①导入工装和产品数据（NX、JT、Solid Edge、Parasolid）。

②使用三维方式进行设施布局设计和规划。

③使用智能对象加速模型开发。

④参数化对象和系统工具包。

⑤有仿真数据交换接口等。

2.3.3 构建生产线设备的3D数字模型

根据生产线平面布局方案，依据模型库，以优化目标及约束条件为指导，按照生产线平面布置的不同方案，建立基于虚拟现实的生产线 3D 数字模型。图 2－9 所示为生产线关键加工设备的 3D 数字模型。

图 2－9 生产线关键加工设备的 3D 数字模型

建模过程如下：

①绘制车间生产线地面，依据车间面积绘制立柱、布置围墙。

②按规格要求布置门窗和护栏，划分各作业单位面积。

③导入外置加工机床模型。

④布置物料传送装置。

⑤布置立体仓库、备辅料区及其他区域的货架。

⑥布置更衣室、中控室、卫生间等其他部分。

⑦添加工人、产品、托盘到模型的相应位置。

⑧最终得到 3D 数字模型。

2.4　生产线物流系统分析与优化

2.4.1　生产线布局评价方法

生产线布局决定了以后生产线的物流方向和速率，从而从结构上限定了生产线的功能潜力，生产线布局是影响深远的一项工作，一个良好的生产线布局可以用埃普尔的“良好布局标志”来衡量。

“良好布局标志”主要包括：围绕某一预先计划好的布置设计建造建筑物；通道笔直、清楚、有标记；保持最低限度的后退倒行；有关作业紧靠在一起；生产时间可以预测；安排进度计划的困难最小；最少量的在制品；条件改变时容易调整，具有高柔性；扩展计划时容易编制；实际加工时间与生产总时间之比最大；检查最少而质量最好；材料搬运距离最短，手工搬运最少，无不必要的材料重复搬运；材料放在负载单元中搬运；作业之间的搬运最少；材料能及时传递给工人；材料能从工作区域及时搬开；有秩序地搬运和储存材料；工人能以最高效率工作等。

一个较好的布局设计方案应符合以下四个要点。

①满足产品生产纲领和加工工艺要求，工艺可靠，质量稳定。同时，对可能发生的生产纲领变化（如扩能）或产品的变化（转产）做了充分的考虑，在控制预算的前提下，系统加工柔性较高，发展潜力较大。

②设备布局合理，工艺路线流畅，中间环节少，系统生产率和物流效率均较高；设备利用率高，运行费用低，人员配置少，节省投资。

③采用当今较为成熟可靠的新技术、新工艺，迎合了技术发展的新趋势。所采用的工艺、技术在相当长一段时间内不落伍，有一定的技术改造空间。

④绿色环保。除了遵循现行的法律法规和标准外，还要对中央及地方主管部门制定的各种指导性文件及国外较为先进（严格）的规范标准有所响应，这是企业可持续发展的重要保证。

评价布局设计方案通常包括三个阶段：建立评价指标体系；确定评价指标权重；计算各方案隶属度。评价方法有很多，在布局设计方案评价的三个阶段分别采用的方法如图 2-10 所示。

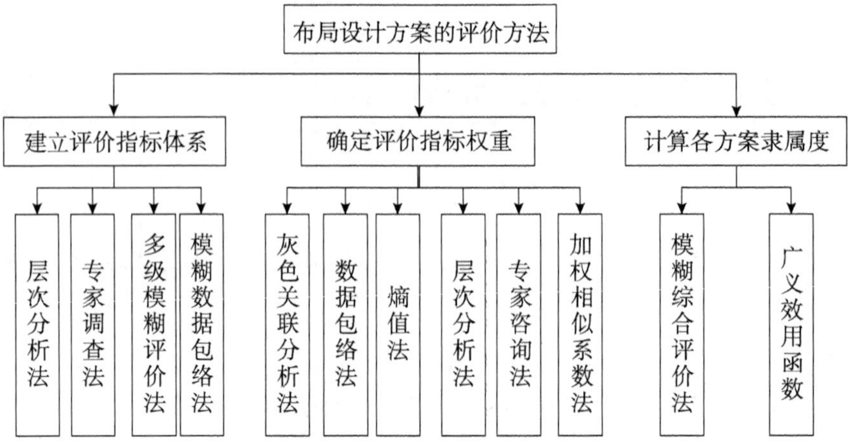

图 2－10　布局设计方案的评价方法

1. 定性评价

定性评价就是根据人的经验和知识结合当今的社会环境，运用人的主观思想对某一问题进行的综合评判。定性评价的方法主要包括决策树法和德尔菲法。

决策树法就是按照抉择方案顺延后得到的一种预测结果。例如，在方案选择时，要对各个方案的策略做出判断，决策树就是为了做出这个判断而画的一个图。从我们所画的决策树中，可以清楚地看到每一种方案最后的优越性。

德尔菲法是一种专门针对专家会议的缺点而改进的方法，也称作专家预测方法。在这种方法的实施过程中，因为专家之间素未谋面、不能当面接触，可以说专家之间相互独立，不受影响，具有很强的客观性和可靠性。

定性评价方法实用，但主观成分太多，很大程度上受到人的经验、价值观等因素的影响。

2. 定量评价

定量评价是采用数学的方法，收集和处理数据资料，对评价对象做出定量结果的价值判断，如运用教育测量与统计的方法、模糊数学的方法等，对评价对象的特性用数值进行描述和判断。

定量评价以指标量化为前提，数学方法为基础，能够进行精确、客观的评判，有着很强的理论根据和推广价值。但定量评价因为其量化因素考虑不全，量化指标不能尽善尽美，部分内容不能够很好地体现出来。

2.4.2　构建物流模型

1. **物流参数设定**

构建物流模型时，应根据生产工艺、物流路径、物料搬运数据，结合实际生产线设施布局方案，综合分析关键路径、潜在物流瓶颈和生产物流效率。先定义零件、组装、物流工具等物品的详细参数，然后定义从一个工作区到另一个工作区的物料搬运方式及相关的详细参数。

设置典型物流点的参数，在建立的数字模型中插入若干个活动点（Activity Point），从而确定物流的起始点。

2. **构建物流模型**

根据对物流设备及活动点的设置，按照规划的物流流程，用各物流设备连接各活动点，建立物流分析模型。

3. **物流结果分析与优化**

这是系统仿真非常重要的一步，需要根据运行结果和输出数据进行必要的统计分析和判断，如分析系统是否存在“瓶颈”，流程是否畅通，物流量能否满足要求。若系统运行后，结果有不理想之处，要分析具体的原因和影响因素，调整方案并改变参数，直至满足系统的需求和仿真的目标。

2.5　实例：汽车零部件凸轮轴生产线的布局规划设计

2.5.1　实例背景

凸轮轴是发动机配气机构的主要部件，凸轮轴上的进、排气凸轮是使气门按照规定的工作顺序和配气相位开启和关闭的控制机构。汽车凸轮轴生产企业能否赢得市场，一个重要的方面就是看企业能否在满足客户个性化需求的同时，有效地重新配置和利用资源，增加系统的柔性，保持较低的生产成本和较短的交货期。

凸轮轴生产线车间布局和规划分析可以在生产线设计方案的基础上，构建生产线的虚拟数字 3D 模型，将生产线以虚拟现实的方式，真实地反映现实生产线中各设备的运作等实际情况，再现车间现场环境，从而给企业提供直接、形象的技术交流手段，为企业生产线的选型方案进行技术和经济分析。

2.5.2 凸轮轴生产线的布局设计

凸轮轴生产线的布局设计步骤分为四个部分：初步规划→详细规划→建模仿真→优化评价。

2.5.2.1 生产线设备的选型

1. 基于粒度的加工设备的选型

进气凸轮轴加工工艺流程如图 2－11 所示。

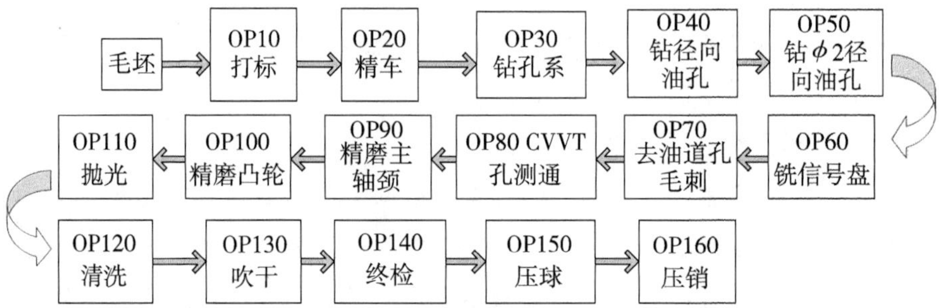

图 2－11 进气凸轮轴加工工艺流程

根据基于粒度的生产线加工设备规划方法，首先列出设备与零件几何特征加工工艺方法的关系矩阵。使用基于粒度的设备规划方法进行设备选型。

定义加工序列：$\boldsymbol{F}=\{F_1, F_2, F_3, \cdots, F_{16}\}^{\mathrm{T}}$。

其中，F_1 表示打标，F_2 表示精车，F_3 表示钻孔系，F_4 表示钻径向油孔，F_5 表示钻 $\phi2$ 径向油孔，F_6 表示铣信号盘，F_7 表示去油道孔毛刺，F_8 表示 CVVT 孔测通，F_9 表示精磨主轴颈，F_{10} 表示精磨凸轮，F_{11} 表示抛光，F_{12} 表示清洗，F_{13} 表示吹干，F_{14} 表示终检，F_{15} 表示压球，F_{16} 表示压销。

定义设备序列：$\boldsymbol{M}=\{m_1, m_2, m_3, \cdots, m_{15}\}$。

其中，m_1 表示打标机、m_2 表示去毛刺机、m_3 表示数控多砂轮磨床、m_4 表示数控凸轮磨床、m_5 表示抛光机、m_6 表示六位一体清洗机、m_7 表示终检机、m_8 表示压球试漏机、m_9 表示压销机、m_{10} 表示数控车床、m_{11} 表示钻孔专机、m_{12} 表示测通机、m_{13} 表示吹干机、m_{14} 表示数控加工中心、m_{15} 表示数控铣床。

得到设备与零件几何特征加工工艺方法的关系矩阵：

$$
[\boldsymbol{F}\cdot\boldsymbol{M}]=
\begin{array}{c}
 \\ F_1\\F_2\\F_3\\F_4\\F_5\\F_6\\F_7\\F_8\\F_9\\F_{10}\\F_{11}\\F_{12}\\F_{13}\\F_{14}\\F_{15}\\F_{16}
\end{array}
\begin{array}{c}
\begin{array}{ccccccccccccccc}
m_1 & m_2 & m_3 & m_4 & m_5 & m_6 & m_7 & m_8 & m_9 & m_{10} & m_{11} & m_{12} & m_{13} & m_{14} & m_{15}
\end{array}\\
\begin{bmatrix}
1&0&0&0&0&0&0&0&0&0&0&0&0&0&0\\
0&0&0&0&0&0&0&0&0&1&0&0&0&1&0\\
0&0&0&0&0&0&0&0&0&0&1&0&0&1&0\\
0&0&0&0&0&0&0&0&0&0&0&0&0&1&0\\
0&0&0&0&0&0&0&0&0&0&0&0&0&1&0\\
0&0&0&0&0&0&0&0&0&0&0&0&0&1&1\\
0&1&0&0&0&0&0&0&0&0&0&0&0&0&0\\
0&0&0&0&0&0&0&0&0&0&0&1&0&0&0\\
0&0&1&0&0&0&0&0&0&0&0&0&0&0&0\\
0&0&0&1&0&0&0&0&0&0&0&0&0&0&0\\
0&0&0&0&1&0&0&0&0&0&0&0&0&0&0\\
0&0&0&0&0&1&0&0&0&0&0&0&0&0&0\\
0&0&0&0&0&0&0&0&0&0&0&0&1&0&0\\
0&0&0&0&0&0&1&0&0&0&0&0&0&0&0\\
0&0&0&0&0&0&0&1&0&0&0&0&0&0&0\\
0&0&0&0&0&0&0&0&1&0&0&0&0&0&0
\end{bmatrix}
\end{array}
$$

得到设备选择方案 8 种，为了简化计算，对于有可选余地的设备建立选择序列：

$$
\boldsymbol{M}'=
\begin{array}{c}
 \\ F_2\\F_3\\F_6
\end{array}
\begin{array}{c}
\begin{array}{cccccccc}
M_1 & M_2 & M_3 & M_4 & M_5 & M_6 & M_7 & M_8
\end{array}\\
\begin{pmatrix}
m_{10}&m_{14}&m_{10}&m_{14}&m_{10}&m_{14}&m_{10}&m_{14}\\
m_{11}&m_{11}&m_{14}&m_{14}&m_{11}&m_{11}&m_{14}&m_{14}\\
m_{14}&m_{14}&m_{14}&m_{14}&m_{15}&m_{15}&m_{15}&m_{15}
\end{pmatrix}
\end{array}
$$

得到机床分类矩阵：$\boldsymbol{P}'=\begin{pmatrix}0&1&0&1&0&1&0&1\\1&1&1&1&1&1&1&1\\1&1&1&1&0&0&0&0\end{pmatrix}$

机床成本矩阵：$\boldsymbol{C}'=\begin{pmatrix}8&80&8&80&8&80&8&80\\40&40&80&80&40&40&80&80\\80&80&80&80&20&20&20&20\end{pmatrix}$

经计算得到的设备分类和成本结果，如表 2－4 所示。

表 2－4　　设备分类和成本

分类和成本	设备序列							
	M_1	M_2	M_3	M_4	M_5	M_6	M_7	M_8
P	2	3	2	3	1	2	1	2
C	128	200	168	240	68	140	108	180

由表 2－4 可以看出，在可选择的 8 个设备序列中，M_1序列有两台设备是精密设备，而且价格是同类中最低的。因此确定 M_1 设备序列为最终选定设备序列。

根据生产纲领确定生产设备的数量，然后依据每道工序所需的时间计算该工序需要的设备数量，并做适当调整。

年工作时间：$T=251$（天）$\times 12$（小时/天）$\times 60$（分钟/小时）$\times 60$（秒/分钟）$\times 2$（班/天）$=21686400$（秒）。

2. **生产线辅助装置选型**

在确定机床加工生产线的设计方案时，还必须根据拟订的工艺流程，确定工序检查、工件堆放、切屑处理所需的辅助装置，以及冷却柜、电气柜和油箱等配置。凸轮轴生产线主要的辅助装置配置包括以下几个。

（1）凸轮轴毛坯检查装置

在生产线前端设置毛坯检查夹具，检查毛坯的某些重要尺寸，当发现不合格毛坯时，检查系统发出的信号，并将不合格毛坯卸下。本文凸轮轴生产线的毛坯检查装置设置在毛坯库，以方便毛坯的出入库检查，减少不合格毛坯给生产线的正常运转带来的阻碍。

（2）装卸工位控制机构

在生产线几个关键工位前端和末端的装卸工位上设有相应的控制机构，当装料台上无工件或卸料工位上工件未取走时，能发出互锁信号，使机械手停止工作。装卸工位有足够的缓存空间，以便存放工件。

（3）精加工工序的自动测量装置

精加工工序考虑采用自动测量装置，以便在工件达到极限尺寸时及时采取措施。处理的方法有：将测量结果输送到自动补偿装置进行自动调刀；自动停止工作循环，通知操作者调整机床和刀具；采用备用机床，当一台机床在调整时，另外一台机床取代其继续工作，减少生产线的停损时间。

（4）液压站、电气柜及管路布置

液压站、电气柜的布置应远离车间的取暖设备，保证其安放位置能够使管路最短、拐弯最少，接近性最好。液压管路敷设应整齐美观，为便于集中管理可选择管槽。电气走线采用空中走线，这样便于日常维护。

3. **物流装置选型**

物流系统主要由输送装置、交换装置、缓冲装置和储存装置等组成，这里简单介绍输送装置、缓冲装置的选型。

（1）输送装置

输送装置的作用是依照生产系统、控制与管理系统的指令，将系统内的物料从某一指定点送往另一指定点。常见的制造系统输送装置如表2－5所示。生产线物流系统对输送装置有以下几个方面的要求。

①通用性，能适合一定范围内输送不同对象的要求，与缓冲装置、物料储存装置和加工设备等的关联性好、可控制性好、匹配性好（如形状、尺寸和重量等）。

②扩展性，能方便地根据系统规模的变化，扩大输送范围和输送量。

③灵活性，能快速接受系统的指令，根据实际加工情况完成不同数量、不同路径、不同节拍的输送工作。

④可靠性，工作无故障时间长。

⑤安全性，定位精度高，定位速度快。

凸轮轴生产线的输送采用辊道输送带，该输送带作为一种典型的输送带，具有输送量大，结构简单，安装、使用和维护方便，故障率低等特点，但灵活性较弱，适用于大批量生产方式。为增加其柔性，采用分段布置的方法，主要参数如下：宽为355mm，高为460mm，长度根据所连接的机床距离变化，载重为250kg/m，滚筒为50RS－40－10T镀锌处理。辊道上还放置着凸轮轴专用的托盘，用来在加工工序之间输送凸轮轴。每个托盘可放置两个凸轮轴。

表 2-5　　常见的制造系统输送装置

输送带	自动小车	机器人
辊式输送带	有轨自动小车	固定式机器人
链式输送带		
带式输送带	无轨自动小车	行走式机器人

从毛坯库到生产线前端及从生产线末端到成品库的输送，采用两种方案，一是采用传统的叉车搬运，其主要参数是：最大满载走行速度为 150m/min，全宽为 1090mm，额定负载为 1500kg，负载中心为 500mm，转弯半径为 1320mm；二是采用往复式直行穿梭车，虽然 AGV 是自动化物流系统的发展趋势，但它的成本与维护费用高，所以不予采用。

往复直行穿梭车是一种用于自动化物流系统的智能型轨道导引搬运设备，在接收物料后进行往复穿梭运输，主要应用于自动化物流系统中单元物料高速、高效的平面自动输送，具有高度的自动化和灵活性。其主要技术参数是：最大行走速度为 160m/min，加速度为 $0.5m/s^2$，输送速度为 14m/min，额定载重量为 600kg，采用红外线通信方式。

（2）缓冲装置

凸轮轴生产线采用凸轮轴专用的大托盘作为缓冲装置，它伴随凸轮轴的储存、搬运过程，规格为 500mm×500mm×400mm，每个托盘可储存 6 个凸轮轴。同时，每辆叉车或穿梭车可搬运 5 个该种托盘。

2.5.2.2　基于 SLP 的车间布局设计

初步布局设计采用系统布置设计方法。

生产线作业单位分为生产部门和辅助部门。

①生产部门：毛坯存放区、车削钻削区、磨削区、抛光清洗区、检测区、包装存放区。

②辅助部门：工具区、洗手间、办公区和更衣室。

对工厂各组成部分进行面积的规划并进行核对和校正，以满足客观实际需要。

列出有特殊要求的项目，进行重要性的评价，这对于工厂布局的评价和选择有参考价值。表 2-6 所示为各作业单位面积和特殊要求，并根据密切程度代码和密切程度理由代码，绘制作业单位相互关系，如图 2 - 12 所示。

表 2 - 6　　各作业单位面积和特殊要求

作业单位		面积（m^2）	特殊要求					
			供水排水要求	压缩空气	基础或地坑	防火防爆要求	特殊通风要求	特殊电气要求
			特殊要求相对重要性：A，E，I，O					
1	毛坯存放区	200	—	—	—	—	—	—
2	车削钻削区	550	—	E	—	—	—	—
3	磨削区	300	A	E	—	—	—	—
4	抛光清洗区	200	A	E	—	—	—	—
5	检测区	150	—	—	—	—	—	—
6	包装存放区	200	—	—	—	—	—	—
7	工具区	500	—	—	—	—	—	—
8	洗手间	100	A	—	O	—	—	—
9	办公区	400	—	—	—	—	—	—
10	更衣室	250	—	—	—	—	—	—
其他区域		1470						
共计		4320						

经过初步规划可得出初步作业单位位置相关图，如图 2 - 13 所示。

按照密切程度越大距离越近、尽量避免交叉的原则调整初步作业单位位置相关图，得到最终版，如图 2 - 14 所示。

面积相关图（见图 2 - 15）需按照上文提出的方法绘制。

考虑修正因素与实际条件限制因素，修改调整面积相关图后绘制工厂总平面布置方案图。

最终确定四种布局方案，分别是 U 形方案、机械手方案、多砂轮方案和辊道方案。其中 U 形方案将生产线以 U 形的生产线形式布置；机械手方案将毛坯存放区放在车间内部；多砂轮方案布置时不考虑从毛坯存放区到生产线的物流过程，毛坯直接从第一道工序上线；辊道方案与多砂轮方案的区别在于检测区位置的不同和工序间的物流设备选择辊道传送带而非手动传送带。具体布局如图 2 - 16 ~ 图 2 - 19 所示。

密切程度代码	实际含义	
A	绝对必要	Absolutely necessary
E	特别重要	Especially important
I	重要	Important
O	一般	Ordinary important
U	不重要	Unimportant
X	不要靠近	Closeness undesirable

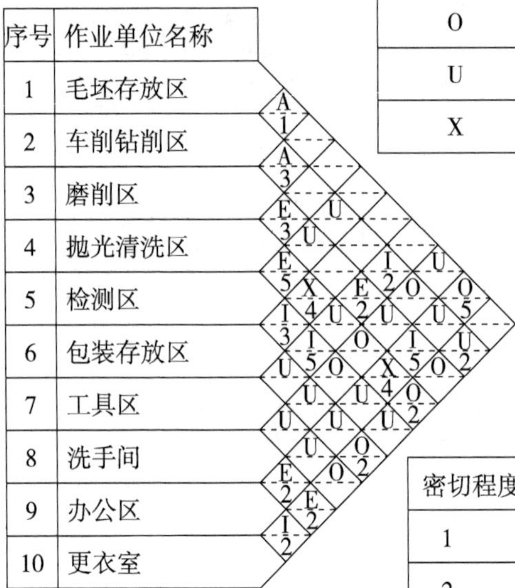

密切程度理由代码	密切程度理由
1	物流需要
2	生产服务
3	加工的连续性
4	环境噪声要求
5	技术支持及必要控制

图 2-12 作业单位相互关系

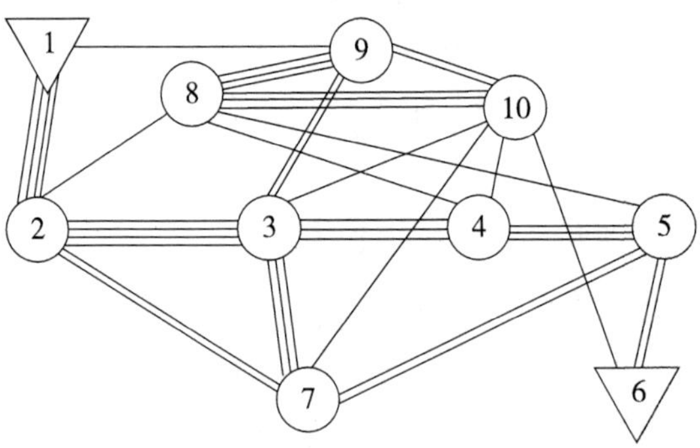

图 2-13 初步作业单位位置相关图

1—毛坯存放区；2—车削钻削区；3—磨削区；4—抛光清洗区；5—检测区；6—包装存放区；7—工具区；8—洗手间；9—办公区；10—更衣室。

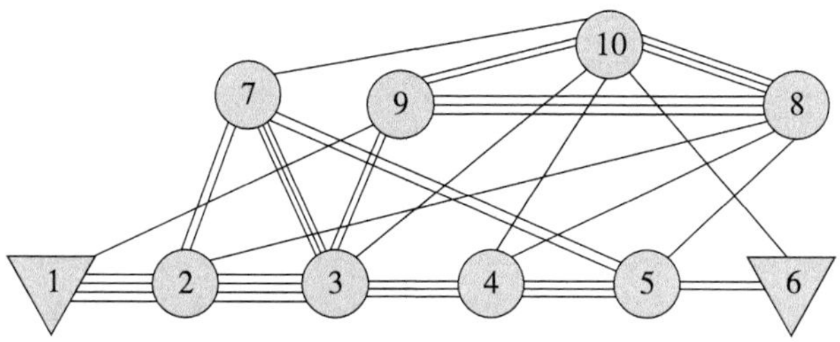

图 2－14　最终作业单位位置相关图

1—毛坯存放区；2—车削钻削区；3—磨削区；4—抛光清洗区；5—检测区；6—包装存放区；7—工具区；8—洗手间；9—办公区；10—更衣室。

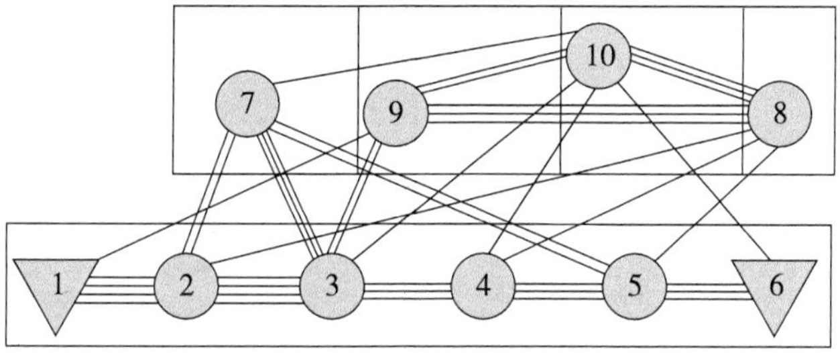

图 2－15　面积相关图

1—毛坯存放区；2—车削钻削区；3—磨削区；4—抛光清洗区；5—检测区；6—包装存放区；7—工具区；8—洗手间；9—办公区；10—更衣室。

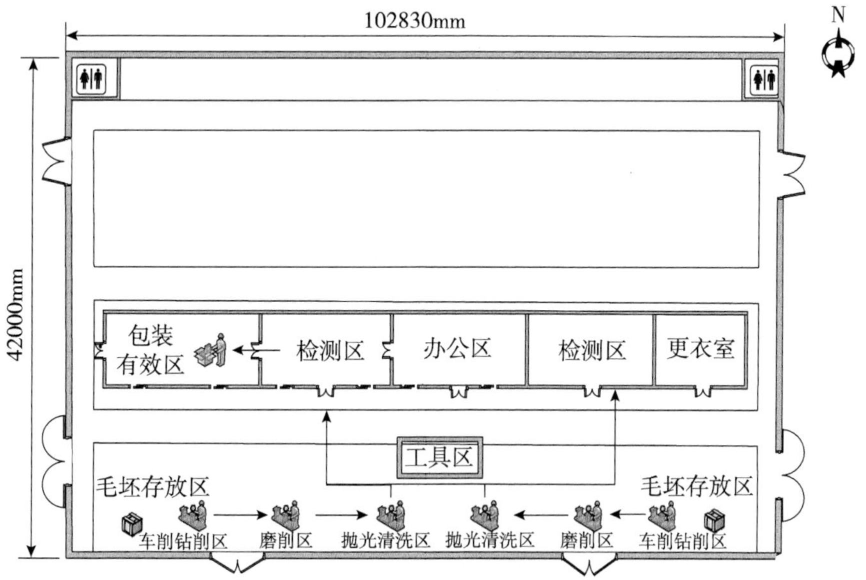

图 2－16　凸轮轴生产线多砂轮方案

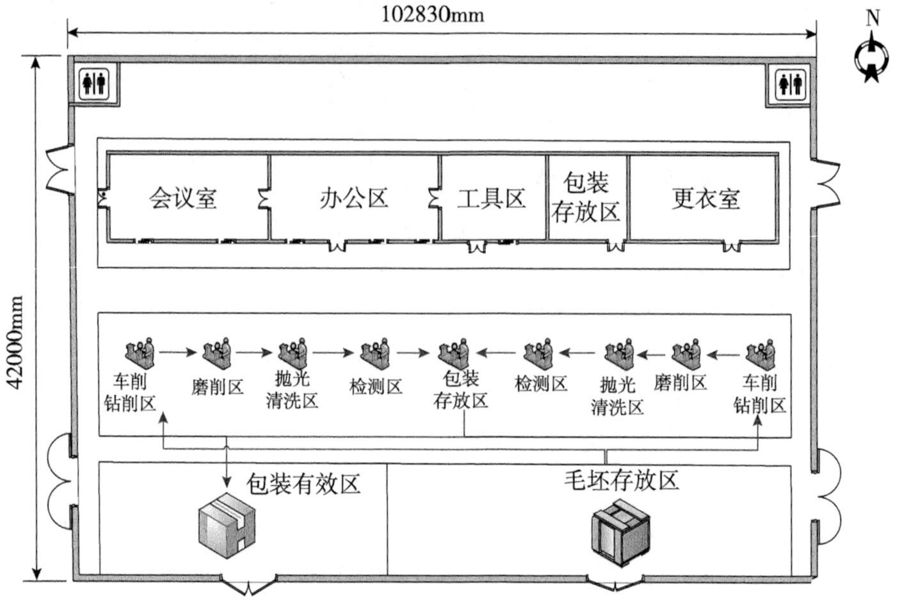

图 2－17　凸轮轴生产线机械手方案

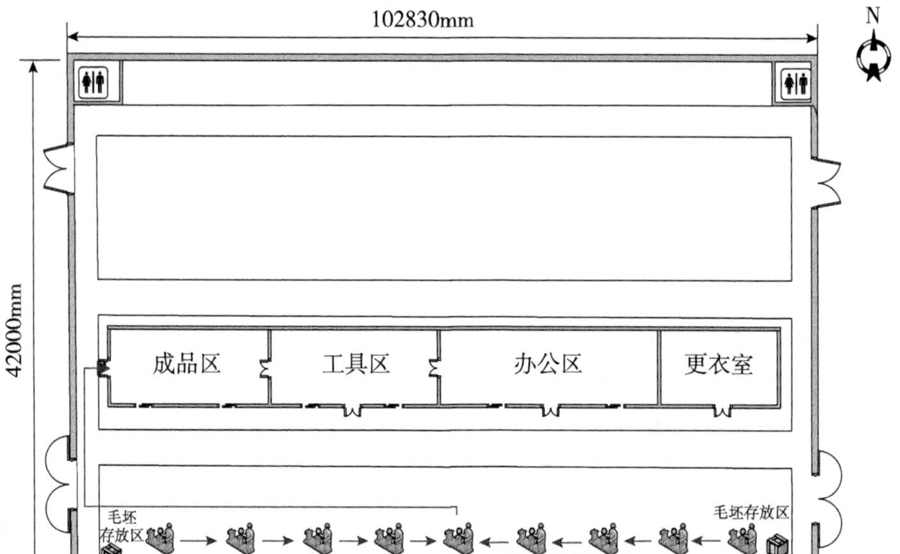

图 2－18　凸轮轴生产线辊道方案

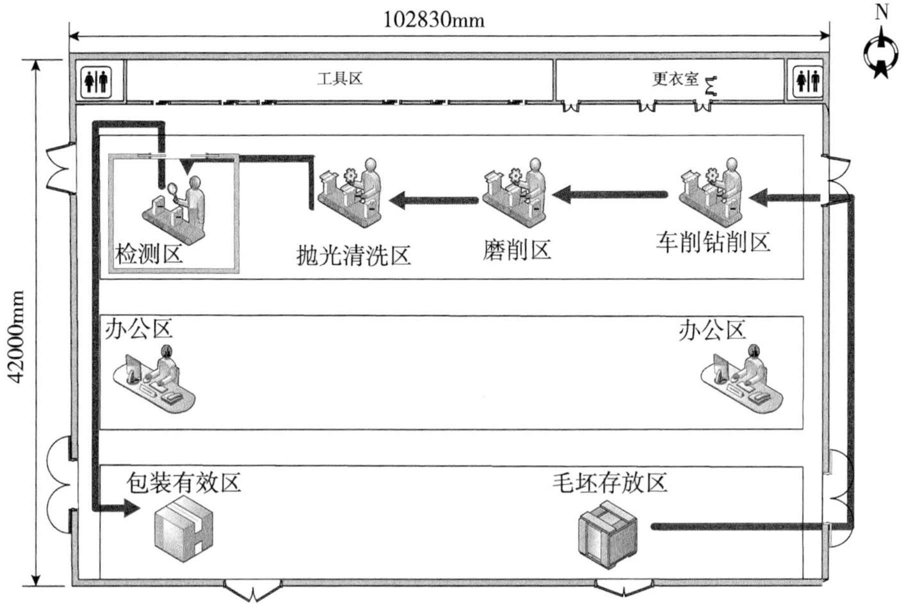

图 2 – 19　凸轮轴生产线 U 形方案

2.5.3　构建加工设备和物流设备的 3D 数字模型

根据加工设备的选型，按其外形、尺寸进行等比例建模，导入凸轮轴生产线所使用的加工设备机床模型，构建加工设备模型库。

构建生产线物流设备的数字模型。图 2 – 20 所示为凸轮轴生产线辊道方案详细平面布置图及数字模型。

凸轮轴生产线的 3D 数字模型能够实现生产线规划的可视化，为企业分析验证生产线布局规划与面积、空间分配的正确性，为物流分析与动态仿真奠定坚实的基础。生产系统的虚拟动态仿真，可以对规划方案进行验证并对其运行性能进行分析和评价，能够在设计阶段了解系统运行状况，发现问题，提高设计效率，降低投资风险。

2.5.4　生产线物流系统分析与优化

根据生产工艺、物流路径、物料搬运数据，结合实际生产线设施布局方案，综合分析关键路径、潜在物流瓶颈和生产物流效率。先定义零件、组装、物流工具等物品的详细参数，然后定义从一个工作区到另一个工作区的物料

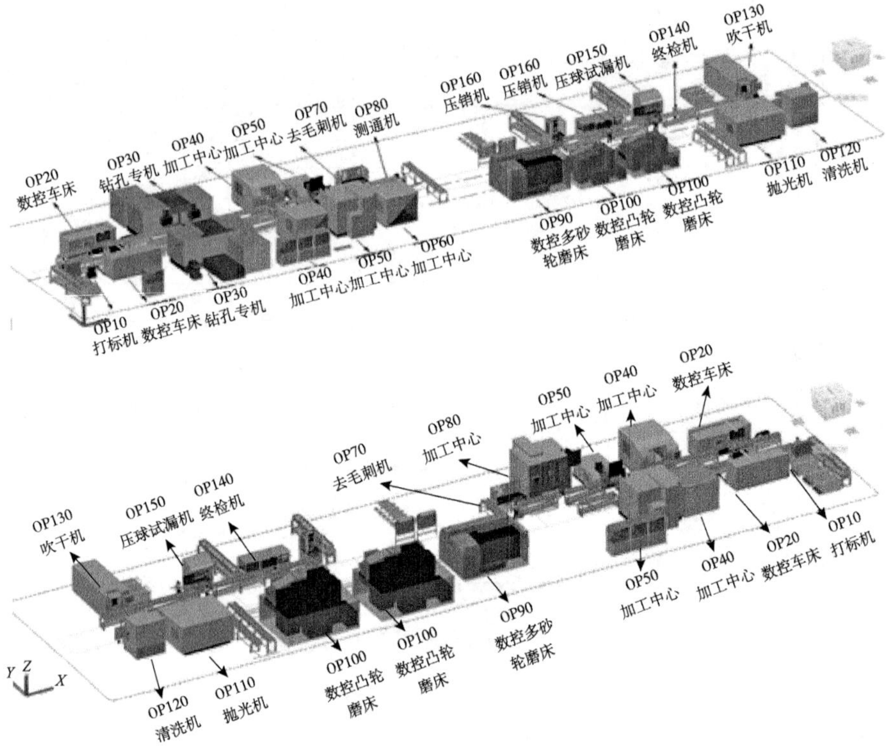

图 2-20　凸轮轴生产线辊道方案详细平面布置图及数字模型

搬运方式及相关的详细参数。以凸轮轴生产线辊道方案数字模型为例进行物流分析。凸轮轴生产线辊道方案的工艺流程如图 2-21 所示。

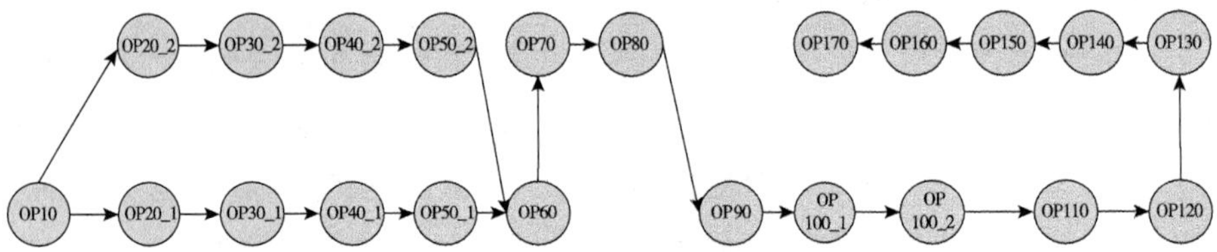

图 2-21　凸轮轴生产线辊道方案的工艺流程

2.5.4.1　物流参数设定

设置典型物流点的参数，在建立的数字模型中插入若干个活动点（Activity Point），从而确定物流的起始点。活动点的位置如图 2-22 所示。其中活动点 OP80、OP140、OP150 的类型是检测，OP80 的准备时间为 5.8 秒，检测时间为 20 秒，OP140 的准备时间为 4 秒，检测时间为 25 秒，OP150 的准备时间为 5.8 秒，检测时间为 18 秒。根据以上设置，建立了物流设备参数表，如图 2－23 所示。

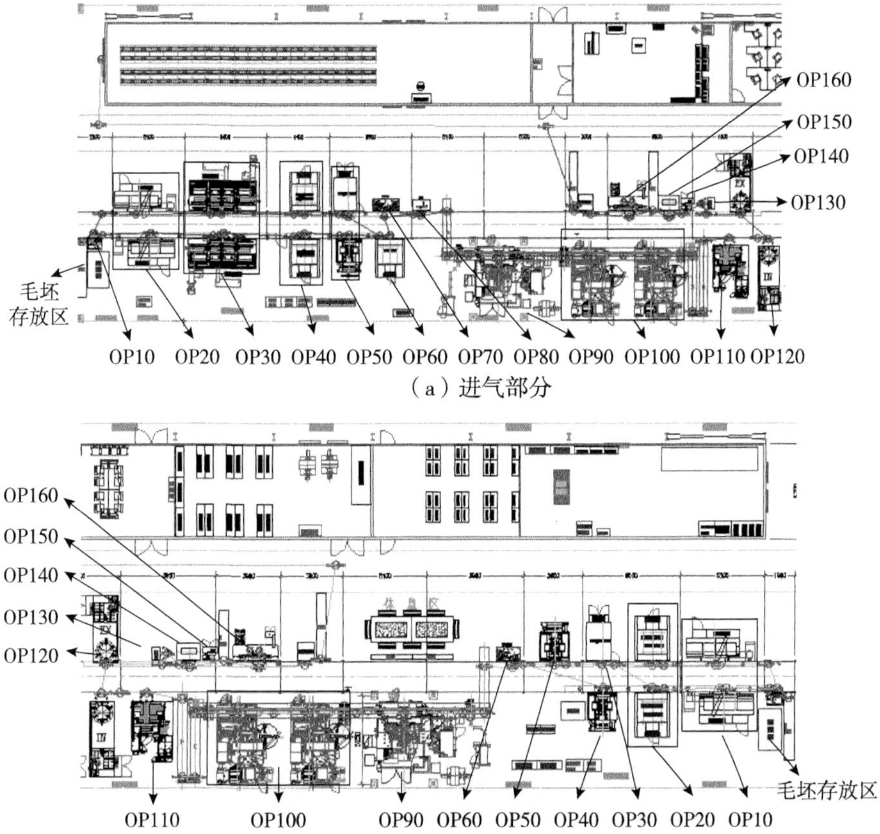

（a）进气部分

（b）排气部分

图 2－22　凸轮轴生产线辊道方案活动点的位置

MH Device Name	Quantity	Busy Min./DAY	Avail Min./DAY	Utilization %
Conveyor	3.00	71,232.23	86,400.00	82.44
Hand truck	1.00	20,857.60	28,800.00	72.42
Human	23.00	556,709.62	662,400.00	84.04

图 2－23　凸轮轴生产线辊道方案物流设备参数

2.5.4.2　物流模型构建

根据对物流设备及活动点的设置，按照规划的物流流程，用各物流设备连接各活动点。最终建立的物流分析模型如图 2－24 所示，○表示加工工位，

●表示暂停，▲表示流过点，▽表示存储点（图中表示毛坯存放区），■表示检验工位，☆表示包装工位。

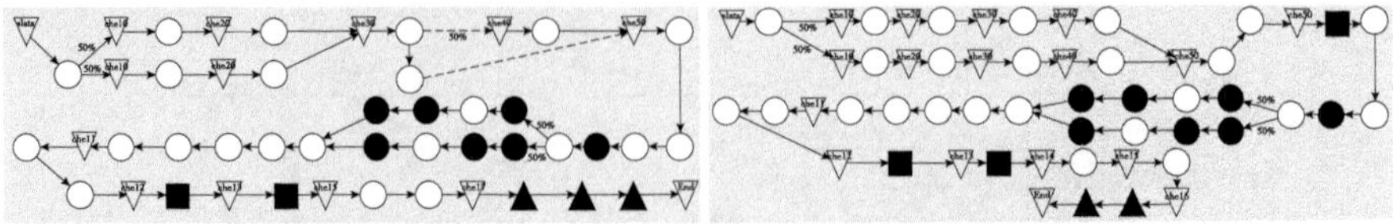

（a）进气模型　　（b）排气模型

图 2－24　凸轮轴生产线辊道方案物流分析模型

针对所需的物流工具，根据从企业获得的实际加工节拍和参数，对模型各元素进行如下设置。

缓存采用上架储存，长宽高设置为 1500mm × 1000mm × 2000mm。

传送带固定成本为 25000 元/年，保养维护成本为 5 元/小时，可用时间为 115200 小时。

起重机数量为 1 台，固定成本为 10000 元/年，保养维护成本为 5 元/小时，劳动成本为 20 元/小时，可用时间为 115200 小时，装载动作为叉装载，卸载动作为叉卸载，速度平均值为 16 米/分钟，最大允许利用率为 85%，运行效率为 50%。

图 2－25 所示为凸轮轴生产线辊道方案生产线物流示意。

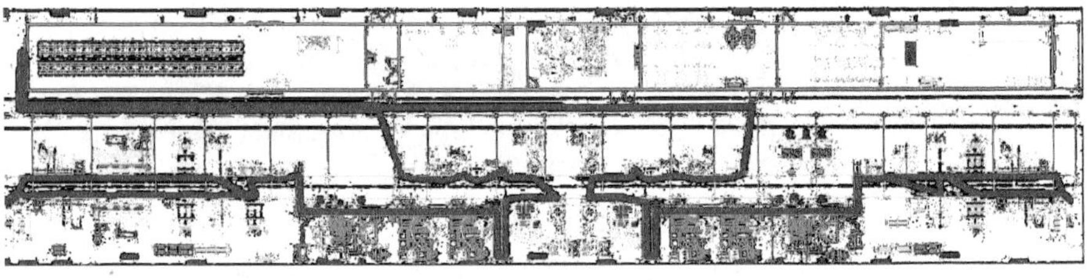

图 2－25　凸轮轴生产线辊道方案生产线物流示意

2.5.4.3　物流分析结果

物流运送线至少需要机械手 3 台、手推车 1 个、工人 23 人，如表 2－7 所示。毛坯从两端进入，加工过程中物流量比较大。如果将毛坯存放区设于车间一端，成品库（区）设于另一端，将进气和排气生产线进行一字布置，从物流方面将更加有利于提高效率，减少搬运时间。

表 2-7　不同方案下的需求对照

	Actual（实际值）	Rectilinear（直线距离法）	Euclidian（欧几里得距离法）
机械手（台）	3	3	3
手推车（个）	1	1	1
工人（人）	23	26	23

2.5.4.4　物流方案分析与优化

1. 凸轮轴生产线 U 形方案分析

该方案选择输送带传送货物，固定投资是 25000 元/年，保养维护成本是 5 元/小时，人工成本 2 元/小时，可用时间为 7680 小时/年。

工人的数量暂定为 5 人，每人每年工作 7200 小时。

由于码垛机器人的物流交换功能和起重机类似，把其类型设置为起重机，数量为 2 台，每台的固定投资是 9000 元/年，保养维护成本是 3 元/小时，上下料采用机械手。

设计了两种物流搬运方案，第一种是采用叉车，第二种是采用直行往复穿梭车。叉车和直线往复穿梭车的数量分别为 6 台和 2 台，固定成本分别为 1500 元/年和 8500 元/年，保养维护成本分别为 3 元/小时和 2 元/小时，叉车的人工成本为 2 元/小时，直行往复穿梭车没有人工成本，使用时间分别为 7200 小时和 7680 小时，都是货叉装卸，直行往复穿梭车的速度和加速度高于叉车。

用叉车连接毛坯存放区和工序 OP20，即用叉车将凸轮轴毛坯运抵 OP20 工位处，物流百分比为满载，凸轮轴托盘为载体，按照托盘的设置，可承载 6 个凸轮轴，每台叉车可运载 5 个托盘。用码垛机器人连接工序 OP20 和生产线开端处，即用码垛机器人将端磨过的凸轮轴搬上辊道输送带。

叉车搬运方案物流路线如图 2-26 所示。物流距离为 146.8 米，平均搬运 47 次，时间为 39 分钟。两台码垛机器人的利用率为 88.48%，叉车的利用率为 69.56%，工人的利用率为 84.34%。

两种搬运方案的对比如表 2-8 所示，直行往复穿梭车的使用率达 78.45%，叉车的使用率为 69.56%，直行往复穿梭车的固定成本及日常维护成本比叉车高，在空间与资金允许的情况下，可优先选择直行往复穿梭车。直行往复穿梭

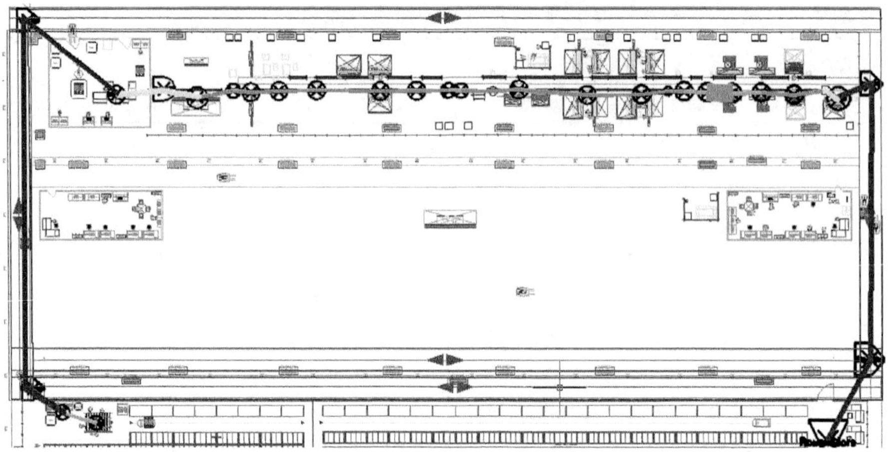

图 2-26　叉车搬运方案物流路线

车是有轨运输车，灵活性不如叉车，在上下料衔接处，还要采用物料缓冲装置。

表 2-8　两种搬运方案的对比

项目	叉车	直行往复穿梭车	差值	优
物流距离（m）	146.8	145.11	1.69	穿梭车
时间（min）	39	26.57	12.43	穿梭车
使用率（%）	69.56	78.45	8.89	穿梭车
固定成本（元/天）	260.92	340.46	79.54	叉车
维护保养及人工成本（元/天）	2120	2259	139	叉车

2. 凸轮轴生产线多砂轮方案和机械手方案分析比较

图 2-27 和图 2-28 所示为两种方案的物流路线。

从图 2-27 和图 2-28 可以看出，多砂轮方案的物流没有交叉，机械手方案的物流有交叉，不合理，有大量的物流搬运费用浪费在毛坯上线和成品

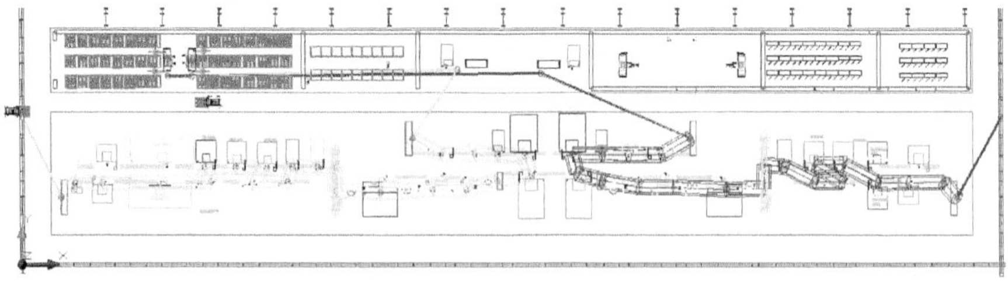

图 2-27　凸轮轴生产线多砂轮方案物流路线

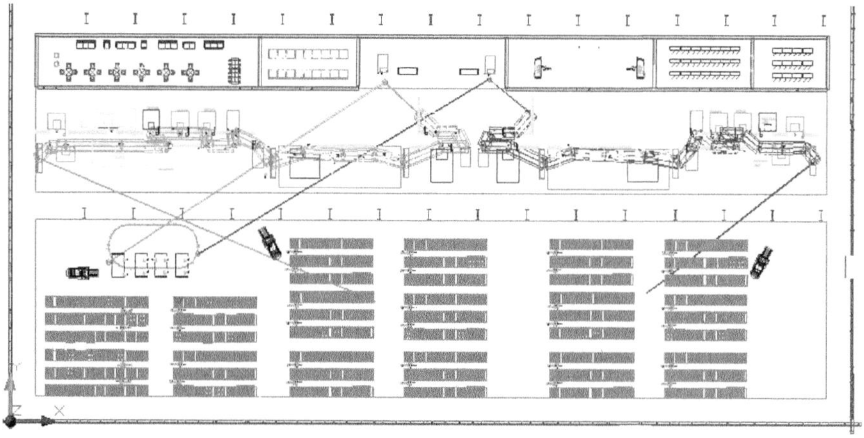

图 2－28　凸轮轴生产线机械手方案物流路线

下线。但是机械手方案提高了设备的利用率，有助于提高产量。

经过计算分析，三个方案中辊道方案的总成本是最低的。如果设备选型相同，现有的辊道方案较好。

从一个流的原则看，如果将毛坯存放区设于车间一端，成品库（区）设于另一端，将进气和排气生产线进行一字布置，进行模块化和共线生产，将大大提高设备利用率，从物流方面将更加有利于提高效率，减少搬运时间。但是存在生产设备加工效率和物流系统不匹配的情况，现场存在大量的在制品，设备的利用率还有待提高。

2.6　某铝合金结构件生产线的布局

某铝合金结构件精密卧式加工生产线的布局由以下部分组成。

1. 加工设备

整条生产线的加工设备有三台五轴精密卧式加工中心。根据该结构件的加工特点，采用了主轴头摆动、工作台回转形式的五轴联动卧式加工中心，为了减少设备的等待时间和统一上下料机构的形式，加工中心均配备了双工位交换工作台。

2. 上下料站区

上下料站区主要由上下料站和零件传送带组成，零件的装夹和拆卸由人工辅助在上下料站完成。

3. **自动物料小车**

自动物料小车的主要作用是在上下料站、托盘缓冲站及机床交换工作台之间完成托盘的自动装卸和传输。

4. **托盘缓冲站**

根据生产线上的需求情况，要配备相应数量的托盘缓冲站，托盘缓冲站也用于工序间加工的缓冲。

5. **地面控制站**

地面控制站主要用于生产线物流的自动控制，包括对各站点、物料小车、传送带及机床相关动作的控制。

6. **网络及检测系统**

网络及检测系统用于生产线各设备与上位机之间的信息传输，传输的信息内容包括机床和物流等的运行状态，以及必要的位置检测信息等。

7. **生产管理系统**

生产管理系统以可视化的形式，实现对生产线计划调度、运行状态、生产进度、质量信息、作业指导信息、设备信息等与生产线运行相关信息的全面管理，为生产线的可靠运行提供技术上的保障。

图 2－29 所示为某铝合金结构件精密卧式加工生产线的布局。

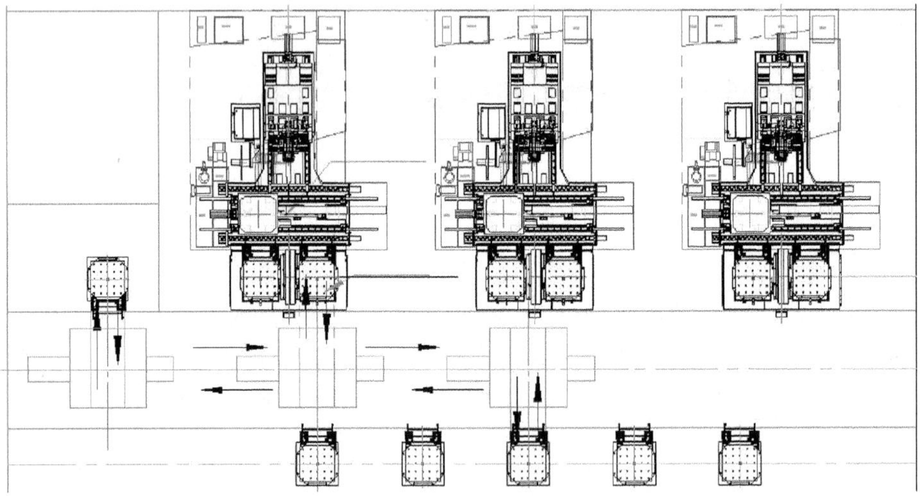

图 2－29　某铝合金结构件精密卧式加工生产线的布局

2.7　某发动机叶片的生产线布局

发动机叶片的生产加工以高效、低成本及高精度为目标。按照这一目标，发动机叶片数字化智能生产线主要承担某发动机的 5 个型号叶片的机械加工任务，生产线包括上料位、上料缓存位置、夹具缓存货架、工作台、转运缓存位和成品下料位等。由六大主要工位的加工中心设备及一台运输机器人组成叶片柔性生产线，在叶型加工工位配备了多台数控加工中心，同时，在叶型测量工位也安排了两台三坐标测量机。

整条生产线采用直线形对称布置，直线形布局便于物料搬运，便于信息流的畅行。生产线是一条线，产品从原料到成品可以实现“一个流”生产，避免了不必要的搬运，管理相对简单。生产线出口和入口都安排在同一位置，可以有效地缩短作业机器人的移动搬运路程，提高作业机器人的工作效率，降低生产成本，提高产量。图 2－30 所示为某发动机叶片的生产线布局。

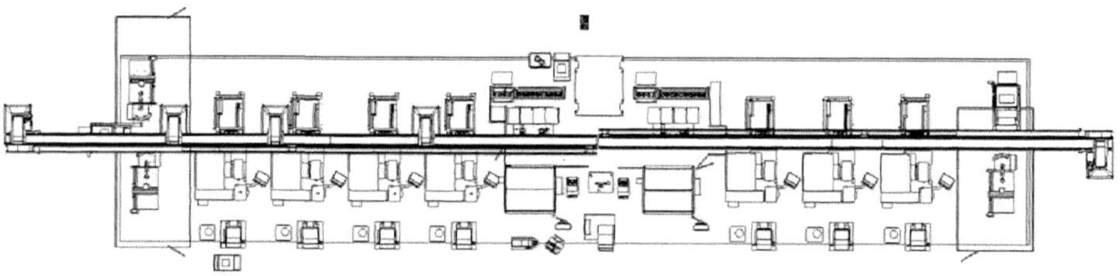

图 2－30　某发动机叶片的生产线布局

第3章　智能制造生产线性能的仿真分析

智能制造生产线已经广泛应用到各行各业，高速加工中心、柔性制造单元、柔性生产线都已成为制造行业的必需品。一般智能制造生产线的组成包括：加工设备（五轴数控精密卧式加工中心）、检测测试设备、清洗设备、打标设备、物流系统（搬运机器人、托盘缓存站、上下料站区、工装）、数字化管理系统（控制系统、网络及检测系统、生产管理系统）。其中，加工设备、清洗设备、打标设备都属于直接对零件进行处理的设备。检测测试设备是对零件的关键要求进行检测检验的设备。

设计建设智能制造生产线是一项庞大的系统工程，与数字化相结合可以对整个制造生产流程进行有效的控制与管理，以及对内外部各种资料进行合理规划与应用配置。设计前期进行翔实的数字化布局与仿真模拟能有效提升设计效率，而传统三维设计方式仅在前期规划、设备模型设计阶段采用数字化手段，生产线建成后相关数据资料则作为档案资料封存，无法对后期生产、调试、生产线优化产生作用，造成了资源浪费。采用制造领域的数字样机技术，连接虚拟与现实，将生产线数字模型应用于整个生产线建设生产流程，即贯通规划、建设、调试、生产、优化、监控整个流程，实现生产线智能化，更直观和简单地监控整个生产过程，从而极大地提升生产线设计工作效率及后期数据应用率。数字化智能化车间的典型应用场景如图3－1所示。

3.1　智能制造生产线的仿真分析与优化

在新产线引入、旧产线改造的规划阶段，通过仿真分析可以进行产能分析、布局重构、生产组织方式优化、瓶颈识别与改善、投料策略分析优化、

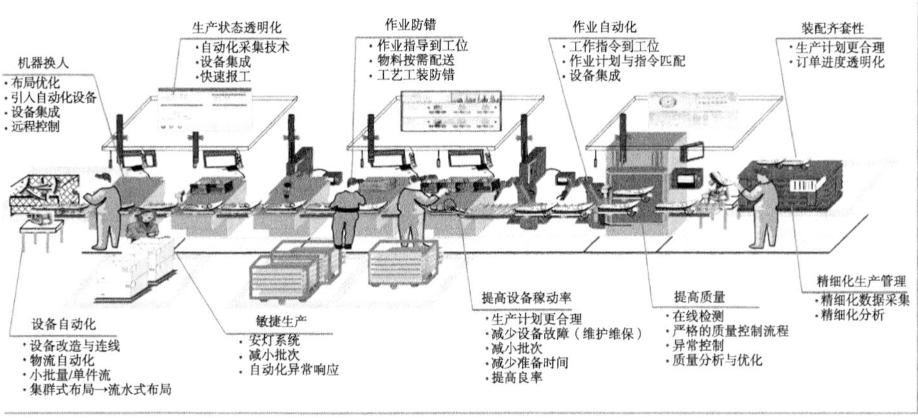

图 3－1　数字化智能化车间的典型应用场景

批量分析与优化、缓冲区分析与优化、生产线平衡分析与优化、关键资源利用率分析等，可实现对设计方案的验证和优化。

智能制造生产线仿真是研究数控机床组线系统的一种重要的技术手段，具有极强的实用性，在实施过程中应遵循一定的步骤，以保证仿真过程能顺利进行并得到合理的仿真数据和结果。

3.1.1　仿真优化的步骤

1. 组线描述及问题定义

由于仿真的目的是面向问题而不是面向整个生产线，因此应在分析调查的基础上，明确要解决的问题及仿真的目标。了解设备的相关参数，包括设备的加工时间、工件的装卸时间、物流的循环时间、每次加工零件的个数、刀具的换刀时间、设备之间物流传送的距离、缓存区的个数和容量、设备的故障信息（包括可靠性指标、停机时间、修复时间、平均故障间隔时间等）、零件的上线时间、物流设备的传送速度与距离、可以容纳零件的数量、产品的合格率、订单与计划情况、生产班制、工人情况和产品换型设定等。

2. 面向优化目标进行概念建模

对数控机床组线进行仿真的前提是对仿真对象（即现实或假想的组线系统）有一个清晰的认识和描述，确定组线系统的每个组成部分及其相互关系，并对系统运行过程有清晰的描述，即要建立系统的概念模型。建立清晰的概念模型是建立正确的仿真模型的基础。

3. 选择合适的仿真软件

目前，用于生产线仿真的软件很多，如 E-Factory CAD、Witness、Flexsim、eM-Plant 等，这些仿真软件各有特点，如有的图形化、可视化功能强，有的数据处理和分析方便，具体要根据仿真对象的实际情况、仿真目标及需要合理选择。

4. 建立仿真模型

选定仿真软件后，可依据组线系统的概念模型，结合物流系统的实际需要和运作流程建立数控机床组线的仿真模型。一般来说，这个过程包括仿真布局及场景建立、设备对象建模、仿真流程建模等环节。另外，为了进行系统仿真，除了必要的仿真输入数据，还必须收集与仿真初始条件及系统内部变量有关的数据，这些数据往往是某种概率分布的随机变量的抽样结果。

5. 仿真模型运行

建立的仿真模型经过编译即可运行，仿真运行时间可以根据实际物流系统的生产班次或最大物流量进行设置。设置不同的初始条件和仿真参数，可以对仿真模型进行多次独立重复运行以得到一系列输出数据和系统的性能参数，便于进行对比分析。

6. 仿真结果输出和数据分析

这是系统仿真非常重要的一步，需要根据运行结果和输出数据进行必要的统计分析和判断，如系统是否存在“瓶颈”，流程是否畅通，物流量能否满足要求。如果系统运行后，结果有不理想之处，要分析具体的原因和影响因素，并调整方案和参数，直至满足系统的需求和仿真的目标。系统仿真流程如图 3－2 所示。

3.1.2 仿真的分析、优化和完善

仿真优化是基于仿真模型的建立和仿真模型的运行结果进行分析，找出模型的瓶颈所在，修改模型的参数设置，通过调整人员配置、机器加工时间、路径等参数，使仿真结果趋于更优，优化后的模型应能够体现出节约成本、精益生产等方面的效果。

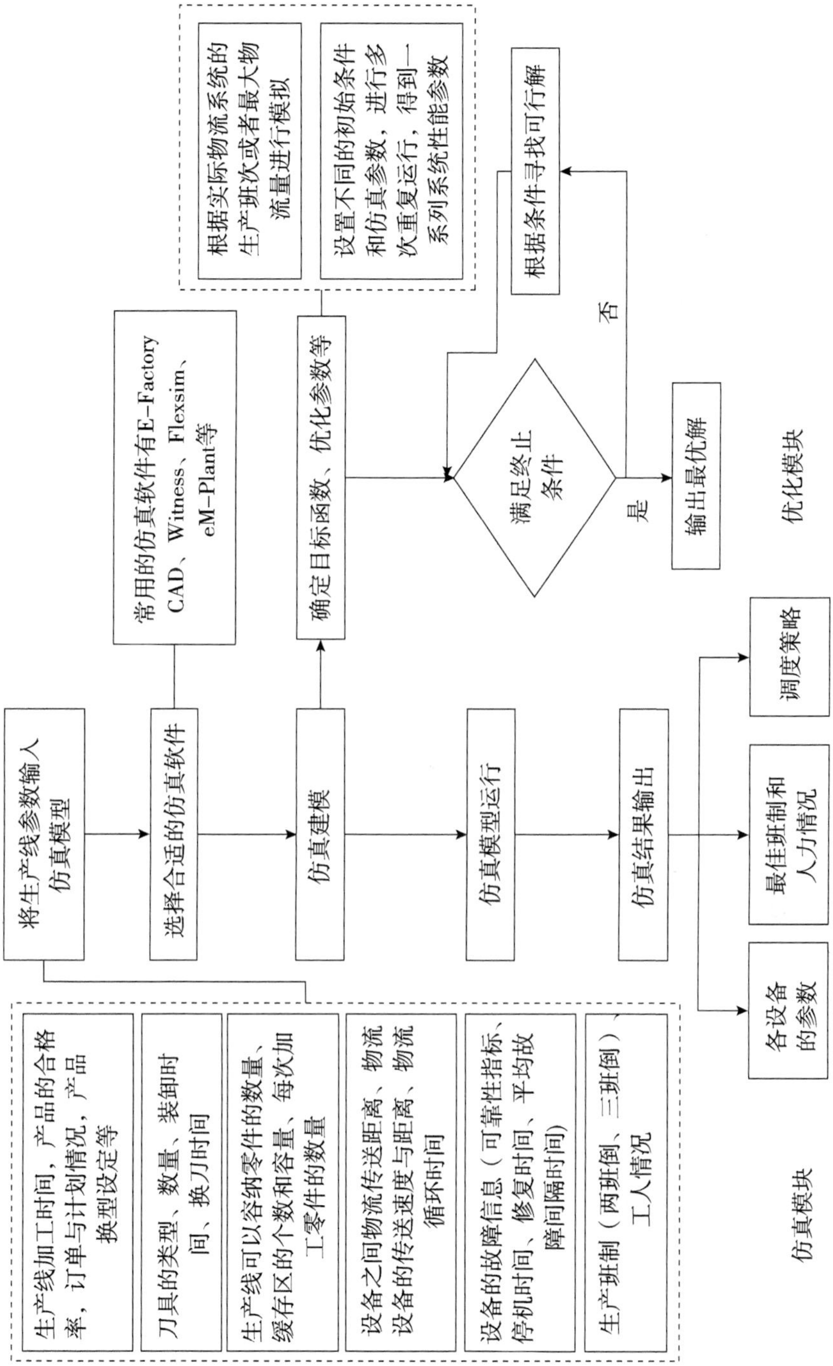
生产线加工时间，产品的合格率，订单与计划情况，产品换型设定等
刀具的类型、数量、装卸时间、换刀时间
生产线可以容纳零件的数量、缓存区的个数和容量、每次加工零件的数量
设备之间物流传送距离、物流设备的传送速度与距离、物流循环时间
设备的故障信息（可靠性指标、停机时间、修复时间、平均故障间隔时间）
生产班制（两班倒、三班倒）、工人情况
仿真模块
将生产线参数输入仿真模型
选择合适的仿真软件
常用的仿真软件有E-Factory CAD、Witness、Flexsim、eM-Plant等
仿真建模
确定目标函数、优化参数等
根据实际物流系统的生产班次或者最大物流量进行模拟
设置不同的初始条件和仿真参数，进行多次重复运行，得到一系列系统性能参数
满足终止条件
否
根据条件寻找可行解
是
输出最优解
优化模块
仿真模型运行
仿真结果输出
各设备的参数
最佳班制和人力情况
调度策略

图 3－2　系统仿真流程

仿真优化的基本原理是用仿真模型代替传统的数学模型及约束条件，由优化算法产生初始解（即决策变量），将仿真运行结果反馈到优化算法中，作为优化算法确定新一轮搜索结果的依据，并将搜索结果重新输入仿真模型中。上述过程反复进行，直到满足预先设定的终止条件，最终得到一系列的决策变量和响应值，再根据目标函数确定最优调度方案，仿真优化原理如图 3 – 3 所示。

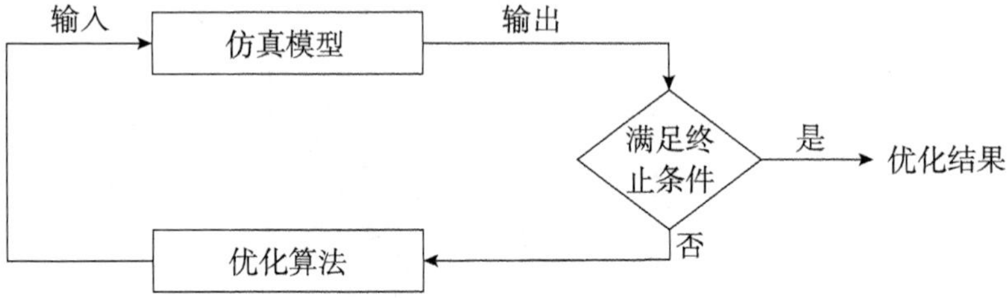

图 3 – 3　仿真优化原理

基于上述原理，结合仿真软件对动态链接库技术的支持，实现了仿真与优化的集成框架。先构建仿真模型并进行仿真运行，然后将混合算法引入优化模块，调用优化模块实现作业排序和规则选择问题，从而实现仿真优化。在此过程中，关键问题在于仿真和优化的集成性。

优化模块建立在仿真建模（物理模型和仿真输入数据）的基础上，通过调用优化模块，确定待优化的目标函数，优化变量、运行时间等参数，寻找满足条件的组合情况，最终得到系统最优解，再次通过仿真运行显示生产运行情况。

仿真结果的分析评价指按照预定标准对每个备选方案进行评估。将备选方案的评价过程与优选方案的选择过程分开，这样选择将会更加客观。如果标准容易定量化，评价过程就很简单。在实际规划中，最典型的是从定量和定性两个方面来评价备选方案。

评价备选方案所使用的方法及步骤包括以下几点。

①列出备选方案的优缺点。

②按评价标准对每个备选方案的性能进行排序打分。

③采用加权比较法，对各备选方案的每个标准赋予权值，将方案所有标准下的加权分值相加就得到修改方案的总权值，最后确定每个方案的经济指标。

3.2　智能制造生产线仿真分析设计规范

生产线的总评价指标体系分为设计阶段、调试阶段和运行阶段等。评价指标主要包括任务需求响应指标、生产资源管理指标、作业疲劳程度评价指标和生产线建模的完整性等。

3.2.1　任务需求响应指标

从企业实际生产能力出发，分别对产品生产周期、成本、质量三个方面进行量化分析，衡量企业生产系统能否在现有资源条件下，通过一系列生产活动满足订单需求。计划达成率指某一时段内，实际生产量与计划生产量的百分率。产品合格率指某段时间内产品合格的数量与实际生产量的百分率。成本偏差率是实际生产成本与计划生产成本的差额占计划生产成本的百分率。

计划达成率 = 实际生产量/计划生产量

产品合格率 = 产品合格的数量/实际生产量

成本偏差率 = （实际生产成本 - 计划生产成本）/计划生产成本

计划生产成本 = 单位产品生产成本 × 计划生产量

实际生产成本 = 单位产品生产成本 × 实际生产量

实际生产量 = 生产合格的数量 + 返修合格的数量

1. 生产能力

生产能力指单位工作时间内合格品的产出数。生产能力是衡量一条生产线的重要指标。

2. 生产节拍

生产节拍又称客户需求周期、产距时间，指在一定时间内，可用工作时间与客户需求产量的比值，是客户需求一件产品的市场必要时间。生产节拍 T 的计算公式为：

$$T = \frac{T_a}{T_d}$$

式中，T_a为可用工作时间，T_d为客户需求产量。

混流生产下，有人将节拍定义为生产线上出产两个相同制品的时间间隔。该定义下，节拍表明生产线速度的快慢或生产率的高低，是确定生产物流量的依据。节拍的大小取决于计划期生产任务的数量和完成任务的时间。混流生产线节拍的确定与一般对象生产线节拍的确定是不同的，它只能按产品组来计算，其计算公式为：

$$r = \frac{F}{\sum_{i=1}^{P} Q_i}$$

式中，r 为混流生产线的节拍，F 为计划期有效工作时间，Q_i 为混流生产线第 i 种产品的产量，P 为品种数（这里指 F 时间里生产 P 个品种）。

3. 生产率

生产率指工厂各个加工设备处于均衡条件下，在同一周期内完成工件的数量。完成工件数量越多，说明生产线生产率越高，企业获得利润越多，因此生产率是衡量生产线性能的一个重要指标。

3.2.2 生产资源管理指标

管理能力的评价从人员、设备、物料和生产线的平衡四个角度考虑，在实际生产过程中，生产资源配置不合理，直接影响生产周期、生产成本等。一方面从企业现有资源利用率的角度衡量企业生产能力，另一方面通过企业资源使用均衡率进行量化分析。具体包括设备利用率、人员利用率、备料及时率等。资源利用率是指人员或设备处于工作状态的时间与生产总时间的百分率，能够反映人员和设备的有效利用程度。企业资源使用均衡率直接反映各工位生产资源分配的合理性，反映生产线上的各工作站作业分配的平均程度，是评价车间生产平衡性的一个重要指标。

1. 瓶颈

一个生产流程中生产时间最长的环节叫瓶颈。瓶颈在某些情况下可能会“漂移”，这取决于在特定的时段内人员的配置情况和设备使用情况。

2. 设备利用率

实际使用生产设备台数与可用生产设备台数（或已移交生产的在册生产设备台数）的百分率。

设备利用率 = 实际使用生产设备台数/可用生产设备台数

或者设备利用率 = 设备实际工作时间/设备制度工作时间

或者设备利用率 = 每小时实际产量/每小时理论产量

3. **设备可用度**

在规定的条件下，设备在任意时刻处于可工作状态的概率。若 $X(t)=0$，设备处于可工作状态；$X(t)=1$，设备处于故障状态。则设备在 t 时刻的可用度 $A(t)$ 为：

$$A(t)=P\{X(t)=0\}$$

4. **固有可用度**

固有可用度 A 的计算公式为：

$$A=\frac{\overline{T}_{BF}}{\overline{T}_{BF}+\overline{M}_{ct}}$$

式中，$\overline{T}_{BF}$ 为平均故障间隔时间（MTBF），$\overline{M}_{ct}$ 为平均修复时间（MTTR）。

5. **生产平衡率**

生产平衡率指生产时期内，某生产物流阶段的物流量与生产线所有物流阶段的平均生产能力的百分率，它能够反映物料在各生产物流阶段的均衡情况。生产平衡率趋于1时，说明该阶段的物流相对于生产线而言趋于均匀；生产平衡率偏离1时，说明该阶段的物流相对于生产线而言是不均衡的。

通常将生产线平衡率作为评价一个生产线优良性的标准，生产线平衡率大于85%，此生产线达到了“一个流”的生产状态，为优秀生产线。生产线平衡率在80%～85%表示此生产线是良好状态。生产线平衡率低于80%则表示此生产线生产状态差。

生产线平衡率的计算公式为：

$$G=\frac{\sum T_i}{T_{\max}\times N}$$

式中，G 为生产线平衡率，$\sum T_i$ 为各工序完工时间总和，$T_{\max}$ 为最大完工时间，N 为工序数。

6. **均衡指数**

SI 表示均衡指数，其值越小表示生产线的负荷均衡率越高，生产线性能越好。均衡指数的公式为：

$$SI = \sqrt{\frac{N}{Z}(ct - st_i)^2/N}$$

式中，ct 为生产节拍，st_i为第 i 个工位的作业元素时间集合，N 为工作站数目。

7. 备料及时率

备料及时率 = 按时备料数量/应备料总数量

8. 人员利用率

人员利用率 = 工人实际工作时间/工作总时间

3.2.3 作业疲劳程度评价指标

从人员生产作业的角度出发，考虑人的因素及环境的影响，通过分析引起作业疲劳程度的因素，并从体力负荷、作业舒适性和作业可达性三个角度进行衡量，将人机工效学理论融入企业整体效能的评价中。体力负荷指在一段时间内，作业人员为完成规定任务所消耗的能量。作业舒适性是分析作业人员在工作环境中，作业姿势是否舒适。作业可达性是对操作人员视线和空间的可达性进行分析，评估此环境是否有利于人体作业。

3.2.4 生产线建模的完整性

生产线建模面向的是整个生产线系统并非局部，利用计算机建模技术构建虚拟的生产线模型，对实体生产线的几何形状、结构、性能等进行描述。生产线模型结合生产线的设计与运营环境分析订单特征、换模特征、各工序时间、工艺路线、设备能力特征等。结合仿真优化研究内容给出生产线建模与仿真优化的定义。结合生产线建模的定义，设计仿真实验，研究基于生产线的模型，模拟实际制造运营环境，对生产线的设计方案进行验证和比较，对运行效率进行基于仿真的优化，揭示生产线各个要素及其参数对生产线性能的影响机理。

仿真过程中，为了方便对数据的收集和分析，所建立的仿真模型需要满足以下要求：

①模型可以反映生产线在实际加工时的生产情况。

②设备与设备之间的相对位置应与实际布局一致。

③模型的加工时长应与实际的生产时长相同。

3.3　设计阶段的评价指标体系

3.3.1　车间规划原则

（1）整体性原则

凡是对车间布局方案产生影响的因素都应作为布局时考虑的内容。

（2）距离最短原则

无论是生产线上工位与下工位之间的距离，还是上游作业单元与下游作业单元的距离，都要保证物料的运输路线是最短的，这样可以有效降低物料搬运的成本和时间。

（3）单一流向原则

物料流向要尽量同加工工艺方向一致，避免出现物流路线的交叉、回流、往返等现象。

（4）柔性原则

不断变化的市场要求企业生产的产品能够满足多样化的需求，因此生产线要具有柔性，可以根据需求快速调整产品加工的工艺参数。

（5）安全原则

要保证作业人员的工作区域绝对安全，同时保护作业人员的身体健康，并在布局规划时布置符合国家要求的消防器材和消防通道。

（6）生产平衡原则

要求生产线可以实现均匀化生产，能够满足客户需求，各工位生产节拍相近，力争达到“一个流”的生产状态。

总之，车间规划的目标是实现物料搬运成本最小化、非物流关系最大化及面积利用率最大化。

3.3.2　设施布局方案评价指标

（1）方案适应性

方案适应性包括适应现在需求能力和适应未来需求能力两个指标。适应现在需求能力指在目前的条件下，布局可以降低企业的物流搬运成本，满足当前订单的生产需要。适应未来需求能力要求企业在面对客户不断变化的需求时，布局可以迅速满足新型号产品的生产，拥有柔性化、多品种、大批量的生产能力。

(2) 物流效率

提高物流效率在设施布局中是十分重要的一环。提高物流效率需要在布局时尽量缩短物料的搬运距离，避免物流路线交叉混乱，使整个车间达到“一个流”的生产状态。

(3) 生产效率

良好的布局可以大大提高生产效率，提高生产线设备的利用率，缩短等待时间，消除瓶颈工序，使生产线平衡以满足日常的生产目标。

(4) 经济成本

布局规划时要做到投入最小的成本获得最大的效益。由于设备的购置、厂房的建设等都需要大量资金，因此要尽量减少投入额，缩短资金的回收周期，还应避免布局中产生的隐性成本。

(5) 辅助设施

辅助设施要满足生产管理和设备维修的便捷性，将使用相同设备及工作联系密切的区域安排在较近的位置。

(6) 环境

环境会直接影响人的身体健康，并对其工作状态产生干扰。因此人们工作的地点需要尽量远离噪声、灰尘等污染，针对可能突发的状况，应该提前考虑相应的防范措施。

3.3.3 数控装备的选型原则

一条全生命周期生产线，一要保证其加工生产产品的可靠性；二要保证生产数量；三要合理节约成本。一条生产线从无到有要耗费大量的人力物力，在设计阶段，包含前期的调研、生产需求分析、方案设计等大量的工作。在制造生产系统领域，选择合适的数控机床能有效保证生产产品的质量并减少生产成本，且提高柔性制造的智能化水平。在数控装备的选型过程中，要从数控机床的需求指标与性能指标两个方面进行分析（见图 3-4），确定数控机床的型号。

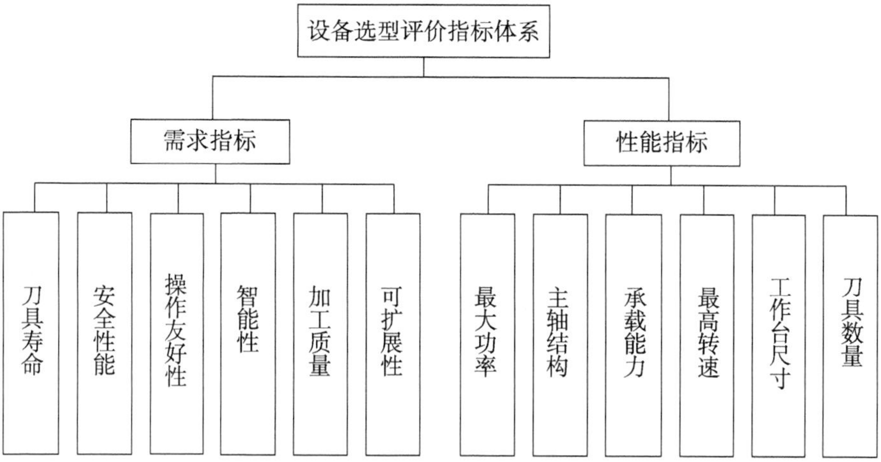

图 3-4　设备选型评价指标体系

数控机床的需求指标包括：刀具寿命、安全性能、操作友好性、智能性、加工质量及可扩展性。

数控机床的性能指标包括：最大功率、主轴结构、承载能力、最高转速、工作台尺寸及刀具数量。

数控机床的指标是比较主观模糊的，因此确定指标之间的相对重要性，需要用到专家经验进行主观赋权，常见的主观赋权法及其优缺点如表 3-1 所示。

表 3-1　常见的主观赋权法及其优缺点

项目	优点	缺点
相关比较法	评价过程简单，可操作性强	三级评价，评价指标差异程度难以充分表现
连环比率法	能够量化评价指标之间的重要程度，比相关比较法更优越	每次都要准确评价相邻指标的重要性，主观判断的比例误差会一直在后续权重确定中存在且不断累积，权重系数越来越不准确
专家咨询法	能够充分利用专家的经验知识、评价背景及评价目的	当评价指标过多时，难以准确给出每个指标的权重
层次分析法	十分适合层次分明的综合评价，对权重系数进行校对，赋权过程清晰明了	当评价指标过多时，评价矩阵的一致性检验较差，矩阵的比较也变得更加困难

数控机床需求指标与性能指标需要建立相应的联系，用来表达数控机床的性能指标和需求指标对设备选型的影响程度。在此，采用综合赋权法来确定数控机床的需求指标与性能指标之间的函数关系，表示如下：

$$w_i = k_1 w_{1i} + k_2 w_{2i}$$

式中，w_i 为综合权重系数；k_1、k_2 为需求指标和性能指标的重要程度，且 $k_1 + k_2 = 1$；w_{1i}、w_{2i}为需求指标和性能指标的权重系数。

依据数控机床的需求指标和性能指标构建的设备选型评价指标体系，结合设备指标满足的状况，设备选型方案整体框架如图 3－5 所示。

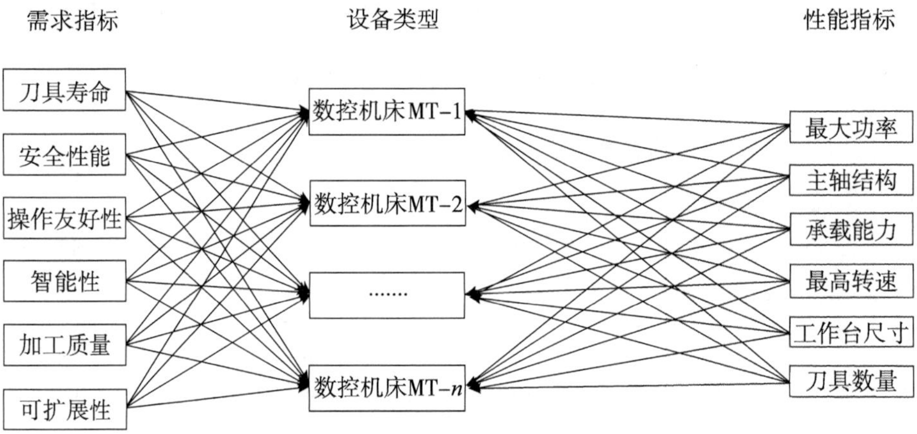

图 3－5　设备选型方案整体框架

3.4　调试验证阶段的评价指标体系

（1）根据加工工艺、各工序的加工时间及车间的实际情况，运用分析工具，建立生产线模型并输入相关参数，通过对设备运行数据的分析找出生产线的瓶颈工序。

（2）针对生产线的瓶颈工序，设计多级仿真试验，通过改变设备利用率、生产节拍等影响因素的方式验证其对瓶颈工序的影响程度，找出影响程度最大的关键因素，并对生产线进行优化，使企业的生产效率能够满足客户的需要。

（3）对优化前后的设备运行状况进行分析，验证优化的有效性。

（4）在制品库存指在生产过程中不同工艺流程间暂时处于闲置状态的待加工产品，是为了满足生产需求暂时闲置的资源，这个闲置时间根据生产线特点和具体加工产品而确定。在制品库存一方面能够保证各个工序的衔接和生产线的正常运行，对于不同生产节拍的工序，在制品库存可以消除它们之间的影响，避免造成机器的空闲等待。

（5）要想提高生产线平衡率，需要分析生产线设备利用率状况，对瓶颈工序进行优化。对瓶颈工序的优化从以下几个方面考虑。

①提高瓶颈工序的设备利用率，从而提高产能。

②降低该工序的生产节拍来提高生产效率。各工序的生产节拍越趋向一致，生产线的产能越高。

③降低瓶颈工序的设备维修时间以提升加工效率。

④对瓶颈工序增加并行的生产设备，降低该工序的生产压力，使各工位之间的生产平衡。

3.5　运行阶段的评价指标体系

3.5.1　生产线可靠性评价指标

生产线是一个复杂的制造系统，影响整个生产线可靠性运行的因素复杂多变，从制造业发生故障的原因来看，主要有五个方面：人为影响因素、设备安全性能、物料管理、生产环境、管理体制。

（1）人为影响因素

生产线的生产运营过程中，需要不同的工作人员参与，如质检人员、调度人员、维修人员等，工作人员自身的专业技能、熟练程度、心理素质、健康状况等都会影响生产的正常运行。

（2）设备安全性能

设备是构成柔性生产线的硬件部分，设备性能直接影响整个生产线的安全运行。供应商提供的设备的固有可靠性指标、设备使用的规范性、设备的维修保养情况等都会对柔性生产线的可靠运行产生直接影响。

（3）物料管理

妥善管理物料能促进生产的正常进行，物料储备太多，严重占用企业资金与库房。物料储备不足，影响生产的正常进行。此外，物料的库存管理、出入库管理、报废管理等也会影响生产进程。

（4）生产环境

生产环境指生产过程中的温度、湿度、加工进给量、加工速度、整洁程度等会对产品质量、设备运行等造成一定安全隐患的所有外界环境。

（5）管理体制

管理体制指生产过程中所有的规章制度，包括生产计划的实施、人员安排、零件加工工序要求等所有的方法及体制管理因素。

3.5.2 评价指标体系的构建

一般情况下，评价生产线系统的参数有很多，可靠性是常用来评价生产线系统品质的一个重要因素。可靠性是指系统在特定的状况下和一定的时间间隔内，完成系统预先设定的某些功能的能力。生产线可靠性的研究应该贯穿生产线全生命周期的活动。基于全生命周期的柔性生产线可靠性指标管理体系如图 3 - 6 所示。

从可靠性的角度分析，根据不同的可靠性指标性质，又可以将指标分为不同的属性，有概率型指标、性能型指标和寿命型指标，不同属性又包含不同类型，整理分析得到图 3 - 7 所示的可靠性指标体系。

在针对具体的柔性生产线进行可靠性评价时，由于一些客观影响因素，例如某些统计指标在运行使用过程中样本数量不足，难以获取准确数据，还有一些指标受人为因素影响无法得出确切值，这样就会造成该可靠性评价体系中的部分指标并不完全适用。因此，在对具体的柔性生产线进行可靠性评价时，还要根据不同的生产情况及外部环境选取合适的可靠性评价指标。

3.5.3 加工设备的可靠性评价指标

为了对机床可靠性进行评价，通常选择那些具有实际物理意义的指标，它们通常都能定量地从某些方面表征数控机床的可靠性状态。

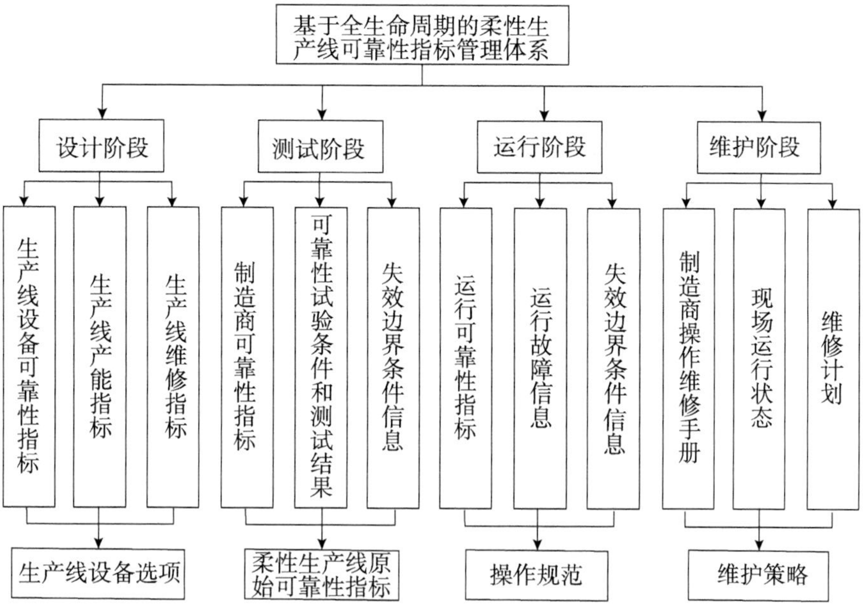

图 3-6　基于全生命周期的柔性生产线可靠性指标管理体系

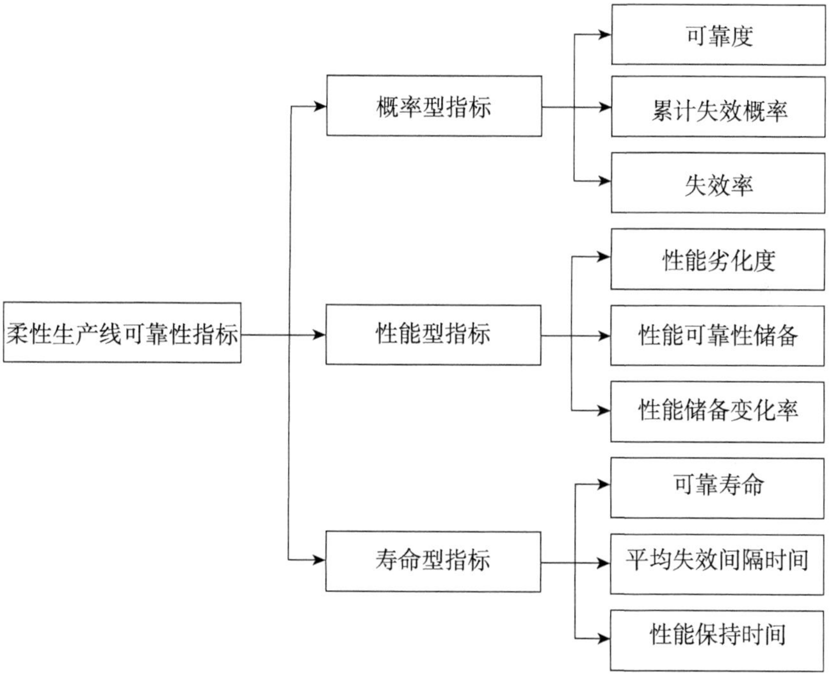

图 3-7　可靠性指标体系

常见的可靠性评价指标包括平均故障间隔时间、平均修复时间、固有可用度、当量故障率、短时能力、设备综合精度指标、基于精度的可靠性指标和综合可靠性指标等。

1. 基于威布尔分布的机床平均故障间隔时间（MTBF）

平均故障间隔时间能够直观地表示产品连续无故障运行的能力，是可靠性评价中常采用的重要评价指标。其表示产品从初次使用到故障的平均使用寿命或产品相邻两次故障之间时间的平均值。基于威布尔分布的机床平均故障间隔时间为：

$$E(\xi) = \int_0^{\infty} tf(t)\,\mathrm{d}t$$

式中：$f(t)$ ——产品寿命的失效密度函数。

2. 平均修复时间（MTTR）

平均修复时间指针对可维修产品的平均修复时间，包括查找故障源、等待备件、维修操作及调试等过程的时间。平均修复时间主要反映了企业的维修和管理水平、维修工程师水平及设备的可维修性，其计算公式如下：

$$\overline{M}_{ct} = \frac{1}{\sum_{i=1}^{N} n_i} \sum_{i=1}^{N} \sum_{j=1}^{n_i} \tau_{ij}$$

式中，N ——评价时间内机床总数量；

n_i ——第 i 台机床的维修总次数；

τ_{ij} ——第 i 台机床第 j 次维修时间。

3. 固有可用度

固有可用度（A）是综合评价故障间隔时间和维修时间的一个重要的综合评价指标，它能够体现产品在规定时间内的有效运行时间。固有可用度越大，表示系系的可靠性越好。

4. 当量故障率

以上几种评价方法只是单纯从故障方面去评价数控机床的可靠性，但是不同的故障其对机床的影响程度不同，因此有必要根据故障程度去评价机床的可靠性。当量故障率（D）是综合故障发生次数和故障影响程度的评价指标。根据故障部位对整机的重要程度、故障损伤程度及对故障的影响程度定义当量系数，如表 3－2 所示。

表 3－2　当量系数的定义

故障类别	故障描述	当量系数
致命故障	关键功能部件故障，使机床加工功能丧失，对机床生产加工或人身安全产生致命危害	100
严重故障	重要或关键部件损坏或功能降低，使机床或系统功能下降，对机床、生产或人身安全产生严重影响	10
一般故障	一般部件损坏，使机床停机，但能快速解决，对机床、生产、人身安全基本无影响	1
轻微故障	附属零部件损坏，人为原因保养不当，不会影响机床性能和生产，对人身安全也无任何影响	0.2

当量故障数是按一般故障将故障次数和危害系数综合换算而得，通常把一千小时内的当量故障数记为当量故障率，其计算公式为：

$$D = \frac{1000}{nt}\sum_{j=1}^{4}\varepsilon_j r_j$$

式中，n ——数控机床数量；

t ——评价时间；

ε_j ——第 j 类故障的当量系数；

r_j ——第 j 类故障总发生次数；

$\sum_{j=1}^{4}\varepsilon_j r_j$ ——当量故障数。

表 3－3 所示为某数控机床可靠性分析报表。

表 3－3　某数控机床可靠性分析报表

数据来源	数控机床运维系统		
数据查询条件	机床编号：1010；机床名称：××机床		
分析开始时间	2016－12－31 01：58：44	分析结束时间	2018－01－01 01：58：44
报告人	李晨光	报告时间	2019－06－29 02：00：01

续 表

可靠性模型		
概率密度分布图		累计概率分布图
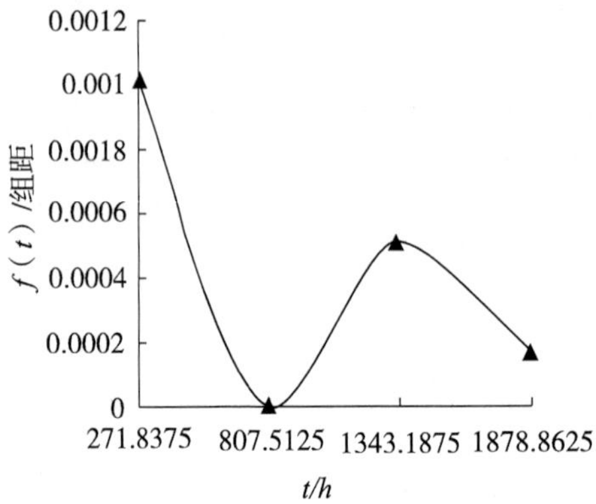		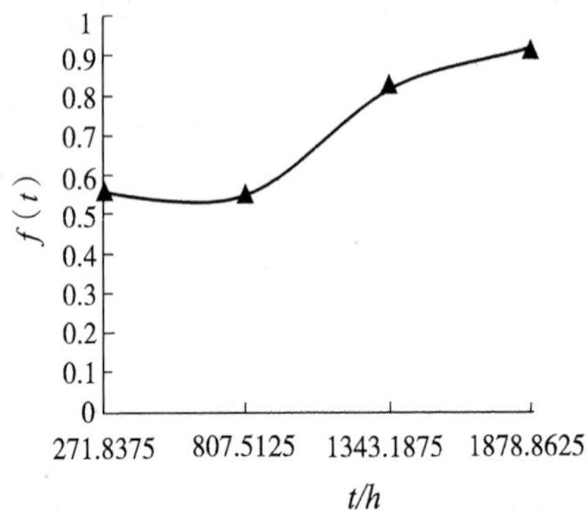
模型信息	模型选择	威布尔分布
	形状参数	0. 6493
	尺度参数	602. 5591
可靠性指标		
平均故障间隔时间		676. 3515
平均故障修复时间		4. 97
当量故障率		0. 4326
固有可用度		0. 9927
月完好率		1

5. 短时能力

短时能力指一个加工单元在规定的置信度和规定的公差范围内，生产出给定零件的能力。短时能力的概念主要应用于大批量生产。

6. 设备综合精度指标

在评价机床精度时，一般需要考虑多个精度指标，因此考虑在综合评价之前，对精度指标进行集结，得出能够体现加工性能的精度性能综合指标。机床维护过程中常使用的设备综合精度指标（T）作为精度性能集结指标。

设备综合精度指标能够综合反映设备当前各精度性能的平均劣化程

度，可以反映设备的健康状态，是确定设备维修等级的重要依据，其计算公式为：

$$T = \sqrt{\frac{\sum_{i=1}^{n} (T_{ip}/T_{is})^2}{n}}$$

式中，n——采集设备精度个数；

T_{ip}——第 i 个精度指标的实测值；

T_{is}——第 i 个精度指标的允许值。

设备综合精度指标越大，其精度性能越差。表 3－4 所示为设备综合精度指标的意义。

表 3－4　　设备综合精度指标的意义

设备综合精度指标	数控机床状态及维修建议
$T \leqslant 0.5$	机床精度很高，可作为新设备验收标准
$0.5 < T \leqslant 1$	机床精度良好，满足加工要求，作为设备维修验收标准
$1 < T \leqslant 2$	机床精度基本满足加工要求，但需要注意产品质量
$2 < T \leqslant 3$	机床精度较差，需要进行大修
$T > 3$	机床不能满足加工精度要求，需要考虑更换设备

根据表 3－4 可知，设备综合精度指标的最大允许值为 3，为了后续综合评价的便利，将设备综合精度指标转换为极大型评价指标 Q_2，其计算公式为：

$$Q_2 = \frac{3 - T}{3}$$

设备精度性能越好，Q_2 越大。当 $Q_2 < 0$ 时，说明设备精度性能完全丧失，需要更换设备；在理想情况下，$Q_2 = 1$。

7. **基于精度的可靠性指标**

①静态精度指标的归一化。

静态精度的退化度＝目前测量的精度的实际值÷进厂测量的精度值

②静态精度的变化系数＝（目前测量的精度的实际值－进厂测量的精度值）÷目前测量的精度的实际值

③动态精度指标的归一化。

动态精度的退化度 = 目前测量的精度的实际值 ÷ 上次测量的精度值

④动态精度的变化系数 = （目前测量的精度的实际值 - 上次测量的精度值）÷目前测量的精度的实际值

⑤基于精度的可靠性归一化指标。

$$基于精度的可靠性指标 = A \times 静态精度的退化度 + B \times 动态精度的退化度\ (A + B \leqslant 1)$$

8. 综合可靠性指标

综合可靠性指标：基于历史数据的可靠性指标，机床状态等级 $G = A \times$ 基于精度的可靠性指标 $+ B \times$ 基于运行状态的可靠性指标。机床状态等级分为四级：健康状态、异常状态（出现异常、早期故障、产品表面质量问题）、中度异常状态（产品表面质量、机床故障、CNC 报警等）和严重异常状态（精度超差、机床故障）。

3.5.4 设备效能关键绩效指标

（1）设备开机率

在确定的度量时段，设备开机时间占制度工时的百分比。

$$设备开机率 = \frac{设备开机时间}{制度工时} \times 100\%$$

（2）设备使用有效度

在确定的度量时段，设备使用时间占制度工时的百分比。

$$设备使用有效度 = \frac{设备使用时间}{制度工时} \times 100\%$$

（3）设备主轴运转率

在确定的度量时段，主轴加工时间占数控设备程序运行时间的百分比。

$$设备主轴运转率 = \frac{主轴加工时间}{数控设备程序运行时间} \times 100\%$$

（4）设备利用率

在确定的度量时段，主轴加工时间占制度工时的百分比。

$$设备利用率 = \frac{主轴加工时间}{制度工时} \times 100\%$$

（5）设备使用率

$$设备使用率 = \frac{设备使用时间}{设备开机时间} \times 100\%$$

（6）设备主轴使用有效率

$$设备主轴使用有效率 = \frac{主轴加工时间}{设备使用时间} \times 100\%$$

（7）设备程序运行率

$$设备程序运行率 = \frac{\text{NC 程序运行时间}}{设备使用时间} \times 100\%$$

3.5.5 维修决策指标体系

生产线的维修决策属性是影响维修决策的因素集。维修策略指标主要包括以下几个。

①安全性（B_1），主要指生产过程中发生的故障对工作人员、生产线系统及环境造成的影响与危害。

②维修费用（B_2），指发生故障后不同的维修策略在硬件、软件、维修专家、人员培训等方面发生的费用。例如，预测维修就会产生相应的人员培训费用，以及相应检测系统部署的费用。

③可行性（B_3），指维修策略的成熟程度和技术可行度，还包括维修工程师对维修策略的理解能力，以能够保质保量完成维修任务。

④维修信息量（B_4），指不同维修策略的维修记录，可根据以往经验进行维修，使维修更具实效性。

⑤维修后运行状况（B_5），能够反映维修策略对柔性生产线系统的有效性。

⑥维修后潜在效益（B_6），指合适的维修策略为企业带来的潜在利益，如一些重要设备单元的故障会给企业带来严重经济损失，合适的维修策略可以避免该类故障发生的概率，能大大减少企业损失。

3.5.6 生产线可靠性影响因素指标体系

生产线的可靠性影响因素众多，从全生命周期的角度思考，主要涉及设计阶段、测试阶段、运行阶段、维修阶段四个阶段，每个阶段又和外界环境、人为因素、设备状态有着复杂的联系。结合现有的生产线全生命周期影响因素，调研有经验的现场高级工程师，建立生产线可靠性影响因素指标体系（见表3－5）：设计阶段有需求分析不准确 a_1、设备选型不合理 a_2；测试阶段有控制系统有效性差 a_3、生产调度不合理 a_4、工艺安排不合理 a_5；运行阶段有设备故障率高 a_6、工作人员操作技能差 a_7、设备清洁不到位 a_8、设备使用不规范 a_9；维修阶段有维修计划执行率低 a_{10}、设备没有按时保养 a_{11}、设备维修方案准确性差 a_{12}。

表3－5　生产线可靠性影响因素指标体系

目标层	准则层	指标层
生产线可靠性影响因素指标体系	设计阶段	需求分析不准确 a_1
		设备选型不合理 a_2
	测试阶段	控制系统有效性差 a_3
		生产调度不合理 a_4
		工艺安排不合理 a_5
	运行阶段	设备故障率高 a_6
		工作人员操作技能差 a_7
		设备清洁不到位 a_8
		设备使用不规范 a_9
	维修阶段	维修计划执行率低 a_{10}
		设备没有按时保养 a_{11}
		设备维修方案准确性差 a_{12}

3.5.7　生产线仿真模型的评价标准

根据构建的生产线评价指标体系，在生产线的不同阶段采用不同的指标进行评价。生产线仿真模型的评价标准包括以下几项：生产线建模的完整性是否满足要求；根据任务需求响应指标的关键指标，产能是否满足要求；生产资源管理指标的设备利用率是否满足要求；瓶颈工序的分析和解决方案是否能够提供。

3.6　凸轮轴生产线系统的仿真与性能评价

3.6.1　基于 Petri 网的生产线仿真模型构建

1. 构建系统的 Petri 网模型

仿真分析凸轮轴生产线，从半成品由运输车运至生产线前端的缓冲站开始。

Petri 网建模工具适用于制造车间离散系统，基于 Petri 网的凸轮轴生产线物流流程模型如图 3－8 所示，其中 i 表示工序号，P01 和 P12 分别表示毛坯暂存区和成品区。

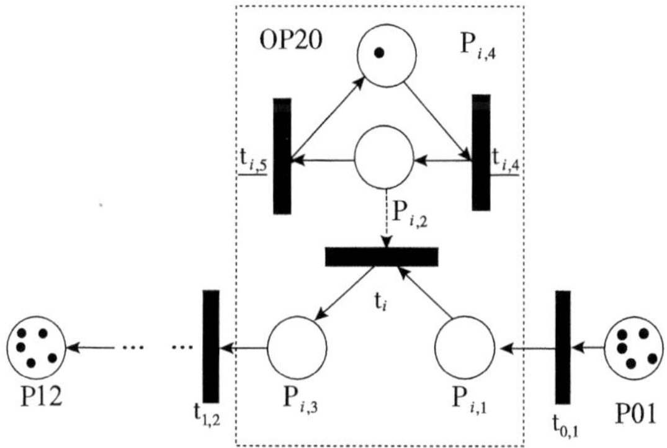

图 3－8　基于 Petri 网的凸轮轴生产线物流流程模型

各库所及变迁含义如下：

$P_{i,1}$——待加工产品缓冲区（上工序成品缓冲区）；

$P_{i,2}$——工序机床；

$P_{i,3}$——已加工产品缓冲区（下工序待加工产品缓冲区）；

$P_{i,4}$——工序机床空闲；

t_i——加工；

$t_{i,j}$——工件从第 i 工序流入第 j 工序；

$t_{i,4}$——安装某种产品所需夹具及机床调整；

$t_{i,5}$——卸载某种产品所需夹具及机床调整。

初始状态在毛坯区 P01 可有多个毛坯品种，各类凸轮轴在各机床的加工时间均不相同，但送往下游的产品类型及顺序是由生产作业计划决定的，某一时间能够送往下一工序的产品类型，只能是其中一种。

图 3-8 中各生产单元初始状态 $P_{i,4}$中有托肯（Token，指模型所使用的输入数据的最小单元）时，表示机床 $P_{i,2}$处于空闲状态，虚线表示控制弧，只起控制作用而不消耗库所中的托肯。其中，控制弧 $P_{i,2}t_i$表示当某种待加工产品缓冲区 $P_{i,1}$非空（任意一种凸轮轴毛坯待加工）且机床 $P_{i,2}$中有标识即设备工作时，t_i表示正在加工该种工件。库所 $P_{i,2}$在模型中表示正在加工的工件数量，若其数量为 0，即工件加工完成，则 $t_{i,4}$发生作用，即当设备空闲时安装夹具准备生产，当机床中有托肯时，就激发 $t_{i,5}$，使设备停车并卸载夹具。产品在最后一个工序 OP170 完成后，直接送入成品区，整个产品生产过程结束。

2. Petri 网模型与 Witness 仿真模型映射

对凸轮轴生产线 Petri 网模型进行分析，得到了系统的功能、加工的流程和整个系统的资源逻辑关系。将系统的 Petri 网模型映射为 Witness 仿真模型，即从系统映射出具体的元素。从 Petri 网模型到 Witness 仿真模型进行映射。

①Petri 网模型中代表某一类资源不同状态的库所集合与 Witness 仿真模型中某一实体对应，即无论此种资源有几种状态，每种资源的库所，只由 Witness 仿真模型的实体来模拟。资源间的状态通过实体的逻辑连接来实现，例如，用不同名称和图标的 Part 组件来模拟。库所 $P_{i,2}$和 $P_{i,4}$代表设备的工作和空闲两种状态，由 Multifunctional Machine 来模拟。

②Petri 网模型的变迁与 Witness 仿真模型中各实体的属性对应。控制弧由指令代替，如 t_i 的变迁，即 Witness 仿真模型中各 Machine 或 Buffer 的连接，由 Push 或者 Pull 指令完成。

③Petri 网模型的颜色令牌由 Witness 仿真模型中的 Part 属性来产生。例如，P01 库所中的产品令牌由设置产品毛坯发生器 Part 的上线时间属性产生，P12 库所由 Ship 模拟。

3. 四期凸轮轴生产线动态仿真模型构建

四期凸轮轴生产线投入生产运行，为了更准确地对生产线实际运行状况进行分析，首先对四期凸轮轴生产线运行状态进行数据采集。

①采用人因工程的动作研究对工人的操作进行统计分析。

②采用秒表法对各个加工工位进行统计和分析。

③采用现场调查、走访技术人员的形式对生产现场的实际运行情况进行调查、研究、分析。

建立生产线模型，以生产线产能、在制品数量和设备利用率为指标，对生产线的上线间隔、班制等信息进行分析。

生产线加工设备采用离散系统的 Machine 单元对象，类型设置为Multi - cycle Machine。缓冲站采用 Buffer 单元对象，容量为 1000 个物品。传送带采用 Conveyor 单元对象，输送链都设置为队列式的 Queuing，输送机通过一个零件长度的时间（Index Time）为 0.1 个单位时间。构建基于离散系统的生产线仿真模型，四期凸轮轴生产线动态仿真模型如图 3 - 9 所示。

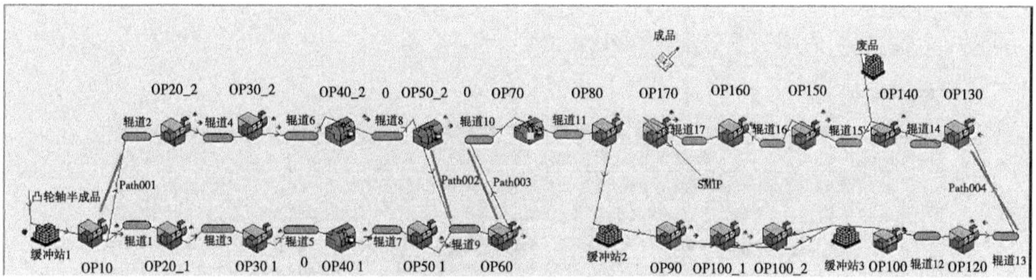

图 3 - 9　四期凸轮轴生产线动态仿真模型

3.6.2　四期凸轮轴生产线系统仿真结果分析与优化

模型仿真时间共 30 天。模型仿真时应考虑以下几个因素：①上线间隔。②班制。③每台设备的加工时间。④设备运行状况。设备在使用过程中，由于磨损，不可避免地会使一些零部件发生劣化，造成故障乃至损坏，以致直接影响生产线的正常运行。⑤产品合格率。产品的合格品率直接影响企业的经济效益，根据企业其他生产线的经验，将合格品率设置为 98%。

设计生产纲领为年产能够达到 80 万根凸轮轴的生产线，其中进气凸轮轴 40 万根，排气凸轮轴 40 万根。两班制，每班 12 小时。一年工作日为 251 天，则生产节拍为：

T = 251（天/年）×12（小时/班）×60（分钟/小时）×60（秒/分钟）×2（班/天）/400000（根/年）≈54.2（秒/根）

综合考虑，把生产节拍定为 45 秒/根（包括辅助时间）。

可以得出生产纲领为：

N = 251（天/年）×12（小时/班）×60（分钟/小时）×60（秒/分钟）×2（班/天）/45（秒/根）= 481920（根/年）

其中 N 为年设计生产纲领。

首先选取上线间隔为 45 秒，工序由打标开始到最后的压球、压销，仿真时间为 30 天，每天 2 班，每班工作 12 小时。考虑到工人休息及就餐等因素，平均起来以每 5 个小时休息 10 分钟为班制。

在上线间隔为 45 秒的条件下，仿真 30 天，45 秒上线间隔机床状态统计如图 3－10 所示。产量达到 52703 根，在制品量为 2388 根，9 台设备出现阻塞。在上线间隔为 45 秒的条件下，不能保证生产线按时完成工作，大量半成品在线上阻塞，阻塞部分高达 64%。

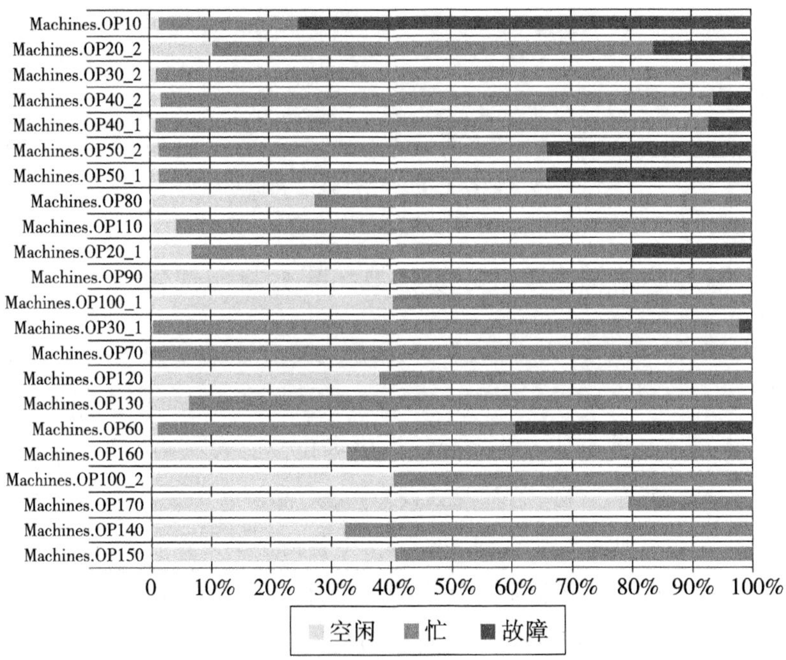

图 3－10　45 秒上线间隔机床状态统计

因此不断修改上线间隔，直至满足产能并减少在制品数量，保证生产线平稳。最终得到上线间隔为 52 秒的结果。

上线间隔为52秒，仿真时间为30天，每天2班，每班工作12小时。考虑到工人休息及就餐等因素，平均起来以每5个小时休息10分钟为班制，在此条件下进行仿真分析。52秒上线间隔机床状态统计如图3－11所示。

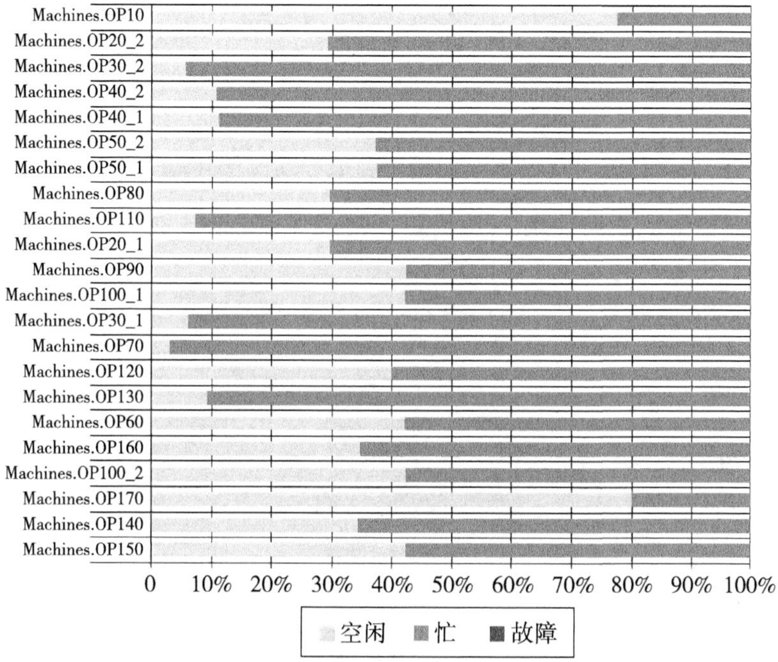

图3－11 52秒上线间隔机床状态统计

45秒上线间隔：凸轮轴半成品，进入52703根，输出50315根，在制品2388根。

52秒上线间隔：凸轮轴半成品，进入49847根，输出48823根，在制品1024根。

上线间隔为52秒时，生产线月产量达到48823根，在制品量为1024根。在制品数比上线间隔为45秒时的2388根大大降低，所以在满足生产需求的同时，可以适当延长上线间隔，降低在制品数量。

由仿真结果可知，班制对于生产线的影响不大，只要保证产能符合订单要求，可以自行配置班制。45秒的上线间隔过于紧密，虽然产能能够提高不少，但是过多的在制品数也会影响生产线的运行效率，影响企业生产效益。经过多次计算和仿真分析，最终确定上线间隔为52秒的方案。

考虑设备运行状态的仿真分析，零件上线间隔为52秒，根据调研和前期的数据，得到设备的故障分布数据。故障机床状态统计如图3-12所示。根据统计分析使用负指数分布来表示设备的故障分布。在模型中设定故障分布和维修时间。仿真时间为30天，产能为48823根。设备的故障率在4%左右，生产线可以保持平稳运行，年产量能够保证。但是也可以看出，该生产线所选择的设备的实际产能远高于企业的年设计生产纲领。设备的利用率还有很大的提升空间。如果企业将来需要提高年生产纲领，还可以在现有生产线上进行挖潜，进一步进行共线生产管理、优化设备的物流传送装置、优化毛坯和成品暂存区域后，可以进一步获得较高的生产效率。

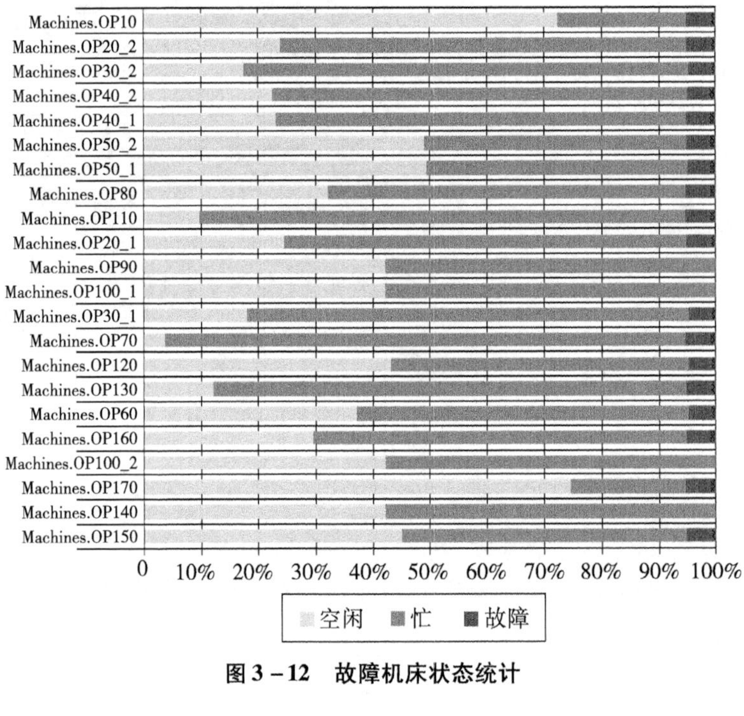

图3-12　故障机床状态统计

现场的在制品量较大，影响企业的经济效益。建议进一步进行工序的优化，平衡生产线各个设备的负荷，合理制订生产计划。

从现有生产现场分析，企业可以适当减少生产线加工时间，加强对设备的维护和员工的培训，仍然可以确保企业产能。

仿真约束与前面考虑设备运行状态的仿真分析一样，零件上线间隔为52秒，使用负指数分布来控制设备的故障分布，仿真时间为30天。模型运行10

次的成品数量和在制品数量情况如图3-13和图3-14所示。模型运行10次，成品数量和在制品数量没有发生超过0.01%的波动，说明模型结构和参数设定得适当，模型具有良好的稳定性，不因多次运行而发生失控等问题。

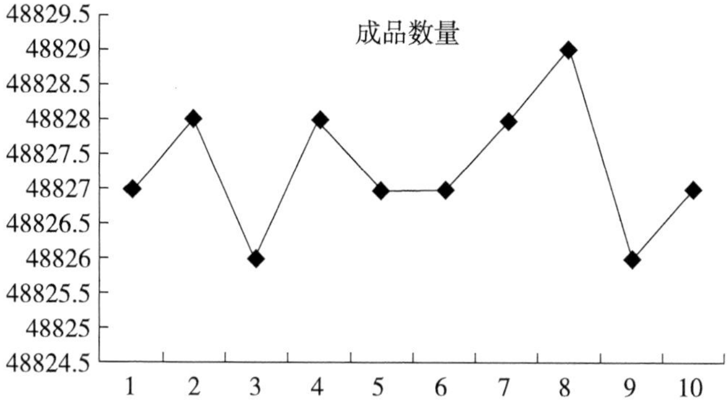

图3-13　模型运行10次的成品数量

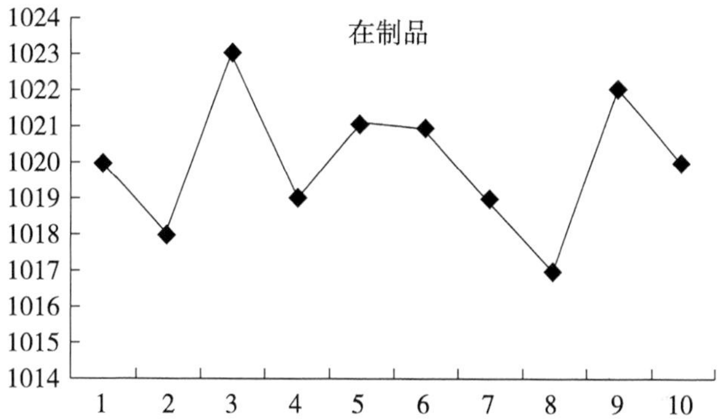

图3-14　模型运行10次的在制品数量

3.6.3　四期凸轮轴生产线人员规划与优化分析

1. 人数的确定和配置

确定人员数量时，首先进行生产能力调查，得出瓶颈工序的加工时间CT_{max}（节拍）。想要做到"一个流"生产，就要使其他工序的节拍与瓶颈工序的节拍一致，保证包括行走时间在内的人员总工作时间不超过CT_{max}。

理论上人员的数量为：

$$N_{理论} = \lceil \frac{\sum_{i=1}^{n} T_{mi}}{CT_{max}} \rceil + 1$$

式中，T_{mi} 表示第 i 个工位的手动处理时间，CT_{max} 表示瓶颈工序的加工时间。

实际上人员的数量比理论上的要多，因为没有考虑到以下因素：①工人在操作几台设备时的行走时间 T_{wi} ；②由于各工位离散的加工时间，不可能有100%的人员有效工时率。假设人员的平均利用率为 η ，则实际上人员的数量为：

$$N_{实际} = \left\lceil \frac{\sum_{i=1}^{n}(T_{mi} + T_{wi})}{\eta \times CT_{max}} \right\rceil + 1$$

式中，T_{wi} 表示 i 人在操作几台设备时的行走时间；η 表示人员的平均利用率。

生产能力调查是依据工艺流程，对工位加工工件的各个环节进行测算，内容主要有装卡、加工（分为自动和手动）和处理的时间。并在这些数据的基础上进行数据处理，找到人员有效工时率最大的工序（瓶颈工序）。

在对实际生产线进行数据测算后，得到生产线的瓶颈工序为 OP120 清洗（见表 3－6）。

表 3－6　　生产线工序时间对比

编号	工序名称	设备数（台）	手动时间（秒）	自动时间（秒）	单班工序日产量（根）	人员有效工时率（%）
1	打标	1	3.2	8	3536	0.26
2	精车	2	2.8	68	1119	0.07
3	钻孔系	2	8.2	71	1000	0.19
4	钻径向油孔	2	11	63	1070	0.27
5	钻 $\phi2$ 径向油孔	2	11.5	36	1667	0.44
6	铣信号盘	1	9.3	21	1307	0.28
7	去油道孔毛刺	1	8.1	38	859	0.16
8	CVVT 孔测通	1	13.4	20	1186	0.37
9	精磨主轴颈	1	0	30	1320	0.00
10	精磨凸轮	2	0	60	1320	0.00

续　表

编号	工序名称	设备数（台）	手动时间（秒）	自动时间（秒）	单班工序日产量（根）	人员有效工时率（%）
11	抛光主轴颈及凸轮	1	10.7	34	886	0.22
12	清洗	1	14.67	14	1406	0.48
13	吹干	1	10.67	33	907	0.22
14	外观检测	1	6	25	1277	0.18
15	终检	1	9.5	18	1440	0.32
16	压球、试漏	1	3.4	30	1186	0.09
17	压销	1	3.2	7	3882	0.29

对上表数据进行说明：

①“手动时间”指需要人员操作的时间，包括上下料、后处理、检验等手动操作的时间。“自动时间”指不需要人员操作的时间。单班工序日产量的计算公式为：

$$\text{单班工序日产量} = \frac{\text{有效时间}}{\text{工序时间}} = \frac{11\text{ 小时}}{CT_i}$$

“有效时间”按单班11小时计算。各个工序的最小日产量就是该生产线的产量。

②人员有效工时率：

$$HB_i = \frac{\text{有效时间}}{\text{班次总时间(即 } 11 \times 60 \times 60)}$$

根据在工厂的实际调研，人员基本上是单人单台设备，最多是在同侧的两台设备，不同侧的设备之间相互隔离，员工很少能够相互走动，在很大的程度上阻碍了一人多机的操作。基于以上的情况，我们按照上面介绍的步骤对其进行精益生产设计。根据瓶颈工序OP120的加工时间为28.67秒。生产线的理论人数计算如下：

$$\sum_{i=1}^{n} T_{mi} = 3.2 + 2.8 + \cdots + 3.2 = 125.64(\text{秒})$$

$$N_{\text{理论}} = \lceil \frac{125.64}{28.67} \rceil + 1 = 6(\text{人})$$

计算实际人数时应考虑人员的行走时间，这个时间可以约等于绕生产线走两圈所用的时间。由生产线建筑图纸可知，人员的行走时间为 104 秒。由于实际生产线停工休息的时间较长，考虑取 $\eta = 75\%$ 。则生产线实际上的人员数量为：

$$N_{实际} = \left\lceil \frac{125.64 + 104}{0.75 \times 28.67} \right\rceil + 1 = 12(人)$$

如果人员的平均利用率是 75%，实际上的人员数量为 12 人。

2. 生产线为 12 人的规划模型构建

工人行走的路线使用 Path 元素控制。Path 元素需要定义的参数是工人在其上的行走时间 T_i 。首先测量前面建立的生产线车间三维模型中工人应走的距离 l_i ，按照人的步速 $S = 1.8 m/s$ 计算，得到 $T_i = \frac{l_i}{S}$ 。

实际生产过程中，包括设备加工时间在内的数据都不是绝对一定的，一般服从一定的分布。在仿真时，设定 T_i 是服从均值为 t_i 的正态分布，$T_i = N(0, t_i)$ ，模型具体设定的 Path 元素数值如表 3 – 7 所示。

表 3 – 7　　12 个工人的路径分布均值

Path 编号	分布均值	Path 编号	分布均值	Path 编号	分布均值
1	0.7667	7	1.0467	13	0.8667
2	1.0733	8	0.9000	14	2.4200
3	2.9000	9	0.7800	15	2.0933
4	2.1267	10	3.6933	16	2.2533
5	1.8800	11	1.6133	17	0.7533
6	1.2333	12	0.9133		

对于一名工人操作几台不同的设备的路线选择问题，可以通过设定 Path 元素的属性来解决。设定 Path 元素的起始、终结及双向性属性，使 Path 元素和这几台设备形成循环，系统自动使员工选择最近的路线进行设备的装夹等操作。

生产线设备使用 Machine 单元对象，类型设置为 Multi – cycle Machine。缓冲站采用 Buffer 单元对象，容量为 1000 个物品。传送带采用 Conveyor 单元对象，输送链都设置为队列式的 Queuing，输送机通过一个零件长度的时间（Index Time）为0.1个单位时间。

仿真范围由打标开始到最后的压球、压销，仿真时间为30天，生产线加工时间、装卸时间使用秒表实际测量并分析统计后得到。生产线一共有打标机、凸轮轴磨床等22台机床，传送带有17条，缓冲站有3个。

使用甘特图对12人的分配进行分析，得到分配方案如下。

工人1：操作打标机GAPL和两台SUC8114专机，即OP10和OP20，工作路线是缓冲站1→打标机→辊道1或2（各50%的概率）→SUC8114专机，辊道1和辊道2的长度能够连续排列10个托盘。

工人2：操作FV－580A加工中心，即OP30的两台设备。工作路线是辊道3→OP30_ 1→辊道5和辊道4→OP30_ 2→辊道6，辊道5和辊道6的长度能够连续排列10个托盘。

工人3：操作TV－510A、ZH5120C加工中心，即OP40的两台设备。工作路线是辊道5→OP40_ 1→辊道7和辊道6→OP40_ 2→辊道8，辊道7和辊道8的长度能够连续排列10个托盘。

工人4：操作ZH5120C加工中心，即OP50的两台设备。工作路线是辊道7→OP50_ 1→辊道9和辊道8→OP50_ 2→辊道9，辊道9的长度能够连续排列10个托盘。

工人5：操作FV－580A加工中心和去毛刺专机，即OP60和OP70的设备。工作路线是辊道9→OP60→辊道10→OP70→辊道11，辊道10和辊道11的长度能够连续排列20个托盘。

工人6：操作CVVT孔测通专机，即OP80。工作路线是辊道11→OP80→缓冲站2，缓冲站2是数控磨床前面的缓冲装置，缓存上限为34根凸轮轴。

工人7：操作GBQ－1520抛光机，即OP110的机床。工作路线是缓冲站3→OP110→辊道12。缓冲站3是数控磨床后面的缓冲装置，缓存上限为72根凸轮轴。

工人8：操作清洗机，即OP120的机床。工作路线是辊道12→OP120→辊道13，辊道12和辊道13的长度能够连续排列10个托盘。此处设备是一次加工四件，所以使用专人操作。

工人9：操作凸轮轴六工位回转式吹干机，即OP130的机床。工作路线是辊道13→OP130→辊道14，辊道14的长度能够连续排列10个托盘。

工人 10：操作外观检测设备，即 OP140 的机床。工作路线是辊道 14→OP140→辊道 15，辊道 15 的长度能够连续排列 10 个托盘。

工人 11：操作 KMC 终检机，即 OP150 的机床。工作路线是辊道 15→OP150→辊道 16，辊道 16 的长度能够连续排列 10 个托盘。

工人 12：操作 P0144 - 1898 压球试漏机和 P0144 - 2898 压销机，即 OP160 和 OP170 的机床。工作路线是辊道 16→OP160→辊道 17→OP170→Ship（完成），辊道 17 的长度能够连续排列 10 个托盘。12 名工人操作相关工序设备的任务分配如图 3 - 15 所示。生产线 12 名工人动态仿真模型如图 3 - 16 所示。

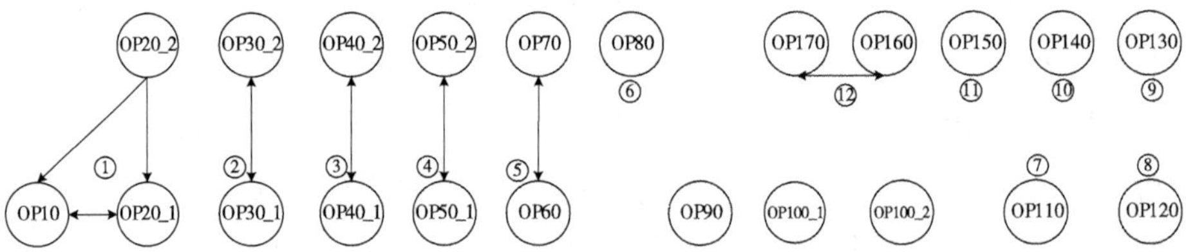

图 3 - 15　12 名工人操作相关工序设备的任务分配

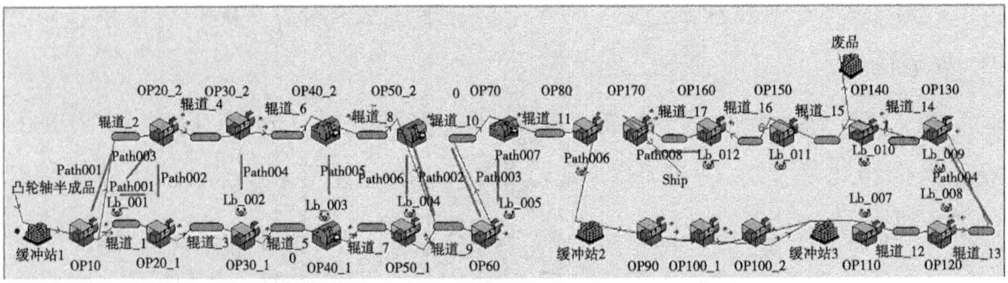

图 3 - 16　生产线 12 名工人动态仿真模型

在生产线上安排 12 名工人，上线间隔为 52 秒，不考虑加工设备故障扰动因素，分析生产线的性能，如图 3 - 17 所示。

当线上人数为 12 人时，生产线产能下降，同时生产线上在制品数较多，造成线上堵塞，设备利用率较低。其中 OP170、OP160 两个工序为瓶颈工序。

优化方案为在 OP170、OP160 两个工序增加 2 名工人，线上设置 14 名工人，建立仿真模型并仿真分析。增加 2 名工人后，OP170，OP160 等工序上产品的堵塞情况明显好转。14 名工人在生产线上操作设备，在各个方面优于 12 名工人。特别是设备利用率得到改善，在制品减少 32%，产能增加 14.2%。

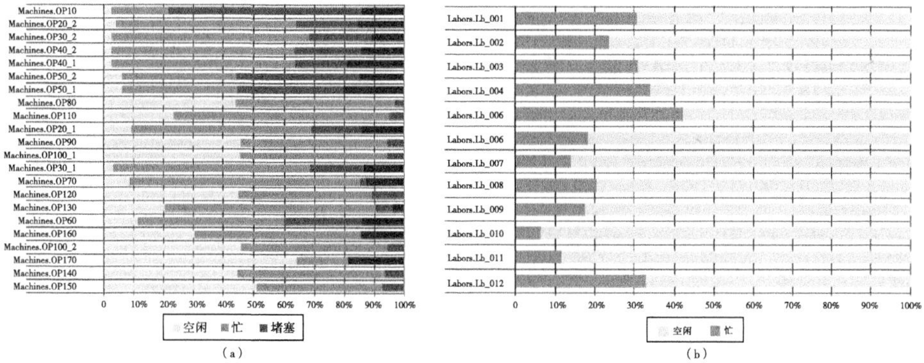

图 3－17　机床状态

进一步采用不同工人人数进行分析，做出 7 人、9 人和 18 人的模型，在同等条件下仿真分析运行 30 天（见图 3－18 和图 3－19）。18 人时产能最高，因为工人数量最多，但是工人成本会大幅增加，14 人的产能也能满足要求。

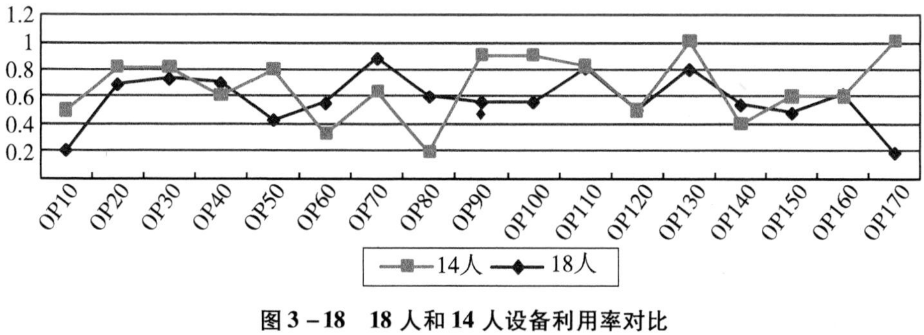

图 3－18　18 人和 14 人设备利用率对比

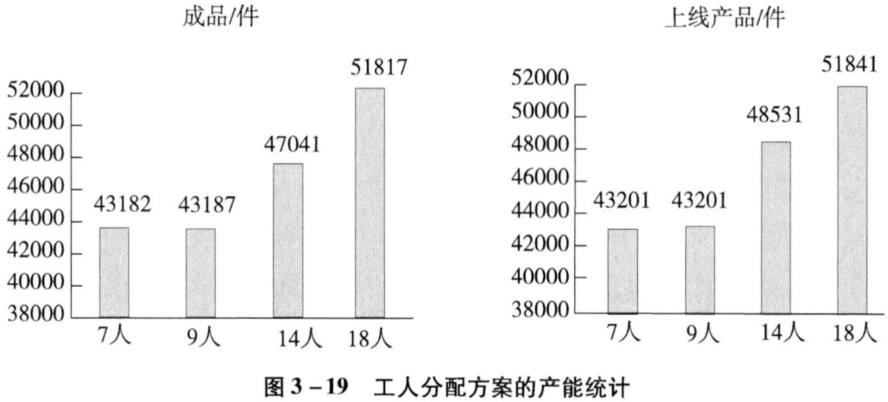

图 3－19　工人分配方案的产能统计

企业为增加产能，也可将瓶颈工序设备增加。为提高设备利用率，可将两条线并列排布，中间交叉，进、排气加工线共用 OP10 打标机，提高设备利用率。

3.7 基于数字孪生的叶片生产线仿真

发动机叶片的作用是对进入发动机进气道的空气进行压缩整理，然后分别输送至发动机的内涵道和外涵道。进入发动机外涵道的空气，会直接通过喷管高速排出去，为车辆提供强大的推力；发动机内涵道的空气进入燃烧室后和燃油进行油气混合、燃烧，将化学能变为热能，从而形成高温高压的气体，推动涡轮转动。

叶片柔性生产线由安装/更换/拆卸夹具、铣加工基准/铣叶型/切断辅助基准、磨抛叶型、清洗叶型、测量叶型、叶片打标六个工位组成，用于完成叶片的加工任务。该生产线由六大主要工位设备及一台运输机器人（天轨式机器人）组成，由于机械加工生产的特点，在叶型加工工位配备了多台数控加工中心，在叶型测量工位配置了两台三坐标测量机。

叶片生产线工艺流程包括以下几项。

（1）安装夹具

由天轨式机器人从夹具库拾取 1 个夹具，放置到自动装卸站的对应装卸位，从托盘库的托盘拾取一片叶片毛料，放置到自动装卸站的对应装卸位，由自动装卸站对叶片毛料和夹具进行装夹。由天轨式机器人拾取装夹完成的叶片，准备送至下一工位。

（2）铣加工基准

由天轨式机器人拾取装夹完成的叶片并将其放置到加工中心，由加工中心换位机构将叶片和夹具运送至加工区，对叶片进行加工基准的铣削，铣削完成后，由换位机构将叶片和夹具运送至缓存区。由天轨式机器人拾取基准铣削完成的叶片，准备送至下一工位。

（3）更换夹具

由天轨式机器人拾取上一工位加工完成的叶片并将其放置到自动装卸站

的对应装卸位，由自动装卸站拆卸叶片和夹具。拆卸完成后，由天轨式机器人先拾取叶片，然后调转夹爪，使用另一端拾取夹具，把夹具放到夹具库，拾取下一个型号的夹具，将其放到自动装卸站的对应装卸位，旋转夹爪放置叶片到自动装卸站的对应装卸位，由自动装卸站对叶片和夹具进行装夹。由天轨式机器人拾取装夹完成的叶片，准备送至下一工位。

（4）铣叶型

由天轨式机器人拾取装夹完成的叶片并将其放置到加工中心，由加工中心换位机构将叶片和夹具运送至加工区，对叶片进行叶型铣削，铣削完成后，由换位机构将叶片和夹具运送至缓存区。由天轨式机器人拾取完成叶型铣削的叶片，准备送至下一工位。

（5）磨抛叶型

由天轨式机器人拾取完成叶型铣削的叶片并将其送至机器人磨抛机，由机器人磨抛机对叶片进行磨抛。由天轨式机器人拾取完成磨抛的叶片，准备送至下一工位。

（6）清洗叶片

由天轨式机器人拾取上一工位加工完成的叶片并将其送至清洗机，由清洗机对叶片进行清洗。由天轨式机器人拾取清洗完成的叶片，准备送至下一工位。

（7）测量叶型

由天轨式机器人拾取完成清洗的叶片并将其送至三坐标测量机的缓存位，由测量机的换位机构将叶片和夹具运送至测量区，对叶片的叶型进行测量和数据存储，测量完成后，由换位机构将叶片和夹具运送至缓存区。由天轨式机器人拾取测量完成的叶片，准备送至下一工位。

（8）切断辅助基准

由天轨式机器人拾取测量完成的叶片并将其放置到加工中心，由加工中心换位机构将叶片和夹具运送至加工区，对叶片进行基准的切断，切断完成后，由换位机构将叶片和夹具运送至缓存区。由天轨式机器人拾取基准切断完成的叶片，准备送至下一工位。

（9）激光打标

由天轨式机器人拾取上一工位加工完成的叶片并将其送至激光打标机，打标完成后，将其送至自动装卸站。

(10) 拆卸夹具

由天轨式机器人将打标完成的叶片放置到自动装卸站的对应装卸位，由自动装卸站拆卸叶片和夹具。拆卸完成后，由天轨式机器人先拾取叶片，然后把叶片送至托盘库缓冲区的合格品区，再调转夹爪，使用另一端拾取夹具，最后将夹送具到夹具库。

加工生产线的构成元素包括加工设备、物流设备、检测设备、控制系统、环境、物料工具等，具体包括7台叶片加工中心、2台机器人磨抛机、3台三坐标测量机、2台天轨式机器人（悬挂式）、2套自动装卸站、1台塔式料仓、2套托盘库、1台生产系统工控机、1台数控激光打标机、1台热胀仪、1台动平衡机、1台对刀仪。

3.7.1 生产线数字孪生模型构建

1. 加工中心建模

加工中心虚拟实体建模的方案如图3－20所示，共分为六个步骤：模型结构重构、运动模型匹配（见图3－21）、运动类型设定、运动原点标定、运动行程约束、运动干涉检查。具体过程为：导入设备模型，在VC（视觉组件）中拆解运动轴体和其他静态部件，删除冗余结构模型，重新建立部件间关系。依据轴数不同的机床，形成运动模型关联规范，将运动轴与实际机床严格对应，使数据精准驱动模型运动。机床工作过程为平动和转动，依据功能设定运动类型。根据机床实际结构，限定各零部件模型的非法自由度，避免在数据驱动中位姿异常。设定机床的绝对坐标与运动部件局部坐标，建立依附关系。通过查询相关手册，设定各轴的速度、加速度范围和滑轨的移动范围。最后，为运动轴设置碰撞体，检验部件间干涉情况，分析干涉原因并优化模型。

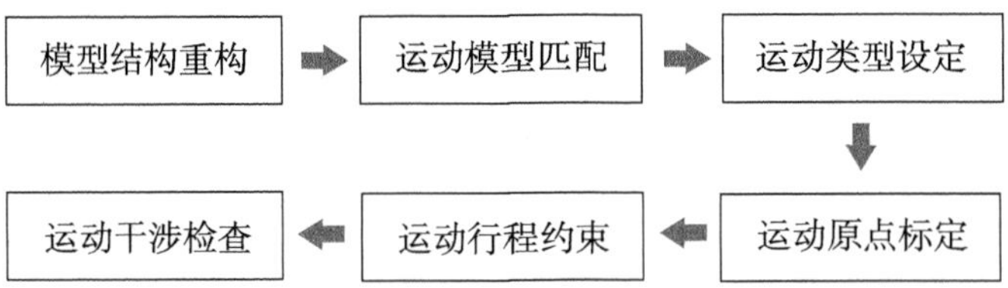

图3－20　加工中心虚拟实体建模的方案

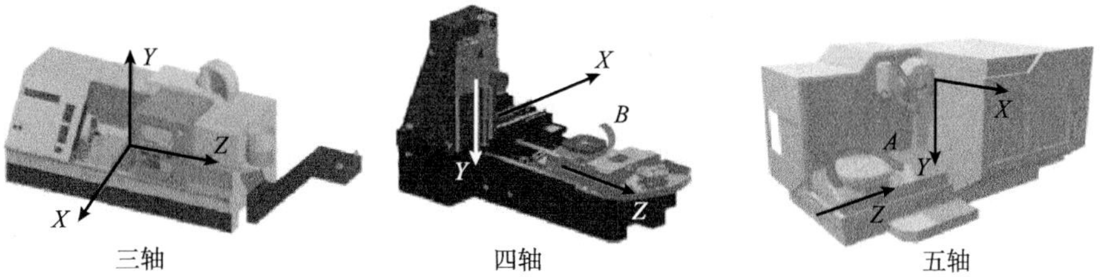

图 3－21　运动模型匹配方案

图 3－22 所示为数控机床几何模型的建模流程。虚拟实体包含几何模型、物理模型、行为模型和规则四个部分，根据数控机床的手册和实体信息构建对应的 SolidWorks 三维模型，在 Visual Components 中导入模型，将外形几何参数等信息匹配实体，根据三维模型设定运动关节和约束并建立相关的父子依附关系，形成具有运动学的数控机床孪生模型。受结构受力、温度等因素的影响，机械产品在运动过程中可能会产生部分形状、尺寸等方面的改变，在关键部位安装力学传感器和位姿传感器等，可以将实时采集的数据通过数据接口与机床孪生模型通信，将各机构的实时参数映射到孪生模型，使模型跟随机床实体的形状、尺寸、结构等保持一致性变化。

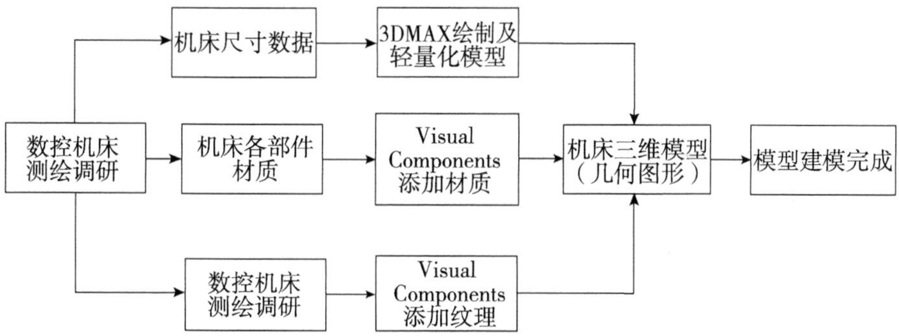

图 3－22　数控机床几何模型的建模流程

（1）机床元动作的运动学分析

模型在虚拟世界实现运动的本质是对模型的组成矩阵进行计算，通过矩阵计算对模型姿态和位置进行更新，实现模型的运动变化。其中模型的基本控制操作有平移、缩放和旋转，由于模型的大小按照物理实体构建，不宜对模型进行缩放变换。

对于模型的平移变换，其实就是按照一个平移向量来确定移动的方向和位置。例如，将点 $A(x,y,z)$ 平移到 $A'(x',y',z')$ ，在 x、y、z 三个方向上的平移距离分别为 T_x 、T_y 和 T_z ，用 4×4 的矩阵表示为：

$$\begin{bmatrix} x' \\ y' \\ z' \\ 1 \end{bmatrix} = \begin{bmatrix} 1 & 0 & 0 & T_x \\ 0 & 1 & 0 & T_y \\ 0 & 0 & 1 & T_z \\ 0 & 0 & 0 & 1 \end{bmatrix} \times \begin{bmatrix} x \\ y \\ z \\ 1 \end{bmatrix}$$

对于模型的旋转变换，分为绕本身轴转动和绕任意轴转动两种情况。

①基于本身的旋转轴（模型定义的中心及 $+z$ 方向确定）在某点进行旋转，建立转动 θ 角度后的坐标计算公式为：

$$\begin{bmatrix} x' \\ y' \\ z' \\ 1 \end{bmatrix} = \begin{bmatrix} \cos\theta & -\sin\theta & 0 & 0 \\ \sin\theta & \cos\theta & 0 & 0 \\ 0 & 0 & 1 & 0 \\ 0 & 0 & 0 & 1 \end{bmatrix} \times \begin{bmatrix} x \\ y \\ z \\ 1 \end{bmatrix}$$

当旋转和平移一起进行的时候，复合坐标计算公式为：

$$\begin{bmatrix} x' \\ y' \\ z' \\ 1 \end{bmatrix} = \begin{bmatrix} \cos\theta & -\sin\theta & 0 & T_x \\ \sin\theta & \cos\theta & 0 & T_y \\ 0 & 0 & 1 & T_z \\ 0 & 0 & 0 & 1 \end{bmatrix} \times \begin{bmatrix} x \\ y \\ z \\ 1 \end{bmatrix}$$

②模型沿着任意轴进行旋转，任意轴在不断地进行更新时，对模型的控制较为复杂，其中最典型的为工业机器人的运动。解决方法为对需要旋转的模型选取旋转中心为 $C_1(x_1, y_1, z_1)$ ，并在其旋转轴的正方向上再选取一点 $C_2(x_2, y_2, z_2)$ ，则旋转向量可表示为：

$$\boldsymbol{v} = (a,\ b,\ c) = ((x_1 - x_2),\ (y_1 - y_2),\ (z_1 - z_2))$$

基于该旋转中心 C_1 和旋转轴向量 $\boldsymbol{v}$，依据所需旋转角度 φ ，计算得出变换后的矩阵，其变换矩阵表达为：

$$\boldsymbol{R}(\varphi) = \begin{bmatrix} \cos\theta + a^2(1-\cos\varphi) & ab(1-\cos\varphi) - R_z\sin\varphi & ac(1-\cos\varphi) + b\sin\varphi & 0 \\ ab(1-\cos\varphi) + c\sin\varphi & \cos\varphi + b^2(1-\cos\varphi) & bc(1-\cos\varphi) - a\sin\varphi & 0 \\ ac(1-\cos\varphi) - b\sin\varphi & bc(1-\cos\varphi) + a\sin\varphi & \cos\varphi + c^2(1-\cos\varphi) & 0 \\ 0 & 0 & 0 & 1 \end{bmatrix}$$

通过以上分析，实现了模型的运动行为变换表达。空间中物体的姿态由矩阵乘法完成，需要注意的是，在计算矩阵乘法时，优先进行旋转，再进行位移操作，从而完成矩阵的变换组合。矩阵间以点乘的方式运算，对于任意向量（x,y,z），绕任意方向向量（$\boldsymbol{R}_x,\boldsymbol{R}_y,\boldsymbol{R}_z$）旋转 φ 角度，平移向量为（$\boldsymbol{T}_x$，$\boldsymbol{T}_y,\boldsymbol{T}_z$），其模型变换原理如图 3 - 23 所示。

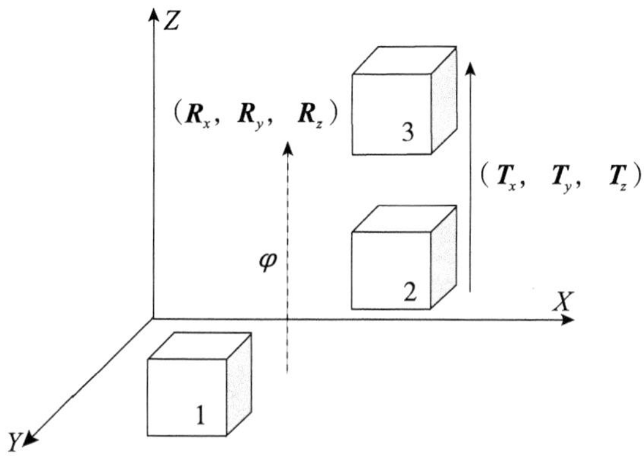

图 3 - 23 模型变换原理

（2）机床模型构建

图 3 - 24 所示为机床整体模型，图 3 - 25 所示为机床内部结构模型。机床的数字模型虚拟实体建立在 Visual Components 软件中，通过导入模型、坐标调整、行为和属性设定，实现对机床实体的映射关系。

图 3 - 24 机床整体模型

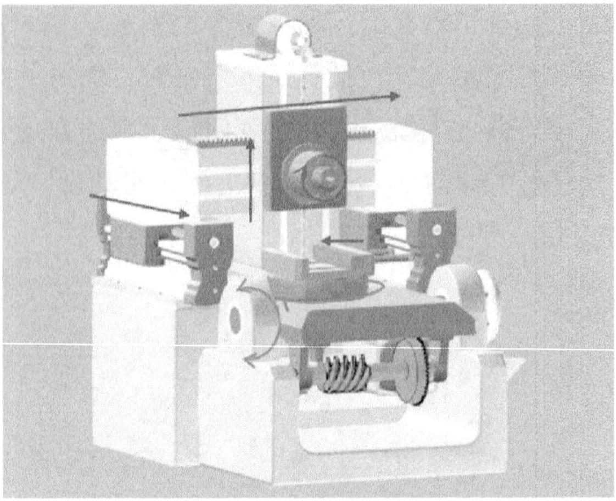

图 3-25 机床内部结构模型

(3) 部件与运动结构设定

机床的整体结构中包含了物料转运机构和安全门，机床的内部结构中包含主轴、旋转台和 *XYZ* 轴进给结构。模型属性包含机床的外形尺寸和加工时间属性，将其设置为正态分布形式。行为控制内容包含模型的统计状态和信号。机床需要对叶片进行系基准、铣叶型和切断基准三次加工任务，分别对应不同时间，通过设定信号建立转运设备和天轨式机器人的连接，判断将要到达的工件所需的加工时间。

2. 工业机器人建模

机器人的机械运动结构是由一系列的关节和连杆连接起来的，关节通常分为转动关节和移动关节。机器人的连杆和关节按照不同的坐标形式进行连接，可分为五种运动形式：直角坐标形式、圆柱坐标形式、球坐标形式、关节坐标形式及平面关节坐标形式。其坐标轴是指机械臂的三个自由度轴，并未包括手腕上的自由度。常用工业机器人的运动形式为机身的旋转运动、肩关节和肘关节的摆动及腕关节的俯仰和旋转运动。

在工业生产线中，常用的工业机器人大多为串联型的，而串联型机器人按照关节种类和运动结构的不同，通常分为关节型机器人、球坐标机器人、SCARA 型机器人、圆柱型机器人及笛卡儿型机器人。其中关节型机器人（机械臂）应用最广泛，其运动学建模大多采用 D-H 参数建模法，然后通过一系列连杆坐标系间的齐次变换实现运动学正解，通过雅各比矩阵实现机器人运动学逆解。多关节机器人的运动学行为涉及关节长度、角度、定位、耦合、配置和公差水平等因素。在对机器人机械运动结构精确构建的基础上，通过机器人手册设置其运动特性参数，配合软件内部的通用正反解算法完成其运动学建模。

图 3 –26 所示为上下料机器人模型，该机器人的末端执行器为三功能型，具有两个吸盘和一个气动手爪，可对不同特点的零件和产品进行抓取。为了实现执行器对零件的作用，建立信号与实体设备的信号匹配，并触发相应的动作，建立对应的信号处理脚本程序。

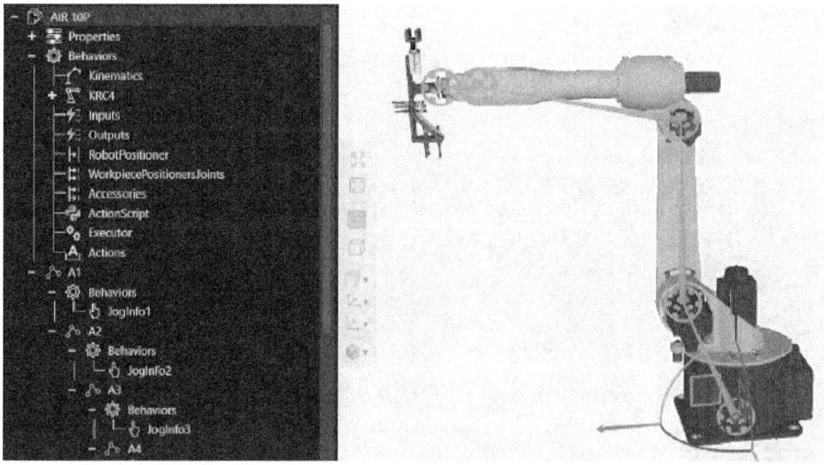

图 3 –26　上下料机器人模型

3. 三坐标测量机建模

三坐标测量机承担对叶片的叶型测量工作，对模型进行了属性设定和运动行为设定，并通过程序封装和信号接口，实现与其他设备的交互，图 3 –27 所示为三坐标测量机数字模型。

4. 机器人磨抛机建模

机器人磨抛机由机器人磨抛机工位主体和机器人组成，机器人及磨抛工具可以去除叶片表面毛刺并提高产品质量。图 3 –28 所示为机器人磨抛机数字模型。

最终构建叶片生产线数字孪生模型，如图 3 –29 所示。

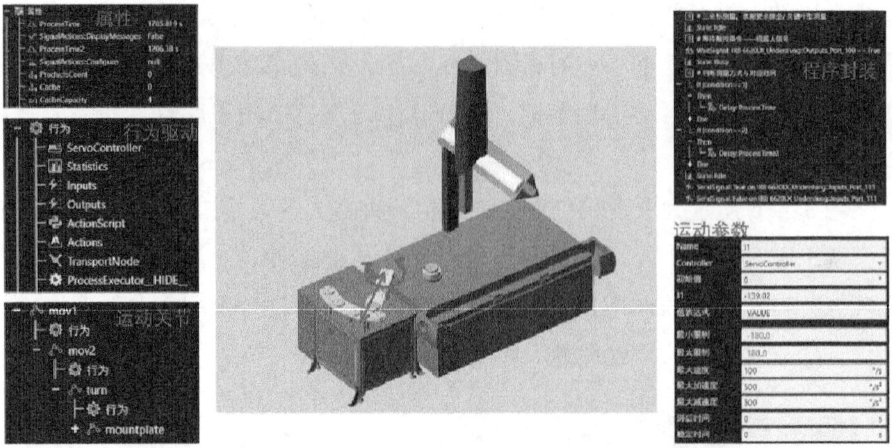

图 3－27 三坐标测量机数字模型

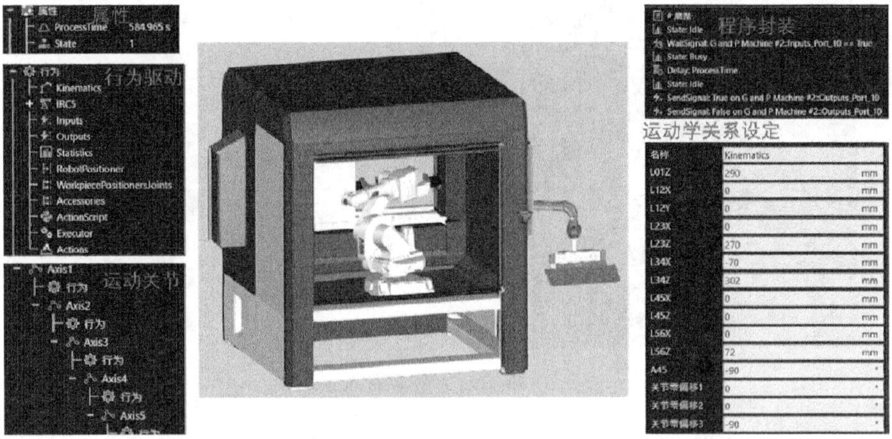

图 3－28 机器人磨抛机数字模型

3.7.2 叶片生产线仿真分析与优化

设定每班工作时长为 8 小时，设定三种班制，叶片生产线数字孪生模型仿真时长为 30 天，如图 3－30 所示。

叶片生产线数字孪生模型仿真分析发现生产线目前存在以下问题：

①各工位利用率普遍偏低。整条生产线主要由一台天轨式机器人实现工件在各个工位的转运，需要合理的多机调度策略，缩短设备等待时长。

②叶型的铣削和测量工位存在堵塞情况，属于瓶颈工位。这是由于各工

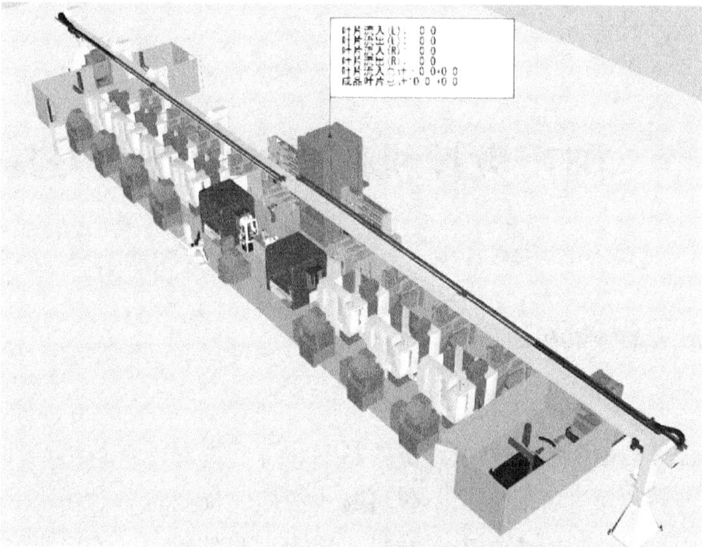

图 3 - 29　叶片生产线数字孪生模型

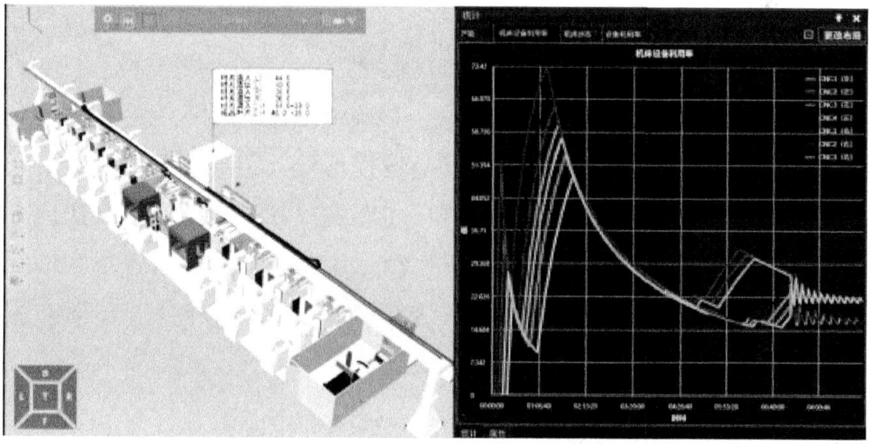

图 3 - 30　叶片生产线数字孪生模型仿真

位生产节拍不平衡，这两个工位的生产节拍明显长于其他工位。

要进行调度策略优化，制定优化方案，适应性调整孪生模型，验证优化方案的可行性，从而实现叶片生产线数字孪生模型的更新迭代。

第 4 章　国产数控机床组线设备及刀具选型

4.1　加工设备选择

加工设备是根据产品类型、生产纲领、工艺规程等参数来选择的。如果设备的类型和数量选择得当，不仅可减少投资，提高设备利用率，降低设备维护、运行费用，还对完善设备布局、简化在制品周转、缩短生产链等方面起着至关重要的作用。

设备选型指购置设备时，根据生产工艺要求和市场供应情况，按照技术上先进、经济上合理、生产上适用的原则，以及可行性、维修性、操作性和能源供应等要求，进行调查和分析比较，以确定设备的优化方案。

合理的设备选型可以使有限的资金发挥出最大的经济效益。设备选型首先应该考虑生产的适用性，只有这样才能发挥其投资效果；其次应考虑技术上的先进性，但技术先进必须以生产适用为前提，以获得最大的经济效益为目的；最后是把生产适用性、技术先进性与经济合理性统一起来考虑。

4.1.1　加工设备选择指标

(1) 工艺可能性

工艺可能性指加工设备在不同生产要求下实现加工工艺过程的能力。工艺可能性主要包括：加工设备可完成的工序种类；加工对象的类型和尺寸范围；能加工的材料和毛坯种类；切削用量的可能范围等。通常，在大批量生产中，因工序分散，可选用工艺可能性较窄的加工设备，如各种专机、组合机床等。在单件、小批量生产中，由于工序集中，一台加工设备要完成尽可能多的工序，宜选用通用机床或数控机床，且工艺可能性要选得宽一些，以适应加工对象多变的需要。

（2）加工精度和表面质量

加工精度指加工设备所能达到的尺寸精度、形状精度和位置精度，它受制于加工设备本身的几何精度、运动精度、刚度、抗震性、热稳定性、精度保持性和误差补偿策略等。设备加工精度过高或过低都是不可取的，我们需要的是经济加工精度，即加工设备在其正常使用条件下能经济合理地达到的加工精度。

表面质量主要指被加工工件表面几何学特性及表面层物理品质，要注意表面粗糙度等指标。表面质量除与加工设备本身的抗震性有关，还与影响切削稳定性的设备外因素有关，如所采用的切削用量、切削液、工件材料、刀具（磨具）的几何形状及材料特性等。若选择设备时仅注意设备本身而忽视上述设备外因素，其效果可能事倍功半。

一般来说，采用自动化程度高的加工设备，避免人为因素干扰，是保证加工精度和表面质量稳定性的有效途径。

（3）生产率

生产率通常用加工设备单位时间内所能加工的工件数量或所能切除的材料量来衡量。生产率主要取决于加工设备的切削时间、辅助时间及分摊到每个工件上的调整、准备和结束时间。通常，选择高速、大功率、高刚度的加工设备是提高生产率的有效保证。

（4）可靠性

可靠性指在规定的时间和条件下，加工设备保持其应有工作性能的能力。它主要与设备中关键零部件的精度保持性、耐磨性、耐用性、精度稳定性和抗干扰性有关，因此，要注意设备中一些关键零部件的选择，必要时可对欲购设备提出附加要求，对某些关键零部件的质量或材质做出规定。设备可靠性还与设备合理的使用期限及合理的精度储备有关。

（5）经济性

经济性指加工设备质量、功能、成本的合理配合。在满足功能要求的前提下，设备结构要尽可能简单，技术采用合理，并遵循加工设备的系列化、零部件的通用化和标准化等要求，这对降低设备设计、制造及日后的维修与改造成本很重要。另外，选择节能、环保、寿命长的设备也是相当经济的，这样可以有效降低其使用成本。

4.1.2　加工设备选择步骤

第一步：对被加工零件进行分类并初选加工设备，零件分类细化程度取决于生产类型，批量越大，分类（或分组）应越细。具体分类方法包括以下3种。

①按加工性质对零件进行分类，把加工性质相同或相似的零件分在同一类；

②将已分类零件按加工尺寸和重量分组，并注意区分毛坯材料种类，以便加工设备的合理使用及切屑的分类管理；

③将精度要求高的同类零件分在一组，以便合理使用精密加工设备来保证零件加工质量。

第二步：编制工艺路线，根据工艺规程和生产纲领对零件进行工艺分析，参考国内外同类零件的先进加工工艺，编制各零件加工工序及工艺路线。

第三步：选择设备及其数量，测算各设备工作节拍（或单机工时），通过平衡各设备的生产能力，估算出整个生产线中所需要的设备及其数量。

第四步：优化，包括加工工序的优化和设备选型的优化，优化问题主要可从以下两个方面着手。

①设备利用率，从设备等待时间、设备负荷率、设备功能是否冗余来分析。大批量生产因采用专机和流水线较多，设备平均负荷率为0.6~0.7；成批生产的设备负荷率为0.7~0.85；单件、小批生产因通用设备较多，负荷率为0.85以上。

②资金利用率，从设备投资的资金占用、财务成本、投资回收期等技术经济指标来分析。

最终选择整个系统的设备利用率和资金利用率都较高的方案。

4.1.3　加工设备选择算法

1. 基于粒度的生产线加工设备选型

为实现工艺布局，要考虑设备的工艺功能属性，假设设备序列为：$\boldsymbol{M}$ =

$(M_1, M_2, M_3, \cdots, M_n)_{1\times n}$ 。

零部件的加工序列为：

$$F = (F_1, F_2, F_3, \cdots, F_m)_{1\times m}{}^{\mathrm{T}}$$

列出设备与零部件几何特征加工的工艺方法关系的矩阵：

$$[\boldsymbol{F}\cdot\boldsymbol{M}] = \begin{array}{c} \\ F_1 \\ F_2 \\ \vdots \\ F_m \end{array}\begin{array}{c} \begin{array}{cccc} M_1 & M_2 & \cdots & M_n \end{array} \\ \begin{bmatrix} e_{11} & e_{12} & \cdots & e_{1n} \\ e_{21} & e_{22} & \cdots & e_{2n} \\ \vdots & \vdots & \ddots & \vdots \\ e_{m1} & e_{m2} & \cdots & e_{mn} \end{bmatrix}_{m\times n} \end{array}$$

其中，$e_{ij} = \begin{cases} 0, \text{设备不能实现该加工} \\ 1, \text{设备能实现该加工} \end{cases}$

根据关系矩阵可以得出一组与加工序列相对应的设备序列：

$$\boldsymbol{M}' = (M_1, M_2, \cdots, M_i, \cdots, M_g)_{1\times g}$$

$\boldsymbol{M}_i = (M_{i1}, M_{i2}, \cdots, M_{im})_{m\times 1}$ 表示满足工艺加工要求的一组设备。

针对不同的设备序列 $\boldsymbol{M}_i$，得到对应的设备分类序列 $\boldsymbol{P}'_i = (p_{i1}, p_{i2}, \cdots, p_{im})_{m\times 1}$ 和成本序列 $\boldsymbol{C}'_i = (c_{i1}, c_{i2}, \cdots, c_{im})_{m\times 1}$，$p_{ij}(0 \leqslant j \leqslant m)$ 的值为 0 和 1，分别代表设备为普通机床或精密机床。

利用 $\boldsymbol{P} = (P_1, P_2, \cdots, P_m)_{1\times m}$ 和 $\boldsymbol{C} = (C_1, C_2, \cdots, C_m)_{1\times m}$ 计算出 M' 中各设备序列所对应的机床分类和成本，其中 $P_i = \sum_{j=0}^{m} p_{ij}$，$C_i = \sum_{j=0}^{m} c_{ij}$。通过比较得出 $\max P$ 和 $\min C$ 所在的序列，选出满足尽量多的精密机床或者最小成本的设备序列，最终选出符合要求的一组机床。

在生产线设备选型的过程中，根据生产纲领确定生产设备的数量，具体方法如下：

计算年工作时间 $T = 251$（天）$\times 24$（小时）$\times 3600 = 21686400$（秒）

然后依据每一道工序所需要的时间计算该工序所需要的设备台数，在最终决定设备数量时，还应该参考工厂实际情况对设备数量进行调整，以期达到最合理的设备配置，提高生产效率和生产线的稳定性。

2. 基于 AHP（层次分析法）的生产线加工设备选型

构造设备选型层次分析决策模型，其中，决策模型共包括三个层次，分别为目标层、准则层和方案层，在准则层下的方案层还包括很多子指标，具体如表 4 – 1 所示。

表 4 – 1　设备选型层次分析决策模型

目标层	准则层	方案层
设备选型评价指标 A	经济指标 B_1	设备投资（万元）C_1；维修保养费用（万元）C_2；工具费用（元）C_3；设备台班费用（元）C_4；安装搬迁费用（元）C_5；付款方式 C_6
	技术指标 B_2	加工精度（μm）C_7；加工能力（XYZ 综合值）C_8；生产节拍（件/s）C_9；制造工艺 C_{10}；安全可靠性 C_{11}；环保节能性 C_{12}；维修性 C_{13}
	环境指标 B_3	能源利用率（%）C_{14}；废品排放（方）C_{15}；噪声污染（dB）C_{16}
	人机联合 B_4	设备安全性（高、低）C_{17}；劳动强度 C_{18}；舒适方便性 C_{19}；作业环境 C_{20}
	厂商信息 B_5	企业实力 C_{21}；售后服务 C_{22}；企业规模 C_{23}；运输方式及要求 C_{24}

（1）构造两两判断矩阵

构建好设备选型层次分析模型，结合企业设备需求的实际情况，运用 1 – 9 标度法对各指标的重要程度赋值，构建两两判断矩阵。

①建立准则层与目标层两两判断矩阵。

$$\boldsymbol{A}=\begin{bmatrix}1 & 1/2 & 7 & 5 & 9\\ 2 & 1 & 9 & 5 & 9\\ 1/7 & 1/9 & 1 & 1/3 & 5\\ 1/5 & 1/5 & 3 & 1 & 7\\ 1/9 & 1/9 & 1/5 & 1/7 & 1\end{bmatrix}$$

②建立目标层与方案层两两判断矩阵。

$$\boldsymbol{B}_1 = \begin{bmatrix} 1 & 3 & 3 & 5 & 7 & 9 \\ 1/3 & 1 & 1 & 2 & 4 & 7 \\ 1/3 & 1 & 1 & 3 & 5 & 8 \\ 1/5 & 1/2 & 1/3 & 1 & 2 & 5 \\ 1/7 & 1/4 & 1/5 & 1/2 & 1 & 4 \\ 1/9 & 1/7 & 1/8 & 1/5 & 1/4 & 1 \end{bmatrix}$$

$$\boldsymbol{B}_2 = \begin{bmatrix} 1 & 3 & 7 & 5 & 8 & 9 & 4 \\ 1/3 & 1 & 5 & 3 & 7 & 9 & 5 \\ 1/7 & 1/5 & 1 & 1/2 & 5 & 5 & 3 \\ 1/5 & 1/3 & 2 & 1 & 4 & 5 & 3 \\ 1/8 & 1/7 & 1/5 & 1/4 & 1 & 2 & 1/3 \\ 1/9 & 1/9 & 1/5 & 1/5 & 1/2 & 1 & 1/2 \\ 1/4 & 1/5 & 1/3 & 1/3 & 3 & 2 & 1 \end{bmatrix}$$

$$\boldsymbol{B}_3 = \begin{bmatrix} 1 & 3 & 5 \\ 1/3 & 1 & 3 \\ 1/5 & 1/3 & 1 \end{bmatrix}$$

$$\boldsymbol{B}_4 = \begin{bmatrix} 1 & 3 & 5 & 7 \\ 1/3 & 1 & 3 & 2 \\ 1/5 & 1/3 & 1 & 3 \\ 1/7 & 1/2 & 1/3 & 1 \end{bmatrix}$$

$$\boldsymbol{B}_5 = \begin{bmatrix} 1 & 2 & 5 & 3 \\ 1/2 & 1 & 4 & 3 \\ 1/5 & 1/4 & 1 & 1/2 \\ 1/3 & 1/3 & 2 & 1 \end{bmatrix}$$

（2）层次单排序与一致性检验

层次单排序实际是对同层之间联系因素进行权值计算，也可归结为计算每一个判断矩阵的最大特征根及对应特征向量，然后利用一致性指标、随机一致性指标和一致性比率对判断矩阵做一致性检验。

一致性检验与层次单排序步骤如下。

①计算判断矩阵的最大特征根 $\boldsymbol{\lambda}_{max}$。

②计算一致性指标 CI：

$$CI = \frac{\lambda_{\max} - k}{k - 1}$$

其中，k 为矩阵的维度，CI 值越大，表明判断矩阵偏离完全一致性的程度越大；CI 值越小（接近于0），表明判断矩阵的一致性越好。

③当判断矩阵具有完全一致性时，$CI=0$；当判断矩阵具有满意一致性时，须引入判断矩阵的平均随机一致性指标 RI 值，如表4－2所示。

表4－2　　平均随机一致性指标

n	1	2	3	4	5	6	7	8	9
RI	0	0	0.58	0.9	1.12	1.24	1.32	1.41	1.45

④计算一致性比率 CR。

其中，一致性比率 CR 等于一致性指标 CI 与平均随机一致性指标 RI 的比值。

⑤判断。当 $CR<0.10$ 时，判断矩阵具有满意的一致性，数据可以接受。否则说明数据不客观，需要调整判断矩阵并重新评价。

⑥计算判断矩阵每一行元素的乘积 M_i。

$$M_i = \prod_{j=1}^{n} a_{ij}$$

⑦计算 M_i的 n 次方根 $\overline{w}_i$ 。

$$\overline{w}_i = \sqrt[n]{M_i}$$

⑧对向量 $\boldsymbol{W}^{(k-1)} = (w_1^{(k-1)}, w_2^{(k-1)}, \cdots, w_m^{(k-1)})^{\mathrm{T}}$ 进行归一化处理。

$$w_i = \frac{\overline{w}_i}{\sum_{j=1}^{n} \overline{w}_j}$$

则 $\boldsymbol{w} = (w_1, w_2, \cdots, w_n)^{\mathrm{T}}$ 即为所求的特征向量。

⑨计算判断矩阵的最大特征根。

$$\lambda_{\max} = \sum_{j=1}^{n} \frac{(AW)_i}{nw_i}$$

其中，$(AW)_i$表示向量 $\boldsymbol{AW}$ 的第 i 个元素。

（3）层次单排序与一致性检验结果

①计算准则层对目标层的相对权重并进行一致性检验。

$$W=[B_1B_2B_3B_4B_5]=[0.3346\ 0.4643\ 0.0588\ 0.1175\ 0.0248]$$

$\lambda_{max}=5.4446$；$CI=0.1111$；$RI=1.12$；$CR=0.0992<0.10$。

②计算目标层对方案层 B_1 的相对权重并进行一致性检验。

$$W=[C_1C_2C_3C_4C_5C_6]=[0.4219\ 0.1826\ 0.2074\ 0.1088\ 0.0522\ 0.0241]$$

$\lambda_{max}=6.4436$；$CI=0.0887$；$RI=1.24$；$CR=0.0715<0.10$。

③计算目标层对方案层 B_2 的相对权重并进行一致性检验。

$$W=[C_7C_8C_9C_{10}C_{11}C_{12}C_{13}]=[0.4034\ 0.2645\ 0.0933\ 0.1244\ 0.0320\ 0.0255\ 0.0568]$$

$\lambda_{max}=7.5527$；$CI=0.0921$；$RI=1.32$；$CR=0.0698<0.10$。

④计算目标层对方案层 B_3 的相对权重并进行一致性检验。

$$W=[C_{14}C_{15}C_{16}]=[0.6370\ 0.2583\ 0.1047]$$

$\lambda_{max}=3.0385$；$CI=0.0193$；$RI=0.58$；$CR=0.0332<0.10$。

⑤计算目标层对方案层 B_4 的相对权重并进行一致性检验。

$$W=[C_{17}C_{18}C_{19}C_{20}]=[0.5872\ 0.2181\ 0.1217\ 0.0721]$$

$\lambda_{max}=4.2080$；$CI=0.0693$；$RI=0.90$；$CR=0.0770<0.10$。

⑥计算目标层对方案层 B_5 的相对权重并进行一致性检验。

$$W=[C_{21}C_{22}C_{23}C_{24}]=[0.4690\ 0.3137\ 0.0797\ 0.1376]$$

$\lambda_{max}=4.0566$；$CI=0.0189$；$RI=0.90$；$CR=0.0210<0.10$。

（4）层次总排序及一致性检验

总排序是利用同层因素单排序的结果，自上而下逐层计算各因素对目标层的相对权重。假定已算出第 $k-1$ 层 m 个元素相对于总目标的权重为：

$$\boldsymbol{W}^{(k-1)}=[w_1^{(k-1)},w_2^{(k-1)},\cdots,w_m^{(k-1)}]^{\mathrm{T}}$$

第 k 层 n 个元素对于上一层第 j 个元素的单排序权重为：

$$\boldsymbol{P}_j^k=[p_{1j}^k,p_{2j}^k,\cdots,p_{nj}^k]^{\mathrm{T}}$$

其中，不受 j 支配的元素的权重为零。令 $\boldsymbol{P}^k=[p_1^k,p_2^k,\cdots,p_n^k]$ 表示第 k 层元素对第 $k-1$ 层个元素的排序，则第 k 层元素对于总目标的总排序为：

$$\boldsymbol{W}^{(k)}=[w_1^{(k)},w_2^{(k)},\cdots,w_n^{(k)}]^{\mathrm{T}}=\boldsymbol{P}^k\boldsymbol{W}^{(k-1)}$$

层次总排序进行一致性检验也是从高到低。设 P 层中的某因素对 C_j 的单排序的一致性指标为 CI，平均随机一致性指标是 RI，则 P 层总排序一致性比率为：

$$CR = \frac{\sum_{i=1}^{m} a_i CI_i}{\sum_{j=1}^{m} a_j RI_j}$$

其中，a_j是 $\boldsymbol{W}$ 的第 j 个分量。

计算方案层对目标层的相对权重并进行一致性检验：

$\boldsymbol{W}$ = [$C_1\ C_2\ C_3\ C_4\ C_5\ C_6\ C_7\ C_8\ C_9\ C_{10}\ C_{11}\ C_{12}\ C_{13}\ C_{14}\ C_{15}\ C_{16}\ C_{17}\ C_{18}\ C_{19}\ C_{20}\ C_{21}\ C_{22}\ C_{23}\ C_{24}$] = [0.1873 0.1228 0.0433 0.0578 0.0149 0.0118 0.0263 0.1411 0.0610 0.0694 0.0364 0.0184 0.0081 0.0375 0.0152 0.0063 0.0690 0.0256 0.0143 0.0085 0.0116 0.0078 0.0019 0.0034]

总排序的一致性检验结果：

CI = 0.0822；RI = 1.190；CR = 0.0691 < 0.10。

由于 CR < 0.10，认为层次总排序结果具有满意的一致性，层次总排序的结果可以接受。

（5）决策

通过建立层次模型，企业可以选择符合需要的评价目标，根据层次分析法的分析结果，得到企业最需要的评价目标，为设备选型提供定量的依据。评价结果中，准则层中的技术指标和经济指标占有较大权重，将是企业考虑的重要因素。方案层中，设备投资、加工精度及加工能力的权重比较大，是企业设备选型时最关心的目标。结果应符合大多数企业的实际需要，根据决策结论即可选择工厂所需设备。

4.1.4 国产数控机床的选择规范

设备选型属于复杂的多目标综合决策问题，涉及产品的工艺过程、产品精度、生产线节拍和预算等多项因素。按照生产线的要求，首先应该根据工艺路线选择能满足加工工艺的设备，其次选择能满足精度要求、加工效率、可靠性、与物流设备相匹配、能满足成本要求、能满足能耗低、能满足安全环保及能满足人机要求的设备。国产数控机床的选择流程如图 4-1 所示。

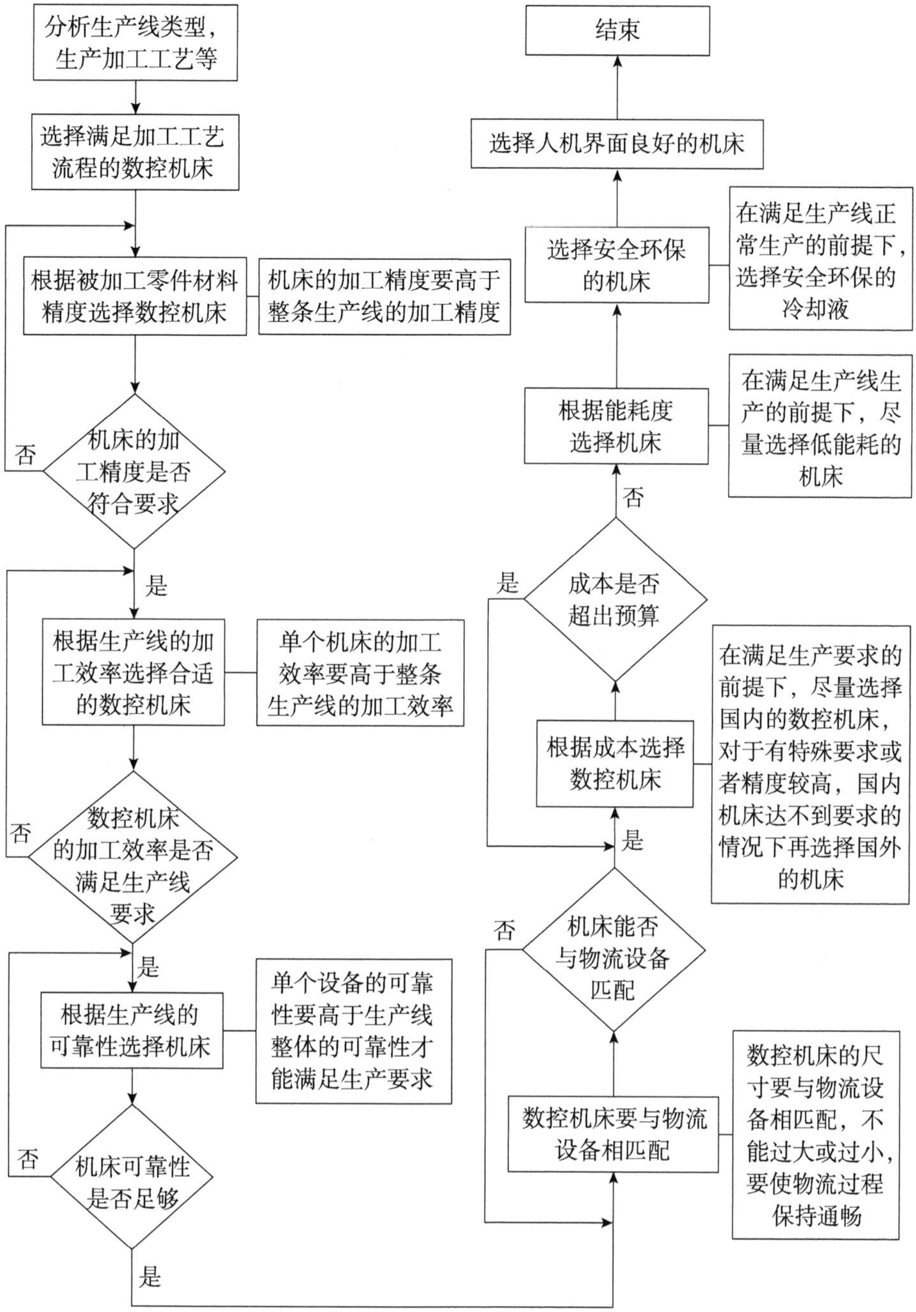

图 4－1　国产数控机床的选择流程

4.2 刀具的选择

4.2.1 数控加工刀具的分类

数控加工刀具主要包括数控车床、数控铣床、加工中心等机床上所使用刀具，具体如表 4－3 所示。

表 4－3　数控加工刀具的分类

<table>
<tr><td rowspan="20">数控加工刀具</td><td rowspan="14">机夹可转位刀具</td><td rowspan="5">铣刀</td><td>面铣刀（刀片立装、平装）</td></tr>
<tr><td>立铣刀（球头、平头、圆鼻）</td></tr>
<tr><td>角度铣刀（30°、45°、60°等）</td></tr>
<tr><td>成形铣刀（曲面、组合面、螺纹）</td></tr>
<tr><td>三面刃铣刀</td></tr>
<tr><td rowspan="5">孔加工刀具</td><td>镗刀（单刃、双刃）</td></tr>
<tr><td>钻头（深、浅孔；内、外冷却；内、外排屑）</td></tr>
<tr><td>铰刀（单刃、多刃；深、浅孔；内、外冷却）</td></tr>
<tr><td>扩孔刀具</td></tr>
<tr><td>复合（组合）孔加工刀具</td></tr>
<tr><td colspan="2">车刀（粗、精；内、外圆；球面；螺纹；成形；仿形）</td></tr>
<tr><td colspan="2">拉刀（内、外表面；平面；组合式成形）</td></tr>
<tr><td colspan="2">滚（挤）压刀具</td></tr>
<tr><td colspan="2">工具联结模块、接柄（HSK；TMG28；BTS）</td></tr>
<tr><td rowspan="6">整体刀具</td><td rowspan="6">硬质合金</td><td>镗刀；丝锥</td></tr>
<tr><td>钻头（深、浅孔；内、外冷却；阶梯）</td></tr>
<tr><td>立铣刀（球头立铣刀、过中心刃键槽）</td></tr>
<tr><td>铰刀（单刃、多刃；深、浅孔；内、外冷却）</td></tr>
<tr><td>三面刃铣刀（整体、焊接）</td></tr>
<tr><td>复合（组合）孔加工刀具、挤压刀具</td></tr>
</table>

续　表

<table>
<tr><td rowspan="13">数控加工刀具</td><td rowspan="6">整体刀具</td><td rowspan="6">高速钢</td><td>钻头（深、浅孔；内、外冷却；阶梯）</td></tr>
<tr><td>立铣刀（球头立铣刀、过中心刃键槽）</td></tr>
<tr><td>三面刃铣刀</td></tr>
<tr><td>铰刀（单刃、多刃；深、浅孔；内、外冷却）</td></tr>
<tr><td>丝锥；扳牙滚（挤）压刀具</td></tr>
<tr><td>滚、插齿轮刀具；拉削刀具</td></tr>
<tr><td rowspan="7">超硬材料刀具</td><td colspan="2">单晶金刚石车刀（天然、人造）</td></tr>
<tr><td colspan="2">聚晶金刚石车刀、铰刀、铣刀（成形、平面、三面刃）</td></tr>
<tr><td colspan="2">聚晶立方氮化硼车刀、铰刀、铣刀（平面、三面刃）</td></tr>
<tr><td colspan="2">陶瓷（氧化铝、氮化硅）车刀、铣刀（机夹可转位）</td></tr>
<tr><td colspan="2">金属陶瓷车刀；铣刀（机夹铣刀、整体立铣刀）</td></tr>
<tr><td colspan="2">CVD 刀具；PCVD 刀具（机夹硬质合金、高速钢刀具）</td></tr>
<tr><td colspan="2">PVD 刀具（机夹硬质合金、金属陶瓷刀片、整体硬质合金、高速钢刀具、复合孔加工刀具）</td></tr>
</table>

4.2.2　数控加工对刀具的要求

为满足数控机床加工精度高、加工效率高、加工工序集中及工件装夹次数少的要求，对数控机床所用的刀具还有许多要求，具体包括以下几项。

①需要对刀片、刀具几何参数和切削参数进行规范。

②遵循刀片或刀具材料以及切削参数与被加工工件的材料之间匹配的选用原则。

③要合理确定刀片与刀具的耐用度及其经济寿命指标。

④对刀片或刀柄定位基准进行优化设计。

⑤明确刀片与刀柄对机床主轴的相对位置要求。

⑥刀柄应具备足够的强度、刚性及耐磨性。

⑦刀柄应易于转位、装拆，并具有较高的重复精度。

⑧精确规定刀片与刀柄切入位置和方向。

⑨实现刀片与刀柄高度的通用化、规则化、系列化。

4.2.3 数控刀具的失效形式

在数控加工过程中，刀具磨损到一定程度，崩刃、卷刃（塑变）或磨损等时，刀具即丧失了其加工功能而无法保证零件的加工质量，此种现象称为刀具失效。刀具失效的主要形式及其产生的原因有以下几方面。

①后刀面磨损指由机械交变应力引起的刀具后刀面的磨损。

②主切削刃边界磨损常发生在刀具与工件的接触面。

③前刀面磨损是由发生在刀具的前刀面上的摩擦和发热区域的扩散导致的。

④塑性变形指刀具的切削刃在高温或应力作用下产生的变形。

⑤积屑瘤指工件材料在刀具上的黏附物质。

⑥刃口剥落指切削刃上出现一些很小的缺口和非均匀的磨损，主要由断续切削、切屑排除不畅等原因造成，应该在加工时降低进给速度，选择韧性好的刀具材料和切削刃强度高的刀片来避免刃口剥落现象的发生。

⑦崩刃会损坏刀具和工件，主要是由于刀具刀刃口的过度磨损和较高的加工应力，也可能是由于刀具材料过硬、切削刃强度不足以及进给量太大等。

⑧热裂纹是由于断续切削时的温度变化而产生的垂直于切削刃的断裂。

4.2.4 数控加工刀具的几何参数

俗话说“工欲善其事，必先利其器”，作为直接参与切削工件的刀具，其几何参数的合理选择对切削效率、加工质量、加工成本及刀具寿命等有重要影响。在机械技术人员长期的生产实践中，总结出这样一个结论：若刀具结构和几何参数能够合理改善，刀具寿命将成倍提高。这也说明了刀具几何参数合理选择的重要意义。

4.2.4.1 刀具几何参数包含的内容

（1）主副切削刃

主副切削刃的形状有直线刃、折线刃、圆弧刃、波形刃等。切削刃的形状会影响工件切削层横断面的形状、面积及刀具切削刃上各点的角度，从而对切削加工产生影响，近几年切削刃形发展的主要特点是提高刀尖处的强度、减少切削加工负荷、提高刀具的抗震能力、有效加强刀具热量传散等以保护刀具。

（2）刃口形式

刃口形式主要有锋刃、负倒棱及消振棱等。锋刃应用较多，负倒棱是在刀具前刀面开设倒棱面，消振棱是在刀具后刀面开设倒棱面，选择时要注意负倒棱与消振棱各自的作用及区别。

（3）刀具几何角度

刀具的几何角度有前角、后角、主偏角、刃倾角、副切削刃的副后角及副偏角等。

完整的刀具形状及结构是由刀具几何参数决定的，各参数间相互依赖、相互制约，无视它们的内在联系而孤立地选择某一参数将无法满足加工的需求。因此，刀具合理的几何参数指在一定的切削条件下，在保证工件加工质量和精度的前提下，能满足刀具正常磨损而不破损、刀具寿命长、效率高、成本低的刀具几何参数。本书介绍刀具几何角度及刀尖修磨形状的合理选择。

4.2.4.2　合理选择刀具几何参数时应注意的事项

（1）切削条件

选择刀具几何参数时，要考虑机床、夹具、刀具及工件组成的机械加工工艺系统刚性及功率、切削用量等。通常，工艺系统刚性较差时，应选较大的前角和主偏角，以降低切削力，防止工件受冲击。

（2）工件的具体条件

工件的具体条件指工件毛坯的制造方法，工件精度和质量的技术要求，工件的切削加工性及其耐热性、硬度等基本物理力学性能。只有掌握工件的具体条件才能结合实际具体分析，从而选择出合理的参数。

4.2.4.3　刀具几何角度的选择

刀具几何角度的选择对切削过程能否顺利实施起决定性作用。其中，主偏角、前角、后角和刃倾角对切削过程的影响较突出，科学合理地选择刀具几何角度是刀具几何参数合理选择的主要内容。

（1）主偏角

主偏角的主要功能有以下几点。

①主偏角是影响刀具使用寿命的主要角度。在进给量与背吃刀量（即切削深度）不变时，若主偏角增大，则切削层公称厚度增大，单位长度切削刃所承受的负荷增大，刀具使用寿命降低；同时，因切削层公称宽度减小，切削层呈厚而窄的形状，切屑易断屑。

②主偏角影响背向力。若主偏角减小，则背向力增大，同时工件与刀具的摩擦加剧，影响工件的加工质量，加大工件变形挠度，工艺系统易振动。选择合理的主偏角应遵循以下原则。

第一，按被加工表面的精度和质量要求考虑主偏角大小。若工艺系统刚性比较好，不易变形和振动，可取较小的主偏角以提高加工精度和质量。

第二，按工件材料的要求考虑主偏角大小。加工很硬的材料时，如冷硬铸铁和淬硬钢，应取较小的主偏角。

第三，按加工条件考虑主偏角大小。若加工中间切入的工件，应取较大的主偏角，一般为45°~60°；若加工台阶时，主偏角应取90°；若加工细长轴，加工条件差、加工刚性弱时，则应取较大的主偏角，一般大于90°。

（2）前角

增大前角，可降低切削力、切削热和功率，提高刀具使用寿命，有效抑制积屑瘤的产生，改善表面质量及加工精度。另外，增大前角会削弱刀具的强度，不利于切削热的传散。选择合理的前角应遵循以下原则。

①根据工件条件选择工件的硬度，强度高或断续切削时，为保证刀具强度，前角取小值；反之取大值。

②根据加工性质选择。粗加工时应取小前角以保证刀具的强度；精加工时，应取大前角以保证工件的加工质量。

③加工塑性材料时，为降低切削力，应取大的前角；加工脆性材料时，选取小的前角。

（3）后角

增大后角，可减少刀具后刀面与工件加工表面间的摩擦，降低切削力和温度，改善加工质量；但增大后角时，刀具的散热体积减小，刀头强度削弱。

选择合理的后角应遵循以下原则。

①工艺系统刚性差时，后角取小值。

②须优先考虑加工质量时，后角取大值，以减少摩擦。

（4）刃倾角

刃倾角的主要功能有以下几点。

①影响切屑流向：取正刃倾角时，切屑流向工件的待加工表面，防止缠绕和划伤已加工表面，精加工时常取正刃倾角。

②影响切削力：取负刃倾角时，可增大切削力，工艺系统刚性不足时应避免采用负刃倾角。

③影响刀头强度：取负刃倾角时，刀具与工件最先接触点不是刀尖而是刀尖的反方向，可保护刀刃，改善散热条件。

④影响切削变形：刃倾角绝对值增大，实际前角变大，则切削变形小，切削轻快。

选择刃倾角时，主要根据加工性质来选择。粗加工时，加工用量大、切削力较大，刀具承受的冲击大，为保证刀具强度，刃倾角应取负值，通常取 $-5° \sim 0°$。精加工时，为防止缠绕和划伤已加工表面，刃倾角应取正值，通常取 $0° \sim 5°$。

4.2.4.4　刀尖的修磨形状

刀尖指刀具主、副切削刃交汇处的刀刃。所有刀具刀尖的强度都是最弱，在切削负荷和切削力的作用下刀尖处最易磨损，因此对刀尖进行修磨可改善其工作条件，提高刀尖强度和刀具使用寿命，减少刀具磨损，有利于切削热的传散，提高加工精度和进给量。

刀尖常采用两种形式：圆弧形刀尖和倒角形刀尖。

①圆弧形刀尖：多用在半精加工与精加工中。刀尖圆弧半径越大，刀尖强度越强，工件表面加工精度越高，但同时背向力增大且易振动，因此刀尖圆弧半径的增大应有一定的限度。

②倒角形刀尖：多用在面铣刀、切断刀及钻头等多刃刀具上。若多刃刀具采用圆弧形刀尖，刃磨复杂且很难刃磨得均匀对称。

4.2.5 刀具安装位置对刀具几何角度的影响

刀具安装较理想的位置是刀尖与工件的中心等高，且与进给运动方向垂直。在安装刀具时，可根据实际需要适当调整工作主偏角和负偏角数值，以利于切削加工。若需要减小进给抗力，可增大主偏角；若需要减小加工表面粗糙度值，可减小负偏角。实际上，这两种作用在外圆车削中是一致的。

4.2.6 数控加工中切削用量的选择原则

切削用量的确定是数控加工工艺中的重要内容，它不仅影响数控机床的加工效率，而且直接影响加工质量。切削用量包括切削速度、主轴转速、背吃刀量、进给量和切削宽度。切削用量的大小对切削力、切削功率、刀具磨损、加工质量和加工成本均有显著影响。数控加工过程中，合理的切削用量可以在保证加工质量和刀具耐用度的前提下，充分发挥机床性能和刀具切削性能，使切削效率最高，加工成本最低。

4.2.6.1 背吃刀量 a_p（mm）的选择

背吃刀量 a_p根据加工余量确定。在机床、工件和刀具刚度允许的情况下，a_p就等于加工余量，这是提高生产率的一个有效措施。为了保证零件的加工精度和表面粗糙度，一般应留一定的余量进行精加工。数控机床的精加工余量可略小于普通机床，具体选择方法如表 4－4 所示。

表 4－4　不同加工情况下背吃刀量的选择

加工类别	背吃刀量 a_p（mm）的选择
粗加工 Ra（10～80mm）	一次进给应尽可能切除全部余量
中等功率机床	背吃刀量为 8～10mm
半精加工 Ra（1.25～10mm）	背吃刀量为 0.25～2mm
精加工 Ra（0.32～1.25mm）	背吃刀量 0.2～0.4mm

4.2.6.2 切削宽度（L）

一般 L 与刀具直径 d 成正比，与切削深度成反比。经济型数控加工中，

一般 L 的取值范围为：$L=（0.6\sim0.9）d$。

4.2.6.3　进给量 f 的选择

进给量（进给速度）是数控机床切削用量中的重要参数，根据零件的表面粗糙度、加工精度要求、刀具及工件材料等因素，参考切削用量手册选取。对于多齿刀具，其进给速度 f、刀具转速 n、刀具齿数 z 及每齿进给量 f_z 的关系为：$f=f_z zn$，单位为 mm/min 或 mm/r。

粗加工时，由于对工件表面质量没有太高的要求，这时主要考虑机床进给机构、刀杆的强度和刚性等限制因素，可根据加工材料、刀杆尺寸、工件直径及已确定的背吃刀量来选择进给量。在半精加工和精加工时，则按表面粗糙度要求，根据工件材料、刀尖圆弧半径、切削速度来选择进给量。

4.2.6.4　切削速度（v_c）的选择

根据已经选定的背吃刀量、进给量及刀具耐用度选择切削速度。可用经验公式计算，也可根据生产实践经验在机床说明书允许的切削速度范围内查表选取或者参考有关切削用量手册选用。

4.2.6.5　主轴转速（n）

主轴转速一般根据切削速度 v_c 来选定，计算公式为：$n=1000v_c/\pi d$

式中，d 为工件或刀具直径，mm。

数控机床的控制面板上一般备有主轴转速修调（倍率）开关，可在加工过程中对主轴转速进行整倍数调整。

4.2.7　数控加工刀具的选择方法

刀具的选择是在数控机械加工过程中人机交互状态下进行的。编程人员应根据机床的加工能力、工件材料的性能、加工工序、切削用量及其他相关因素正确选用刀具和刀柄。刀具选择的总原则是安装和调整方便、刚性好、耐用度和精度高，在满足加工要求的前提下尽量选择较短的刀柄，以提高加工系统的刚性。

4.2.7.1 刀片的选择

车削系统刀具和普通数控车刀的选择主要是可转位刀片的选择。根据被加工零件的材料、表面粗糙度要求和加工余量等条件，选择刀片的类型。此处主要介绍车削加工中刀片的选择方法，其他切削加工的刀片可做参考。

①刀片材料选择：刀片材料主要由被加工工件的材料、被加工表面的精度要求、切削载荷的大小以及切削加工过程中有无冲击和振动等条件决定。

②刀片尺寸选择：刀片尺寸取决于有效切削刃的长度，有效切削刃长度与背吃刀量和主偏角有关。

③刀片形状选择：刀片形状主要依据被加工工件的表面形状、切削方法、刀具寿命和刀片的转位次数等因素来选择，如表 4－5 所示。

表 4－5　　刀片形状选择

用途		刀片
台阶轴、台阶孔、台阶端面	当前广泛应用	80°菱形（C）
	中小负荷首选	凸三角形（W）
光轴、光孔、平面	负荷较大	正方形（S）
	小负荷、小孔隙	正三角形（T）
有沟槽倒锥等复杂型面及背隙	角度变化大、负荷小	35°菱形（V）
	角度变化小、负荷大	55°菱形（D）
曲面、车削仿形、越程槽及断续表面		圆形（R）

④刀片刀尖半径的选择：刀尖圆弧半径直接影响刀尖的强度和被加工零件的表面粗糙度。刀尖圆弧半径越大，表面粗糙度的值越大，切削力越大且易产生振动，切削性能下降，但刀刃强度增加，刀具前后刀面的磨损减少。

选择的总体原则为：在切削深度较小的精加工、细长轴加工或机床刚度较差的情况下，刀尖圆弧半径应小些；在需要刀刃强度高、零件直径大的粗加工中，刀尖圆弧半径应大些。

4.2.7.2 刀杆尺寸选择

（1）刀杆基本尺寸包括刀杆长度及宽度、刀尖高度，就标准系统尺寸内，刀杆长度、宽度及刀尖高度间均为一一对应的关系。刀杆尺寸应该与机床匹配，且刀尖高度应该在刀夹及刀垫的协助下与机床匹配。

（2）刀杆长度的确定依据应为夹持悬伸量及长度。就外圆刀杆而言，通常情况下，其悬伸量应为 1.5 倍刀尖高度。此外，刀具加工位置及孔深应以内孔刀悬伸量为参考依据。

4.2.7.3　刀柄的选择

在加工中心中，各种刀具分别装在刀库上，按程序规定随时进行选刀和换刀动作。因此必须采用标准刀柄，以便使钻、镗、扩、铣、削等工序用的标准刀具，迅速、准确地装到机床主轴或刀库上。编程人员应了解机床上所用刀柄的结构尺寸、调整方法及调整范围，以便在编程时确定刀具的径向和轴向尺寸。目前我国的加工中心采用 TSG 工具系统，其刀柄有直柄（3 种规格）、锥柄（4 种规格）及其他 16 种不同用途的刀柄。常用的三种刀柄（BT、KM、HSK）的基本结构形式如表 4－6 所示。常用的三种刀柄的基本结构形式如图 4－2 所示。

表 4－6　　常用的三种刀柄的基本结构形式

	BT	KM	HSK
结合部位	锥面	锥面＋端面	锥面＋端面
传力零件	弹性套筒	钢珠	弹性套筒
典型规格	BT40	KM6350	HSK63B
锥面基准直径（mm）	ϕ44.45	ϕ40	ϕ38
法兰直径（mm）	ϕ63		
柄部形状	实心	空心	
	对称		
牵引力（kN）	12.5	11.2	3.5
紧固力（kN）	12.1	33.5	10.5
理论过盈量	—	10～25	3～10
柄部锥度	7/24	1/10	1/10

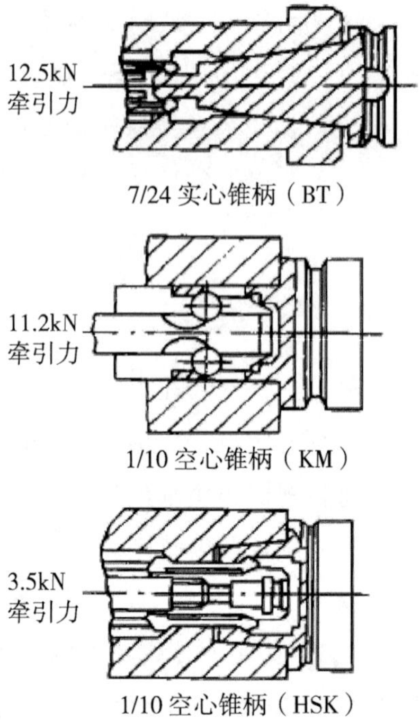

图 4－2　常用的三种刀柄的基本结构形式

4.2.7.4　加工中心刀库中刀具的数量要求

从国内外统计数据来看（见表 4－7），立式加工中心选用约 20 把刀具容量的刀库，卧式加工中心选用约 40 把刀具容量的刀库较为适宜，基本功能满足工作要求。

表 4－7　　刀库库存刀具数量

刀具数量（把）	<10	<20	<30	<40	<50
加工工件所占百分比（%）	18	50	17	10	5

4.2.7.5　合理安排刀具的排列顺序

在经济型数控机床的加工过程中，由于刀具的刃磨、测量和更换多为人工手动进行，占用辅助时间较长，因此，必须合理安排刀具的排列顺序。一般应遵循以下原则：

①尽量减少刀具数量。

②一把刀具装夹后，应能完成其进行的所有加工步骤。

③粗精加工的刀具应分开使用。

④先铣后钻。

⑤先进行曲面精加工，后进行二维轮廓精加工。

⑥应尽可能利用数控机床的自动换刀功能，以提高生产效率。

4.2.7.6　刀具选择应考虑的主要因素

①被加工工件的材料、性能：是金属还是非金属，其强度、刚度、塑性、韧性及耐磨性能等。

②加工工艺的类别：如车削、钻削、铣削、磨削等。

③加工阶段：如粗加工、半精加工、精加工和超精加工等。

④加工的几何形状、加工余量、零件的技术指标。

⑤刀具能承受的切削用量。

4.2.7.7　数控加工刀具的选择

在数控加工中，由于铣床、加工中心类机床工艺能力强大，刀具种类繁多，因此铣刀类型的选择非常重要。常用的铣刀有：平底立铣刀、端铣刀、球头刀、环形刀、鼓形刀和锥形刀等，功能也各不相同。选取铣刀时，要求刀具的尺寸与待加工工件的尺寸和形状相适应，在铣刀选择时应注意以下几点。

①毛坯面加工。为防止因毛坯表面硬化和夹沙现象而引起刀具快速磨损，应选用合适的硬质合金刀具进行铁削加工，以提高生产效率。

②平面加工。铣削平面时，常采用镶装可转位硬质合金刀片的面铣刀和立铣刀。精铣时，若加工表面材质不均匀，可选择直径较小的铣刀，以减小切削扭矩；反之，当加工余量允许且需兼顾效率与精度时，宜采用直径较大的铣刀，最好能包容加工面的宽度。加工余量较小且表面质量要求较高时，可采用立方氮化硼刀片的面铣刀。

③平面零件周边的轮廓加工常采用立铣刀，铣刀半径应小于工件轮廓的最小凹圆弧半径，以免造成铣不净的“死角”。

④凸台或凹槽的加工。只有凹槽时，通常采用键槽铣刀，精度要求较高

的凹槽、内表面可使用直径比槽宽略小的键槽铣刀，先铣削槽的中间部分，再采用刀具补偿（如 G41、G42）功能，铣削槽的两侧。

⑤特殊成型面的加工。对于一些批量生产的特定工件或加工内容，为提高生产效率，可制造成型铣刀，如圆弧面、内凹槽、特形孔或台阶。根据不同的结构形状选用不同的铣刀工具，如图 4 - 3 所示。

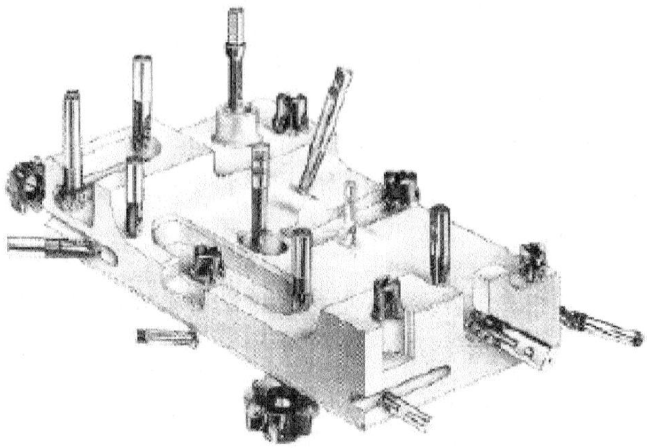

图 4 - 3　根据不同的结构形状选用不同的铣刀工具

进行刀具选择时，需要对刀具的尺寸以及加工工件表面尺寸进行筛选。进行生产时，用立铣刀对平面零件的周围轮廓进行加工；用合金刀片铣刀对平面进行加工；凹台和凹槽则是用速钢立铣刀进行加工；使用合金刀片的玉米铣刀对毛坯表面进行加工；立体型面及变斜角轮廓需要采用球头铣刀、环形铣刀等进行加工。

球头刀具一般是在曲面加工时使用，在进行自由曲面加工时，可以借助球头刀具顶部的零切削速度确保加工的精度。平头刀具具有较好的切割质量和效率，所以在曲面的粗加工和精加工中，使用平头刀是比较好的选择。此外，刀具价值影响着刀具的耐用度和精度，通常价格昂贵的刀具，其成本也比较高，加工质量比较好，可以提升加工效率和质量，间接地降低了成本。

不同的加工阶段应使用不同的刀具。

在粗加工时，主要是进行去除余量的工作，所以要求刀具的刚性、精度比较高。半精加工和精加工时，以保证质量为前提，所以要求刀具的精度较高。粗加工使用低精度刀具，精加工使用高精度刀具。如果粗加工和精加工都选择同样的刀具，则可以将精加工使用后淘汰的刀具用于粗加工，粗加工对精度要求不高，精加工的刀具在使用后会有一定的磨损，精度有所降低，这样一来就能够减少加工成本。

选择刀具时要依照其寿命进行挑选，主要应考虑以下几个方面。

a. 考虑成本、刀具复杂度、工艺需求。

b. 高精度和复杂的刀具寿命应该高于单刃刀具。

c. 机夹刀具的寿命可以选择较短的，以确保生产效率。

d. 对于装刀、换刀、调刀比较复杂的多刀机床、组合机床等，刀具寿命应选择较长的，尤其要保证刀具的可靠性。

e. 对于大件的精加工，要尽量减少加工途中换刀的情况，选择刀具的寿命时要考虑零件精度和表面粗糙度。

数控机床对刀具的主要要求。首先，刀具具有良好的切削性，可以适应高速切削及大荷载切削，刀具性能好。其次，刀具的精度高，可以准确地进行重复定位，刀具的刀形精度高。再次，刀具种类要多，规格齐全，以适应不同的加工要求，满足生产需求。最后，工具系统要完善，才能进行多种零件的生产。

根据被加工对象材料选择刀具品牌。根据被加工对象的材料，选择何种品牌（材质与涂层）的刀具是刀具选型的第一步，也是刀具选型最关键的一步，刀具的品牌选择合理，刀具的实用性就会强，切削效率就会得到充分体现。表 4－8 是某企业针对零件材料所制定的刀具品牌（或材料）选型规范。

表 4－8　某企业针对零件材料所制定的刀具品牌（或材料）选型规范

序号	被切削材料	材料种类	加工方法	选用刀具材料（或品牌）
1	难加工材料	高温合金（CH1131、GH202、GH4169）、钛合金（TC4、TA7）、不锈钢（1Cr18Ni9Ti、2Cr13）、合金钢（30CrMnSiA）、钼、钨渗铜、玻璃钢	可转位刀面铣	国产硬质合金刀片（YW1、YT15、YG8、）
			立铣刀加工	国产硬质合金刀片（YW1、YT15、YG8、）、进口刀具（中超、瓦尔特）、高速钢刀具（W6Mo5CrV2A1、W7Mo5CrVA1）

续 表

<table>
<tr><th>序号</th><th>被切削材料</th><th>材料种类</th><th>加工方法</th><th>选用刀具材料（或品牌）</th></tr>
<tr><td rowspan="4">1</td><td rowspan="4">难加工材料</td><td rowspan="4">高温合金（CH1131、GH202、GH4169）、钛合金（TC4、TA7）、不锈钢（1Cr18Ni9Ti、2Cr13）、合金钢（30CrMnSiA）、钼、钨渗铜、玻璃钢</td><td>车加工内外圆</td><td>国产硬质合金刀片（YW1、YG8、YT15）、进口刀具（三菱、SECO、肯纳）、高速钢刀具（W6Mo5CrV2A1、W7Mo5CrVA1）</td></tr>
<tr><td>车加工螺纹</td><td>进口刀具（三菱、SECO）</td></tr>
<tr><td>钻孔</td><td>进口刀具（三菱、瓦尔特）</td></tr>
<tr><td>攻丝</td><td>进口刀具（大昭和）</td></tr>
<tr><td rowspan="6">2</td><td rowspan="6">普通钢材料（含铸铁）</td><td rowspan="6">碳素结构钢、合金钢</td><td>可转位刀面铣</td><td>国产硬质合金刀片（YT15、YG8）</td></tr>
<tr><td>立铣刀加工</td><td>高速钢刀具（W18Cr4V、W6Mo5CrV2A1）</td></tr>
<tr><td>车加工内外圆</td><td>高速钢刀具（W18Cr4V、W6Mo5CrV2）、国产硬质合金刀片（YT15、YG8）、进口刀具（SECO）</td></tr>
<tr><td>车加工螺纹</td><td>国产硬质合金刀片（YT15、YG8）、进口刀具（VARDEX、三菱）</td></tr>
<tr><td>钻孔</td><td rowspan="2">高速钢刀具（W18Cr4V、W6Mo5CrV2）</td></tr>
<tr><td>攻丝</td></tr>
<tr><td rowspan="3">3</td><td rowspan="3">铝材</td><td rowspan="3">铸铝、锻铝与铝型材</td><td>可转位刀面铣</td><td>国产硬质合金刀片（YG8）</td></tr>
<tr><td>立铣刀加工</td><td>高速钢刀具（W18Cr4V、W6Mo5CrV2、W6Mo5CrV2A1）</td></tr>
<tr><td>车加工内外圆</td><td>国产硬质合金刀片（YG8）、进口刀具（三菱、SECO）、高速钢刀具（W18Cr4V、W6Mo5CrV2A1）</td></tr>
</table>

续　表

序号	被切削材料	材料种类	加工方法	选用刀具材料（或品牌）
3	铝材	铸铝、锻铝与铝型材	车加工螺纹	进口刀具（VARDEX、三菱）
			钻孔	高速钢刀具（W18Cr4V、W6Mo5CrV2A1）
			攻丝	
4	其他材料	石墨、尼龙棒、铜、橡胶棒、聚四氟乙烯	可转位刀面铣	国产硬质合金刀片（YG8）
			立铣刀加工	高速钢刀具 W18Cr4V
			车加工内外圆	
			车加工螺纹	
			钻孔	
			攻丝	

注：①牌号为 GH202、GH4169 的高温合金材料零件，不管用何种方法加工都应优先选用进口刀具；②粗铣削钛合金优先选用高速钢刀具；③用盘铣刀加工玻璃钢材料零件时，刀片优先选用进口刀具；④碳素结构钢、合金钢材料零件淬火硬度至 38HRC 以后，无论采用何种方法加工均优先选用国产硬质刀具（YW1、YT15）或进口刀具（三菱、瓦尔特、大昭和、SECO）；⑤所有进口刀具材质均为硬质合金。

4.2.8　国产数控机床刀具的选择流程

正确选择数控机床刀具可提高数控工作效率，保证数控机床刀具资源的合理配置，既可以避免因个别刀具闲置造成的资源浪费，又可以避免对个别刀具的频繁借用，造成精度无法保证以及生产上的相互牵制。国产数控机床刀具选择流程如图 4 -4 所示。

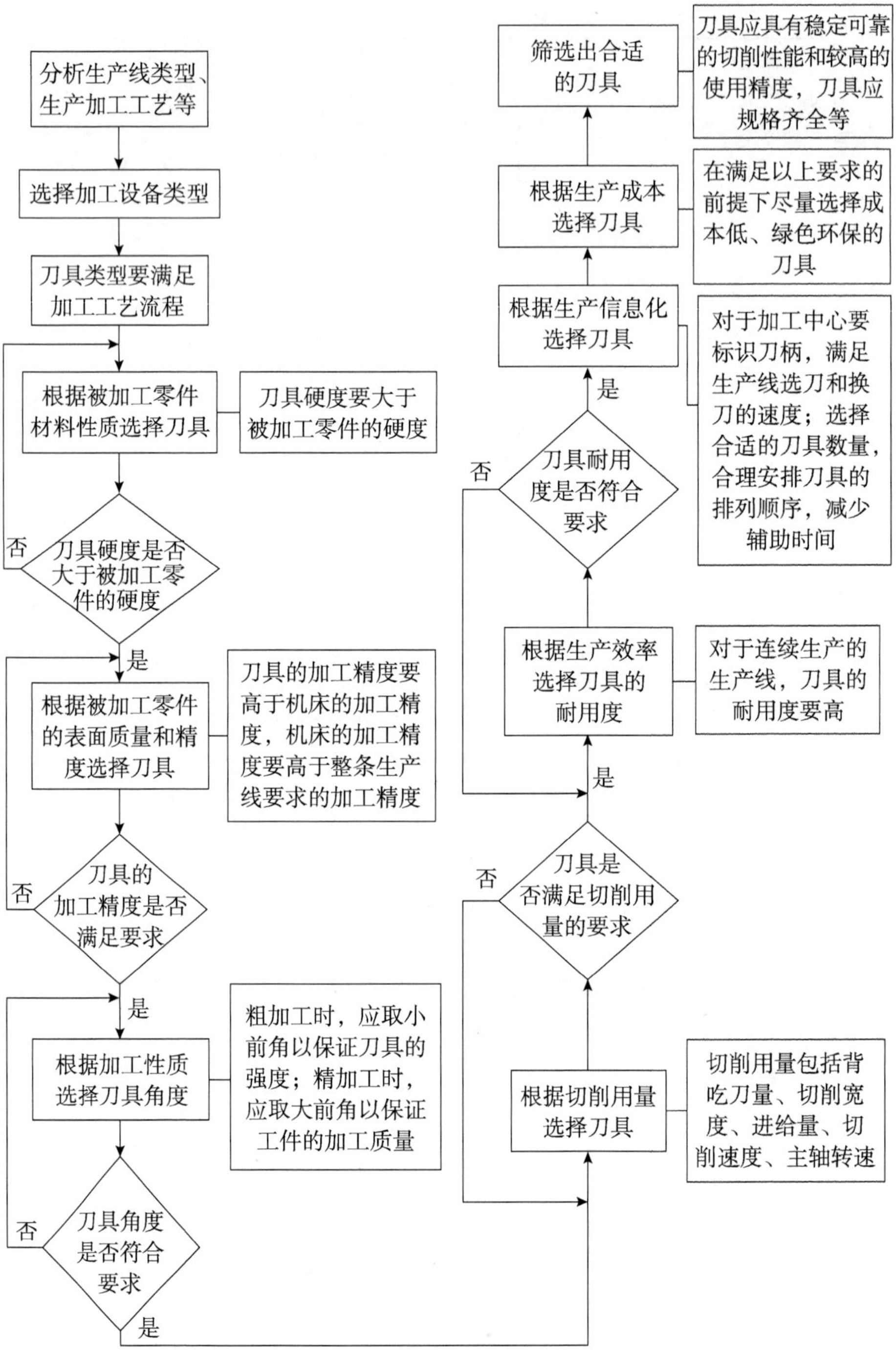

图 4－4　国产数控机床刀具选择流程

第 5 章　国产数控机床生产控制规范

对生产线的各个关键设备进行故障检测，统计分析故障模式和故障分布函数，为企业合理准备备件、安排设备维修、避免无预警故障停机提供依据，确保设备利用率和企业的生产纲领的实现。

5.1　数控机床的结构特点

数控机床从整体结构上可以分为两大系统，即机械结构系统和电气控制系统两个部分。数控机床基本结构如图 5－1 所示。

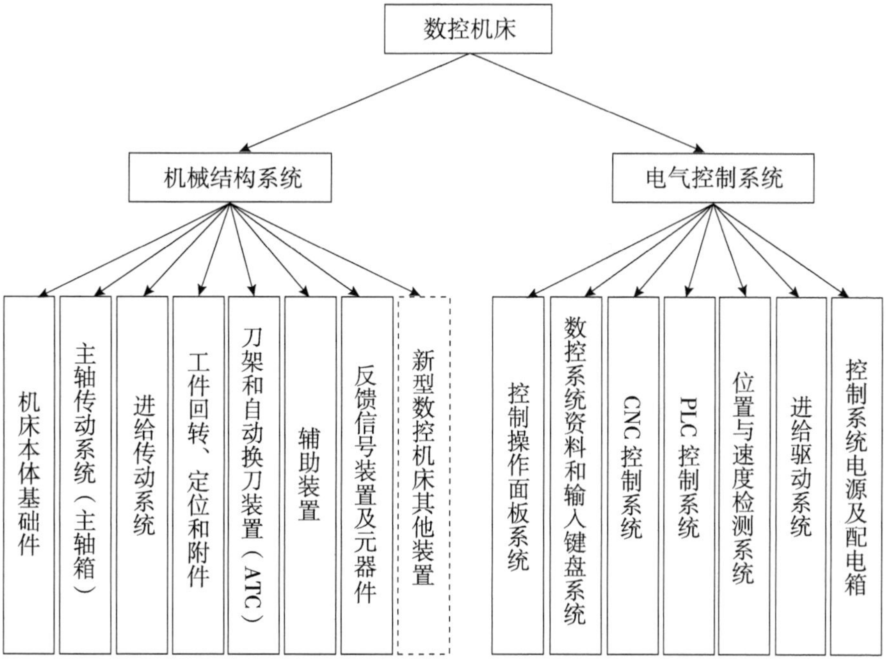

图 5－1　数控机床基本结构

这里简单介绍机械结构系统，机械结构系统主要包括以下几个部分。

（1）机床本体基础件

机床本体基础件主要包括床身、底座等。机床的加工性能直接反映机床的工作状态，与机械结构的刚性和抗变形的能力有直接的关系。机床的导轨一般采用镶钢导轨，镶钢导轨具有刚性强、耐磨性强和导向精度高的特点。

（2）主轴传动系统

主轴传动系统主要指主轴箱，主轴电机驱动主轴运转。

（3）进给传动系统

进给传动系统一般是多个轴联动，伺服电机通过联轴器或齿轮减速机构连接滚珠丝杠带动机床导轨运动。

（4）工件回转、定位和附件

工件回转、定位和附件主要指机床液压尾架系统和液压卡盘。

（5）刀架和自动换刀装置

一般使用 PLC（可编程逻辑控制器）控制刀架回转运动。刀库和换刀机械手组成换刀装置。

（6）辅助装置

辅助装置主要指冷却、润滑、排泄、防护等装置。

（7）反馈信号装置及元器件

反馈信号装置及元器件用于实时监测机床的运行状态。

（8）新型数控机床其他装置

随着技术的发展，新型数控机床可能配备一些先进的装置，以进一步提高机床的自动化水平和加工精度。

5.2 数控机床故障分类

数控机床故障指整机或零部件在规定使用条件下和规定时间内，不能完成规定的功能或机床各项功能技术指标不在正常值范围内。虽然在某种情况下还能维持工作一段时间，但若不及时维修就会导致事故发生。

由于数控机床结构复杂、技术先进，零部件也比较多，所以数控机床故障的种类繁多，可从以下几个方面对故障进行分类。

①从机床总体结构上分类，机床故障可分为机床结构故障、电气系统故障。

②从发生故障的位置划分，机床故障可分为机床主体故障、伺服系统故障、CNC 系统故障、强电和弱电控制系统故障、辅助装置故障等。

③从故障发生程度划分，机床故障可分为整机故障和局部故障。整机故障主要指导致整机无法正常工作的故障。局部故障指机床只有某些功能失效，但是机床整机还可以工作，能够完成一些加工任务。

④从故障发生的性质划分，机床故障可分为系统性故障和随机性故障。

系统性故障指当机床工作时，达到出现系统性故障的条件或出现诱发系统性故障的因素时，故障就必然会发生。系统性故障发生的频率较高。

随机性故障指没有固定条件或因素，只是偶尔发生的故障。随机性故障发生的频率较低。

⑤从导致故障形成的原因划分，机床故障可分为机床内在故障、机床磨损故障和机床不正当使用故障。

机床内在故障主要指在机床设计初期、制造过程中和装配时，机床存在薄弱点而造成的故障。机床磨损故障指机床在日常使用过程中，连续运转造成的机床部件正常磨损而产生的故障。机床不正当使用故障即错用故障，主要指错误操作机床造成的故障。

⑥从故障报警情况划分，机床故障可分为机床故障有报警和机床故障无报警。

机床故障有报警即有诊断显示报警，是机床数控系统自带的诊断功能，一旦发生故障，自诊断系统就会发现故障，发出报警，并且提示排除故障的方法。目前很多机床都带有自诊断功能。

机床故障无报警即无诊断显示报警，机床维修人员只能根据产生故障的现象和自己的实践经验对故障加以分析和排除，这种故障维修难度较大。

5.3　数控机床故障总体特点

数控机床是一种复杂的精密加工设备，它的性能会随着使用时间的推移而逐渐下降。在使用过程中，运动部件相互作用使机床的机械部件长期处于各种力、热环境中，再加上加工工况的变化，导致机床的运行状态也不断变化。机床在出厂时，有些部件会加装传感器，可以进行电压、温度、电流等信号的采集，由于机械部件在结构和空间上的局限性，后期加装传感器变得十分困难。在已经服役的机床设备上安装传感器采集故障数据样本更是受到许多因素的限制，而且有些部件安装上传感器后，不能保证采集数据的精度，误差更是不可避免。

机械部件上发生的故障从系统的观点分析，可以包括两层含义：一是机械部件工作条件不正常导致机械部件已经不能发挥原有的正常功能，但是还可以使用。二是随着机床的运转，机械部件的功能已经严重偏离正常范围，而且故障程度还在不断恶化，最终导致机床基本功能完全丧失，机床不能使用。

数控机床故障发生率会随着机床使用条件、工况条件的变化而变化，机床的整个使用期从总体上可以分为磨合期（早期）、稳定期（中期）和衰退期（晚期）三个阶段，如图 5－2 所示。

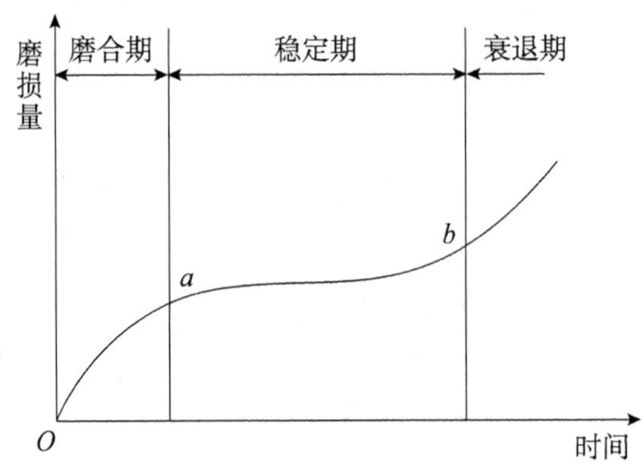

图 5－2　机床使用期的三个阶段

（1）磨合期

磨合期为机床设备使用六个月到一年时，表现特点是机械部件摩擦表面的凸峰、氧化皮、脱碳层很快被磨去，使机械部件摩擦表面贴合得更紧，这一阶段的时间不长，而且对机床有益，通常称为“跑合”，如图 5－2 中的 Oa 段。此时，机床的故障一般没有规律。

（2）稳定期

磨合期过后，机械表面在耐磨层工作，而且相互贴合，接触面积增加，单位接触面上的应力减小，因而磨损增加缓慢，可以持续很长时间，机床进入稳定期，如图5－2中的ab段。这时机床工作状态平稳，故障发生率较低，稳定期大概为6～10年。但是稳定期内，由于人为因素和机床使用条件的影响，机床随机性故障增多。

（3）衰退期

随着磨损日益严重，机械部件表面的耐磨层已经达到了耐磨的极限，磨损的程度不断加剧。这时机床零部件的功能开始退化，机床故障发生次数不断增加，大部分故障呈现出明显的规律。

根据机床磨损呈现的规律，维修机床的时间应为图5－2中的b点。在该时点维修机床，不但能保持机床部件的性能，而且能延缓磨损。维修机床的时点也可以比b点提前，但是不能晚于b点，若晚于b点，机床属于带伤工作，由于故障具有蔓延性，机床可能会发生更大的故障，势必会造成重大损失。通常情况下，机床到达b点的时间一般为7～10年。

5.4　数控机床机械故障诊断方法

据统计，机床本体机械故障约占故障总数的57%，电气系统发生的故障约占故障总数的37.5%。由此可见机床本体发生的故障占机床故障的主要地位。

数控机床故障诊断主要包括三个方面，分别为状态监控、模式识别和故障预测。诊断方法可以分为简单方法和现代诊断方法。数控机床机械故障诊断方法如图5－3所示。

5.4.1　简单方法

简单方法是传统方法，指不借助于外界工具，只依靠人的主观经验知识判断和机床的技术档案资料查找故障。

（1）直接观察法

直接观察法指机床工作人员通过听、触摸和看，理解机床故障的原理和特

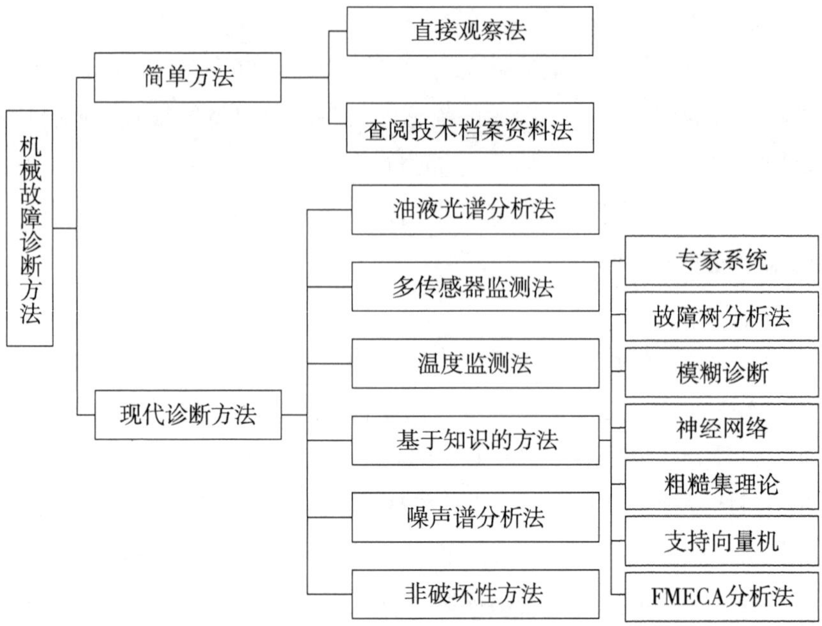

图 5－3　数控机床机械故障诊断方法

点，进行故障诊断，还可以通过机床声音和温度的变化判断机床的故障情况。

（2）查阅技术档案资料法

查阅技术档案资料法指故障发生后，通过查阅机床技术文档和维修资料，查找故障原因，或者和以往故障做对比，查找故障发生规律，对故障做出判断。

5.4.2　现代诊断方法

现代诊断方法主要是通过现代的一些技术和高效率的诊断工具与知识方法对故障进行由内到外的诊断、监测和预测。

（1）油液光谱分析法

油液光谱分析法主要是借助于原子吸收光谱仪，分析机床运行过程中的磨损，掉入润滑液或液压油中的各种颗粒物质的组成，通过这种方法对机床实施监测和故障诊断。

（2）多传感器监测法

多传感器监测法主要是在机床的若干特征点上安装传感器，监测特征点上的振动、位移、速度、加速度和频率等，从而实现对机床的监测。例如，可以利用振动计检测机床特征点的振级，通过对振动数据的分析，实现故障诊断。

（3）温度监测法

温度监测法主要是使用现代各种测温工具，如测温探头，测量机床部件的表面温度，根据温度值的变化，实现对机床部件的判断，对即将发生的故障进行提前预测。

（4）基于知识的方法

基于知识的方法就是目前基于知识的诊断方法。由于机床的复杂程度越来越高，控制系统越来越复杂，要想获得系统的精确数学模型十分困难。但是基于知识的故障诊断方法，不需要建立各种数学模型，使用十分方便，应用前景广阔。

①专家系统。

专家系统是一个计算机软件系统，它把人类专家思考和解决问题的方法、经验等存储在计算机中，可以模拟人类专家的决策过程。专家系统的组成主要包括人类专家知识库、故障案例库、数据库和推理机器等。专家系统故障诊断流程如图5－4所示。

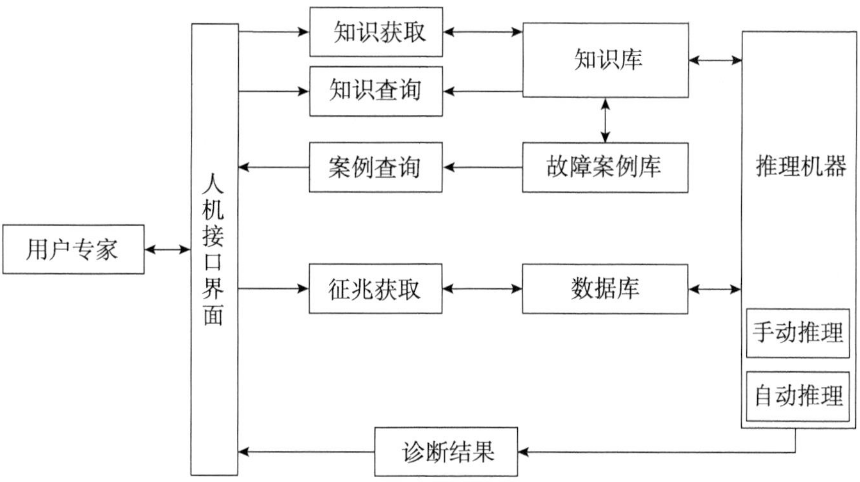

图5－4　专家系统故障诊断流程

②故障树分析法。

故障树分析法（Fault Tree Analysis，FTA）是一种表明机械组成部分的故障、外界事件或它们的组合将导致机械故障的逻辑图。它是一种倒立的树状分析方法，如图 5－5 所示，将要研究的故障状态作为最高目标，然后一级一级查找故障原因，直到没有故障原因为止。这种故障诊断方法不仅能够定性分析而且能够定量分析。

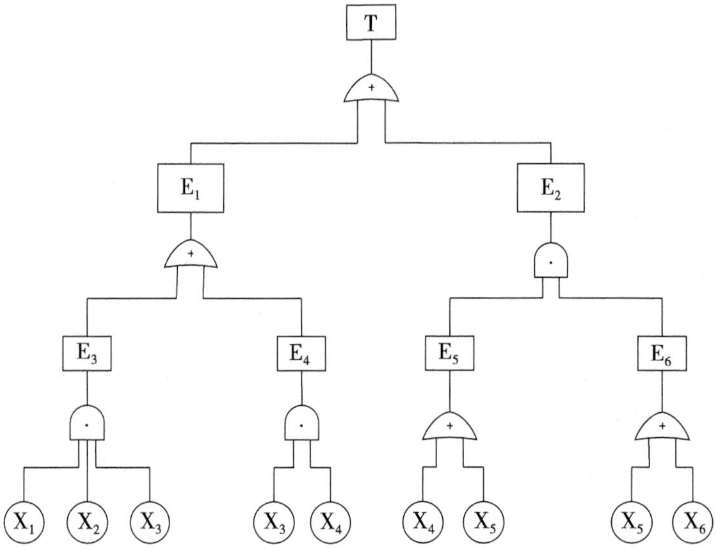

图 5－5　故障树分析法示例

③模糊诊断。

模糊诊断是寻找故障状态特征参数与模糊集合空间的函数关系，根据特征函数关系诊断故障并做出决策。它是一种基于知识的诊断系统，也是一种颇有前途的诊断方法。模糊诊断模型是故障诊断领域最具代表性的诊断模型，在数控机床故障诊断中应用比较广泛。

④神经网络。

神经网络是一种自相关的模式识别技术，在使用时，不需要预先知道判决函数模型，它的自学习和并行计算能力较强，能够实现联想记忆、自行分类、非线性优化等功能。神经网络模型预测是实现趋势预测的新途径，性能往往取决于样本数据的完整程度。神经网络用于故障诊断时，网络的输入是故障特征，输出是故障原因。基于神经网络的故障诊断流程如图 5－6 所示。

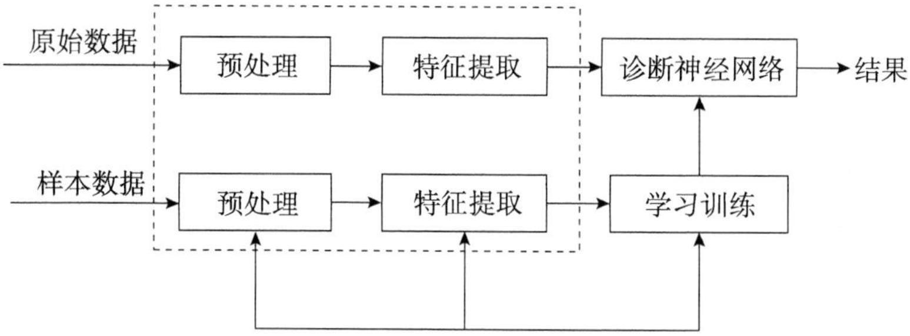

图 5－6　基于神经网络的故障诊断流程

⑤粗糙集理论。

粗糙集理论是针对数据分析处理的理论，主要用来分析和处理各类不完整的实验数据。其优点是不需要任何先验知识，实用性强，算法简单，易于操作。利用粗糙集的相关理论进行机床故障诊断时，先分析故障的原始数据，再确定故障特征集合和决策种类，进行数据的离散化，确定相应的值域，最后生成故障诊断或预测决策表。

⑥支持向量机（SVM）。

基于神经网络、模糊集理论等的故障诊断方法都需要大量的样本数据，但在实际工作中有时并不能满足大样本数据的要求。针对这一问题，以统计学理论为基础的支持向量机（SVM）应运而生，它能克服需要大量样本数据的缺点。

基于支持向量机的故障诊断方法就是把目标问题看成样本分类的问题，进行故障诊断时，对历史数据分类训练，把数据空间分成不同的对应模块，每个模块对应一种运行状态。然后把测试数据投放在数控空间中，通过对数据模块的定位分析，推测出数据对应的运行状态。基于 SVM 的故障诊断流程如图 5－7 所示。

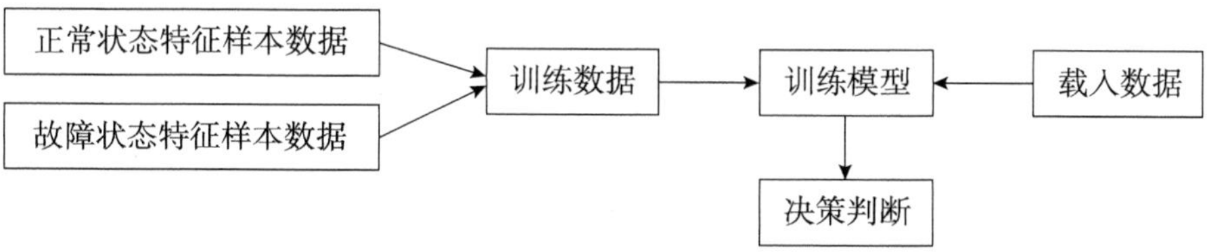

图 5－7　基于 SVM 的故障诊断流程

⑦FMECA 分析法。

FMECA（Failure Modes, Effects and Criticality Analysis），即故障模式、影响及危害性分析。它是分析系统中各个产品有可能产生的故障模式及其对系统造成的所有可能的影响，并按每种故障模式的严重程度及其发生概率予以分类的一种归纳分析方法。它是一种自上而下的归纳分析方法。分析的目的主要是从产品设计、生产、使用等方面分析故障因素，为提高产品的可靠性水平提供改进依据。

（5）噪声谱分析法

噪声谱分析法主要是利用声波计，采集机床运行时产生的各种噪声信号，通过对噪声信号进行时域和频域等处理和分析，实现正常信号和故障信号的区分和判别。此方法能够实现非接触式测量，降低对机械零件的间接损害，但是在使用时要注意周围环境噪声的干扰。

（6）非破坏性方法

非破坏性方法主要指在机床本体内，利用探伤仪等设备查找裂纹等设备缺陷和故障。

5.5 数控机床运行状态监测的内容和步骤

状态监测技术是借助监测设备采集机床运转过程中的特征量信息，如振动、温度、加速度、电流等，结合设备的技术参数、运行工况和结构原理，分析机床的运行状态，判断可能发生的故障，确定故障发生的位置、故障的类型和故障的发展规律，从而为机床维修提供技术支持。

数控机床运行状态监测系统的基本组成如图 5－8 所示，主要包括获取信息、提取和状态识别三个方面的内容。

获取信息是机床运行状态监测的第一步。数控机床在运转过程中，会有很多信号反映机床的状态信息，如振动、温度、切削力、电流等。通过相应的传感器可将这些信号转换成能够反映状态信息的电信号，智能传感器和多传感器的应用更进一步满足了信息获取的要求。

特征提取指按照信号提取的要求，在众多监测到的信号中截取与状态运

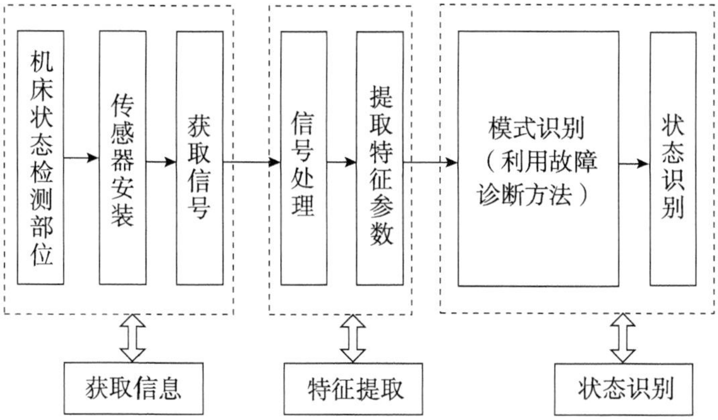

图 5－8　数控机床运行状态监测系统的基本组成

行相关的参数，这些参数是能够反映机床加工状态变化的特征变量，提取到的特征参数对机床运行状态的变化具有重要的影响。特征提取是状态监测中最重要的一步，也是难度最大的一个环节。

状态识别就是根据提取到的特征参数，借助专家系统、神经网络等故障诊断方法建立合理的模型，根据特征参数分析并判断机床系统当前的运行状态，然后得出故障诊断决策，对机床执行决策结果。

数控机床运行状态监测的流程，如图 5－9 所示。

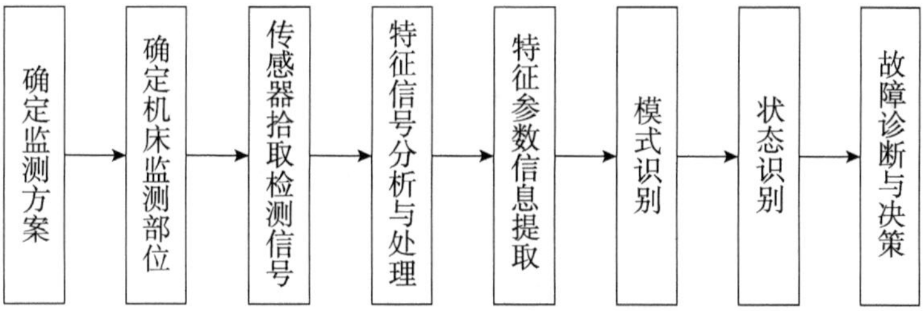

图 5－9　数据机床运行状态监测的流程

5.6　数控机床的可靠性评估

5.6.1　可靠性的评估

可靠性评估是根据设备的可靠性结构、故障时间分布类型以及现有的与设备相关的可靠性数据，利用概率统计方法对生产设备的可靠性特征量进行推断和计算，是判断元件、系统的固有工作能力及改进效果是否满足规定的可靠性要求而进行的分析、预测和认定过程，是可靠性研究中的重要内容之一。

（1）可靠性评估的意义

完成系统的可靠性评估工作，可以使研究人员和生产管理人员对系统的可靠性形成较为明确的认识。可靠性评估对于提升系统的可靠性具有重要意义。

①可靠性评估可以检验出产品是否达到可靠性要求，并验证可靠性设计的合理性，如可靠性的合理分配，冗余设计的合理性，选用元器件、原材料及加工工艺的合理性等。

②通过评估，可以找出制造系统的薄弱环节，指明产品设计和制造工艺的优化改进方向，从而加速产品研制的可靠性增长速度。

③可靠性评估有助于了解系统故障发生的规律，是企业生产管理人员制定维修策略的重要依据。

由此可见，可靠性评估工作可以全面地促进制造设备的研发，完善生产及使用过程中的可靠性管理工作。

如何对制造系统做出合理有效的可靠性评估，并提升系统的可靠性，已越来越受到可靠性研究人员的重视。

（2）可靠性指标

可靠性只是一个定性的概念，在研究可靠性问题时，还要有定量的指标。一台设备的可靠性不能停留在“好”“不好”或“可靠”“不可靠”这样笼统的评价上，必须确定具体的可靠性数值。由于可靠性不能用仪表测定，所以衡量可靠性必须进行研究、试验和分析，从而做出正确的估计和评定。

对于机械设备，可靠性的特征量主要有：可靠度、失效率、故障率、平均无故障工作时间、平均寿命、有效度等。一个特征量只能表示可靠性的某一个特征方面，所以对不同的设备要使用不同的特征量描述。对于可维修的复杂系统，常用可靠度、平均无故障工作时间（Mean Time Between Failure，MTBF）等指标来衡量。

对于数控机床来说，如何客观、正确地评价其状态，目前尚无一致性规定，尤其对那些使用年限较长、工作性能不稳定的数控机床，只有真正了解其状态，才能为更新、改造提供决策的依据。因此，确定评估指标尤为重要。数控机床集机、电、光、液、气、计算机自动控制等技术于一体，同时受很多因素（如操作水平、使用环境、保养维护等）的影响，在评估指标确定方面，既不完全等于纯电子产品，又有别于纯机械产品，因此科学地制定评估指标十分重要。

①平均无故障工作时间。

平均无故障工作时间又称平均故障间隔时间，指对可修复产品，相邻两次故障之间工作时间的平均值，是衡量可靠性的重要指标，具体数值在产品标准中给出。

数控系统最低可接受的平均无故障工作时间不应低于 3000h。统计资料表明，国外数控系统的平均无故障工作时间为 5000 ~ 22000h。对可靠性的评估，主要是考核无故障性参数。数控系统丧失规定的功能称为故障。平均无故障工作时间能够准确反映数控设备正常工作的时间。

平均无故障工作时间的观测值可用如下公式计算：

$$MTBF = \frac{1}{N_0}\sum_{i=1}^{n} t_i = \sum_{i=1}^{n} t_i / \sum_{i=1}^{n} r_i$$

式中：N_0 为在评估周期内机床累计故障次数；n 为机床抽样台数；t_i 为在评估周期内第 i 台机床的实际工作时间；r_i 为在评估周期内第 i 台机床出现故障的次数。

数控机床经过磨合期后，消除了早期故障，进入稳定期，其工作基本控制在偶然失效阶段，可以认为其无故障工作时间服从指数分布。数控机床无故障工作时间的区间估计一般取置信水平为 $1-\alpha=90\%$，即真值落在估计区间的概率为 90%。

其双侧置信区间按下式估计：

$$\theta_{\min} = \frac{2T}{X^2_{0.05}(2r+2)} < \theta < \frac{2T}{X^2_{0.95}(2r+2)} = \theta_{\max}$$

其单侧置信区间按下式估计：

$$\theta > \frac{2T}{X^2_{0.10}(2r+2)} = \theta_L$$

式中：r 为发生故障的次数；T 为定时截尾试验总试验时间；$X^2_{0.05}$，$X^2_{0.95}$，

$X^2_{0.10}$ 是参数为 0.05，0.95，0.10 的分布数。

评估时，根据设备维修记录统计出数控机床发生故障的次数及发生时间，然后按上述公式进行计算。*MTBF* 越长表示可靠性越高，正确工作能力越强。

②平均故障修复时间。

平均故障修复时间（Mean Time To Repair，MTTR）又称平均事后维修时间，是从发现故障到机床恢复规定性能所需修复时间的平均值。它包括确认失效发生所必需的时间、维护所需要的时间、获得配件的时间、维修团队的响应时间、记录所有任务所需的时间以及将设备重新投入使用的时间。平均故障修复时间不仅和产品本身的设计相关，而且和使用方法、维修水平、备件策略也密切相关。

平均故障修复时间的观测值可用如下公式计算：

$$MTTR = \frac{1}{N_0}\sum_{i=1}^{n} t_{mi}$$

式中：t_{mi} 为评估周期内第 i 台数控机床的实际修复时间。

③固有可用度。

固有可用度又称有效度（Availability），指在规定的使用条件下，机械设备及部件保持其规定功能的概率。有效度是评价设备利用率的一项重要指标，也是直接制约设备生产能力的重要因素。

有效度是时间的函数，一般提到的有效度指使时间 t 趋于 ∞ 时的瞬时有效度，它是数控机床平均无故障工作时间与平均无故障工作时间及平均故障修复时间之和的比率，即在某个观察时间内，设备可工作时间与不可工作时间及可工作时间之和的比率，因此有效度的观测值可用如下公式计算：

$$A = \frac{\text{可工作时间}}{\text{可工作时间} + \text{不可工作时间}} = \frac{MTBF}{MTBF + MTTR}$$

④精度保持时间。

精度保持时间（T_k）是数控机床在两班工作制和遵守使用规则的条件下，其精度保持在机床精度标准规定范围内的时间。其观测值以抽取的样机中精度保持时间最短的为准。

以上 4 个评估指标中，*MTBF* 侧重于数控机床的无故障性，是最常用的评估指标；*MTTR* 反映了数控机床的维修性，反映了维修的难易程度；固有可用度综合了无故障性和维修性，反映了数控机床的有效性；精度保持时间反映了数控机床的耐久性和可靠寿命。

（3）数控机床可靠性评估方法

传统的经典可靠性评估理论，建立在以极限理论为基础的大样本统计技术上，即以产品的失效寿命为研究对象，通过大样本数量的寿命试验获取产品的失效时间数据，然后用统计推断方法，选择一种最接近的总体分布模型，如正态分布、指数分布、威布尔分布等，确定置信度，利用样本数据估计出总体的参数，并最终计算出产品的平均寿命。但是，随着可靠性增长技术的应用越来越深入以及各种新材料、新工艺的引入，产品的使用寿命呈现增长趋势，这就导致了普通的寿命试验难度增大，获取样本信息的能力减弱，强行进行严格寿命试验的结果只能是增加试验成本，浪费人力、物力和时间。

基于此，为了解决样本数量危机，人们从以下几个方面探寻解决思路：第一是发明了加速寿命试验这种新方法；第二是借助先验信息，以减少对试验信息的依赖，将贝叶斯分析法引入可靠性评估；第三是挖掘产品失效过程中的退化数据，将失效数据与退化数据相结合，提出一类新的基于退化数据的可靠性评估方法。另外，可以将上述三种方法组合使用，以解决那些条件特别苛刻的可靠性评估问题，尤其适用于那些可靠性高、寿命长和价格昂贵的产品。

加速寿命试验是指通过分组试验，获得多组产品寿命与应力水平的数据对，然后通过数据拟合的方法得到产品寿命与应力水平之间的回归关系，最后在回归关系的基础上，推出产品的实际寿命。

贝叶斯分析法是指将统计学中贝叶斯学派的理论应用到可靠性评估中，透过先验信息和后验信息的结合使用，对小样本的产品寿命数据进行分析，获得产品寿命的后验分布，并依此计算产品的可靠性参数，其理论基础是贝叶斯假设。但是因经典统计学与贝叶斯学派尚存在很大争议，因此该方法迟迟未被可靠性技术标准采纳。

基于退化数据的可靠性评估方法是指不但要关注产品的失效信息，还要注意产品在失效过程中产生的性能退化信息，通过对这些退化信息的分析和使用，以得到产品的可靠性。该思路的本质在于充分利用了失效过程中产生的信息，而非简单关注失效结果。

现有的可靠性评估方法按其所依据的可靠性数据来源，可划分为两类：

一类是基于失效数据的可靠性评估，另一类是基于退化数据的可靠性评估。前者又可以根据样本量的大小划分为威布尔分析和贝叶斯分析，后者又可以根据处理角度的不同分为基于退化轨道的评估方法和基于退化量分布的评估方法两类。

（4）数控机床可靠性评价方法

在提高数控机床可靠性的过程中，有些数据来自使用现场，有些则是经验数据。根据获得的数据处理方法的不同，采用不同的评价方法，不同的评价方法，需要做出不同的假设。使用厂家可以根据自身的特点，采集相应的数据，进行数控机床的可靠性评价，以提高其数控机床的可靠性，从而提高用户的满意度。

①修正极大似然和序贯压缩相结合的方法。

在系统可靠性的经典近似置信界限方法中，常应用极大似然估计法（MLE）、修正的极大似然估计法（MML）、序贯压缩法（SR）、修正极大似然和序贯压缩相结合的方法（CMSR）。MLE 仅在大样本试验及失效分布是无界对称正态分布的情况下才能有较好的精度。MML 计算方法简单、计算结果准确，是工程中常用的方法，但它不能进行单元无失败情况的系统的可靠性评价。在串联系统中无失败单元时采用 SR 和 CMSR，其中 CMSR 是 MML 和 SR 相结合的产物，它不但具有 MML 的优点，还在一定程度上避免了 SR 过多丢失信息的缺点，因此采用该方法评价数控机床的可靠性。

②指数寿命型串联系统的 CMSR。

指数寿命型单元产品在数控机床中应用十分广泛。指数寿命型串联系统的 CMSR，其基本思想是先将指数寿命型单元转换为成败型单元，然后应用 MML 和 SR 对转换后的等效系统进行可靠性评价。

③基于信赖方法的数控机床可靠度的研究。

信赖方法（Fiducial Approach）是求构件、子系统及系统可靠度的置信界限的一种近似方法。在以往情况下，不能得到构件、子系统及系统可靠度的估计量的精确分布，因此不能得到精确的可靠度的置信界限。信赖方法就是寻求可靠度的置信界限的一种方法。它将试验获得的数据假设为固定的，将由此数据得到的参数或可靠度的估计量看作固定值，而把参数或可靠度看作一个近似的随机变量，这种思想的核心是贝叶斯思想。在给定失效数据的情况下，可靠度的信赖分布可以用蒙特卡洛法进行模拟。利用可靠度的计算公式和参数区间估计统计量的计算公式，就可以从已知分布中进行抽样，得到可靠度的模拟值，以此作为可靠度的样本观察值。然后求可靠度的分布或分布的百分位点，进而可以得到可靠度的置信界限。

根据获得的数据的不同，采用不同的方法对数控机床的各子系统进行可靠性评价，评价结果的准确度有所不同。其中，指数寿命型串联系统的 CMSR 的准确度较高，将数控机床的各个单元看成成败型较指数型更合理。在数据充分的情况下，采用基于信赖方法的数控机床可靠度分析方法更为合理。

（5）可靠性评估流程

首先，对组线中机床的故障数据进行采集，通过对故障数据的分析处理，建立故障时间的分布模型。其次，估计分布参数并对分布模型进行检验。最后，计算出各项可靠性评估指标。这个过程是评估机床的可靠性和求解各种可靠性参数的必由之路，也是进一步分析产品故障、预测故障发展、研究其失效机理及制定维修策略的重要手段。数控机床可靠性评估流程如图 5 – 10 所示。

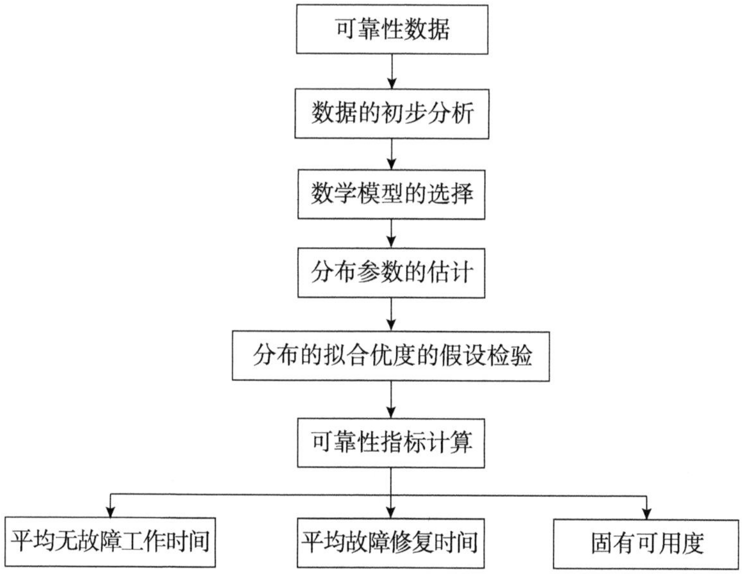

图 5 – 10　数控机床可靠性评估流程

5.6.2 可靠性研究中的概率分布

可靠性中最常用的概率分布有正态分布、指数分布、威布尔分布、χ^2分布、均匀分布、F 分布、t 分布等。其中，一部分是概率论中的基本分布，而将其应用到可靠性研究中；另一部分则是在可靠性研究中，从某种物理背景出发推导出来的分布。这里主要介绍正态分布、指数分布和威布尔分布。

（1）正态分布

在可靠性工程中，正态分布是一种应用较为广泛的分布。在实际应用中，一种用途是分析由于磨损（如机械装置）而发生故障的产品。磨损故障往往最接近正态分布，所以正态分布可以有效地预测或估算产品的可靠性。另一种用途是对制造的产品及其性能是否符合规范进行分析。按照统一规范制造出来的两个零件是不会完全相同的，各零件的差别会使由它们组成的系统产生差别。设计时必须考虑这种差别，否则这些零件差别的综合影响会导致系统不符合规范要求。还有一种用途是用于机械可靠性设计分析和概率设计。

正态分布的概率密度函数为：

$$f(t) = \frac{1}{\sqrt{2\pi\sigma}}\mathrm{e}\left[-\frac{1}{2}\left(\frac{t-\mu}{\sigma}\right)^2\right], \ -\infty < t < \infty$$

正态分布的累积分布函数为：

$$F(t) = \int_{-\infty}^{t} f(t)\,\mathrm{d}t = \int_{-\infty}^{t}\mathrm{e}\left[-\frac{1}{2}\left(\frac{t-\mu}{\sigma}\right)^2\right]\mathrm{d}t, \ -\infty < t < +\infty$$

式中，t 为时间；μ 为均值，反映随机变量的趋势尺度；σ 为标准差，反映随机变量的离散程度。μ 和 σ 为正态分布的两个特征参数，确定了这两个参数，就可以确定整个分布的特征。

（2）指数分布

指数分布是可靠性工程中最重要的一种分布。当产品工作进入浴盆曲线的偶然故障期后，产品的故障率基本接近常数。指数分布具有许多优点：参数估计简单，只有一个变量；在数学上容易处理；适用性广泛；大量指数分布的独立变量之和还是指数分布，即具有可加性。指数分布早期主要应用于电子学可靠性领域中，经过几十年的发展，已经普遍应用到整机和系统的可靠性研究中。

指数分布的概率密度函数为：

$$f(t) = \lambda e^{-\lambda t}$$

指数分布的累积失效分布函数为：

$$F(t) = \int_0^t f(t)\mathrm{d}t = 1 - e^{-\lambda t}$$

指数分布的可靠度函数为：

$$R(t) = e^{-\lambda t}$$

可以看到，只要可以确定其单一参数 λ（失效率），指数分布函数就能完全确定。方差 $\sigma^2 = 1/\lambda^2$ 。指数分布的性质包括：失效率 λ 等于常数；平均寿命 θ 与失效率互为倒数，即 $\theta = 1/\lambda$ ；指数分布无记忆性，故障分布为指数分布的系统失效率，在任何时刻都与系统已工作的时长没有关系，也正是由于这个特性，限制了它的适用范围，对一些衰变和老化故障来说，失效率是随时间延长而提高的，故不能描述此类问题。

（3）威布尔分布

威布尔分布是由最弱环节模型导出的。例如，链条的寿命就服从威布尔分布。瑞典的威布尔在1939年提出了威布尔分布，并将它应用到疲劳试验。威布尔分布在可靠性工程中很有用，因为它是通用分布，通过调整分布参数以构成各种不同分布，可以为不同类型产品的寿命特性建立模型。

威布尔分布概率密度函数为：

$$f(t) = \frac{\beta}{\alpha}\left(\frac{t-\gamma}{\alpha}\right)^{(\beta-1)} e^{-\left(\frac{t-\gamma}{\alpha}\right)^{\beta}} (\gamma \leqslant t, \beta > 0, \alpha > 0)$$

式中，β 为形状参数；α 为尺度参数；γ 为位置参数。此公式称为三参数威布尔分布密度函数。位置参数 γ 说明产品在位置 γ 以前不会失效，在 γ 以后才会失效，因此有时也称其为最小保证寿命，也就是保证 γ 时间以前不会失效。但是在实际中，往往 $\gamma = 0$ 的情形居多，此时，上式可以简化为：

$$f(t) = \frac{\beta}{\alpha}\left(\frac{t}{\alpha}\right)^{(\beta-1)} e^{-\left(\frac{t}{\alpha}\right)^{\beta}} (t > 0, \beta > 0, \alpha > 0)$$

此公式为两参数威布尔分布密度函数。

威布尔分布函数为：

$$F(t) = \int_0^t f(t)\,\mathrm{d}t = 1 - \mathrm{e}^{-\left(\frac{t}{\alpha}\right)^{\beta}}$$

可靠度为：

$$R(t) = 1 - F(t) = \mathrm{e}^{-\left(\frac{t}{\alpha}\right)^{\beta}}$$

失效率为：

$$\lambda(t) = \frac{f(t)}{R(t)} = \frac{\beta}{\alpha}\left(\frac{t}{\alpha}\right)^{(\beta-1)}$$

5.6.3 提高可靠性的方法

可靠性技术研究的目的不是可靠性评估，而是可靠性的提升。根据国产数控机床的现状，提高数控机床可靠性可从以下途径着手。

（1）正确使用数控系统的功能

高性能的数控系统在应用中，不正确的参数设置、不合理的逻辑控制程序往往使数控机床带着问题出厂，用户使用时才发现存在问题，影响了产品的声誉。如不正确的加减速时间常数设置会造成对机床传动机构的冲击；不正确的参数设置会使数控转台向同一方向旋转定位，带来越来越大的定位误差。

（2）采用技术成熟的模块化部件

多工位数控机床的结构设计应大量采用经过生产验证的、技术成熟的模块化部件，如采用直线滚动导轨的数控滑台、小型钻孔动力头、高精度数控转台等。

（3）选用高质量控制系统和部件

机床在选用高性能和高可靠性的数控系统、伺服驱动装置、配套功能部件等，以保证机床的可靠性。如发那科公司的 Power Mate－D 运动控制器，它具有两轴控制功能，还可以控制一个模拟/数字主轴，两个伺服轴可配置在一个通道中，也可分别配置在两个通道中。系统具有集成的 PLC，通过 Fanuc I/O LINK 串行数据传输总线可将多达 16 个 Power Mate－D 运动控制器连接在一起，多个运动控制器可共享一个 CRT/MDI 显示器。这些特性使采用该运动控制器组成的集散式控制系统具有良好的可扩展性，尤其适用于具有不同工位数的各种多工位数控组合机床。

（4）采用有效隔离屏蔽技术

CNC 系统和输入输出通道中的滤波环节降噪功能有限，还应配置隔离设备，阻断 I/O 电气联系，尽可能减少干扰信号。变压器隔离、继电器隔离和光电隔离使用较为广泛。对 I/O 端口进行光电隔离，使 I/O 各自使用不同电源，信息传递具有单向性，可有效防止干扰信号在输入输出端之间互通。电磁铁和电磁阀相连处可用继电器进行隔离，某些干扰严重的场合还需变压器隔离。

屏蔽干扰信号主要从两个方面入手，一是将东西单元、变压器、机柜等干扰源屏蔽起来，阻断静电和电磁信号的传递；二是用双层金属屏蔽控制系统，防止高压线等外在物质的干扰。综合这些手段，数控机床的可靠性可以大幅提高。

（5）重视数控机床维修信息

加强对数控机床售后服务反馈信息的收集和分析，在数控机床的更新改造、产品升级换代中，及时改进原有的质量问题，并在新产品开发中得以借鉴，是提高数控机床可靠性的有效途径。

数控机床的可靠性评估中利用的数据是机床在使用过程中产生的过程数据或者在特定条件下的实验数据，可靠性评估主要借助数学方法对表征可靠性的特征参数进行估计。

5.7　基于可靠性、动特性和精度的数控机床综合性能评价

可靠性、动特性和精度是机床设备或零部件从设计之初到安装使用再到使用维护等阶段必须考虑的重要指标，是评价设备的主要指标，自始至终都体现着设备的可靠程度和耐用程度。基于可靠性、动特性和精度的数控机床综合性能评价，一方面能够对机床设备的工作服役能力和工作寿命进行评价，另一方面能够在机床使用期内，根据机床综合性能评价结果指导机床的正确使用，包括故障处理、维修维护等。

基于可靠性、动特性和精度的数控机床综合性能评价框架如图 5 – 11 所示。为了方便使用，权重值采用平均分配方法，在实际使用中则根据具体情况合理分配权重。

（1）可靠性

在进行可靠性评价时，需要选取定量的测评指标，能够表征机床可靠性

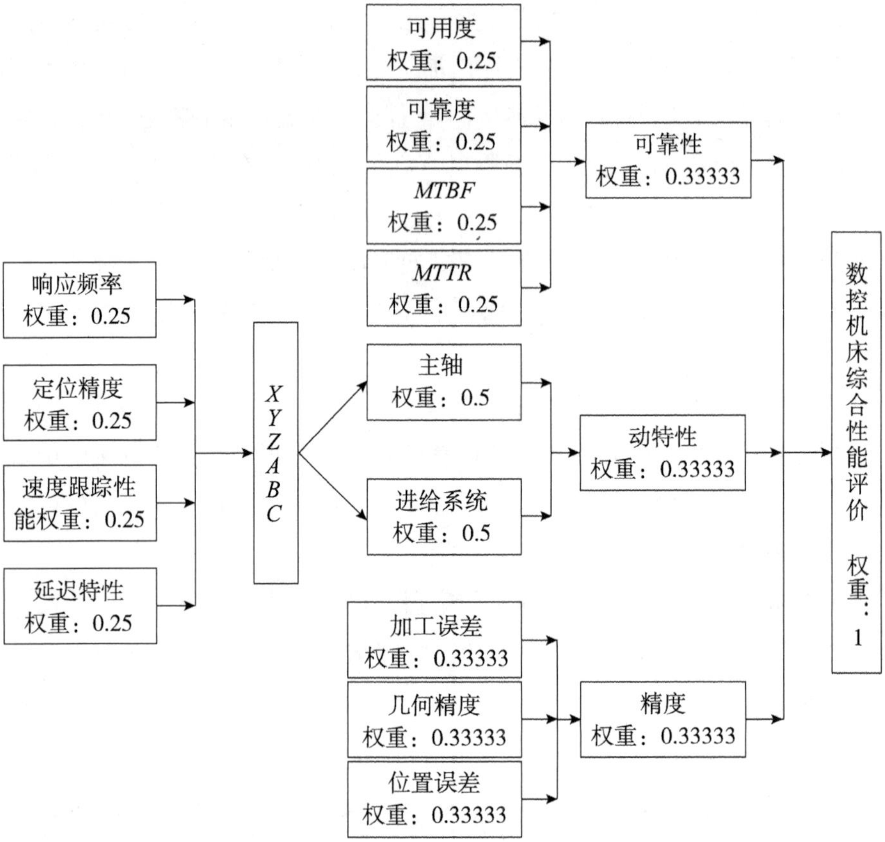

图 5－11　基于可靠性、动特性和精度的数控机床综合性能评价框架

的特征量有：可用度、可靠度、平均故障修复时间、平均无故障工作时间等。在这些可靠性特征量中，选取能表征机床工作状态的指标。例如，平均无故障工作时间是评价设备可靠性水平最权威和最具有代表性的指标，能度量设备加工性能水平。在可靠性评价中，选取可用度、可靠度、平均无故障工作时间、平均故障修复时间作为测评指标，在这里，权重也同样采取平均分配原则，定义可靠性评价为 M_1，因此基于可靠性的评价方法为：

$$M_1 = a_1 \times 可用度 + a_2 \times 可靠度 + a_3 \times MTBF + a_4 \times MTTR$$

式中，a_1, a_2, a_3, a_4 为权重系数，且 $a_1 + a_2 + a_3 + a_4 \leqslant 1$；$MTBF$ 为平均无故障工作时间；$MTTR$ 为平均故障修复时间。

（2）动特性

机床的动特性主要指机床在加工过程中，由于加工工件或工作条件的因素，机床系统（主轴和进给系统）在振动状态下表现出的工作特性。主轴主要是 A 、B 、C 三个旋转方向，进给系统则是 X、Y、Z 三个进给方向。对各个坐标轴进行测试，得出各个轴的响应频率、定位精度、速度跟踪性能、延迟特性，进而得出进给系统动态特性（X，Y，Z）及主轴系统动态特性（A，B，C），赋给其不同权重，得出动态特性综合指标。权重值应该和加工零件、加工结果、经验等有关，并给出阈值。

定义动特性考核值为 M_2 ，则 M_2 计算公式为：

$$M_2 = b_1 \times 主轴 + b_2 \times 进给系统$$

式中，b_1 ，b_2 分别为主轴和进给系统的权重系数，且 $b_1 + b_2 \leqslant 1$ 。

定义主轴考核值为 M_{21} ，以 A,B,C 中的一个为例，则 M_{21} 计算公式为：

$$M_{21} = \xi_1 \times 响应频率 + \xi_2 \times 定位精度 + \xi_3 \times 速度跟踪性能 + \xi_4 \times 延迟特性$$

式中，ξ_1 ，ξ_2 ，ξ_3 ，ξ_4 分别为主轴对应的响应频率、定位精度、速度跟踪性能和延迟特性的权重系数，且 $\xi_1 + \xi_2 + \xi_3 + \xi_4 \leqslant 1$ 。

定义进给系统的考核值为 M_{22} ，以 X、Y、Z 三个方向其中一个为例，则 M_{22} 的计算公式为：

$$M_{22} = \xi_1 \times 响应频率 + \xi_2 \times 定位精度 + \xi_3 \times 速度跟踪性能 + \xi_4 \times 延迟特性$$

式中，ξ_1 ，ξ_2 ，ξ_3 ，ξ_4 是进给系统对应的响应频率、定位精度、速度跟踪性能和延迟特性的权重系数，且 $\xi_1 + \xi_2 + \xi_3 + \xi_4 \leqslant 1$ 。

因此，动特性指标值 M_2 的计算公式为：

$$\begin{aligned} M_2 &= b_1 \times M_{21} + b_2 \times M_{22} \\ &= b_1 \times (\xi_1 \times 响应频率 + \xi_2 \times 定位精度 + \xi_3 \times 速度跟踪性能 + \xi_4 \times 延迟特性) + \\ &\quad b_2 \times (\xi_1 \times 响应频率 + \xi_2 \times 定位精度 + \xi_3 \times 速度跟踪性能 + \xi_4 \times 延迟特性) \end{aligned}$$

（3）精度

对数控机床精度的考核就是对加工误差、几何精度和位置误差三个精度方面的测评。数控机床的几何精度表征的是机床关键部件制造或装配的几何误差。数控机床的位置误差表征在加工运动过程中，其运动部件的定位精度。数控机床的加工误差表征机床在切削加工过程中，能够制造高精度水平零部件的能力。

正常情况下，机床产品在出厂前一般都留有一定的精度储备量，以防在加工时随着机床载荷的变化机床结构发生变形。如果其精度发生的变化超出了正常范围，甚至严重超差，将严重影响机床的制造精度。新的机床经过使用后，才能反映出精度的保持能力。因此在机床使用前了解和掌握精度变化情况，发现影响机床精度稳定性的不利因素，对提高机床精度稳定性非常重要。

定义精度考核指标为 M_3，因此精度指标值的计算公式为：

$$M_3 = c_1 \times 加工误差 + c_2 \times 几何精度 + c_3 \times 位置误差$$

式中，c_1, c_2, c_3 为加工误差、几何精度、位置误差的权重系数，且 $c_1 + c_2 + c_3 \leqslant 1$。

综上所述，机床的综合性能 M 的计算公式为：

$$M = a \times 有可靠性 + b \times 动特性 + c \times 精度$$

即

$$M = a \times M_1 + b \times M_2 + c \times M_3$$

式中，a，b，c 分别为可靠性、动特性和精度的权重系数，且 $a + b + c \leqslant 1$。

M_1, M_2, M_3 的计算公式如下：

$$M_1 = a_1 \times 可用度 + a_2 \times 可靠度 + a_3 \times MTBF + a_4 \times MTTR$$

$$M_2 = b_1 \times (\xi_1 \times 响应频率 + \xi_2 \times 定位精度 + \xi_3 \times 速度跟踪性能 + \xi_4 \times 延迟特性) + b_2 \times (\xi_1 \times 响应频率 + \xi_2 \times 速度跟踪性能 + \xi_3 \times 延迟特性)$$

$$M_3 = c_1 \times 加工误差 + c_2 \times 几何精度 + c_3 \times 位置误差$$

根据机床的综合性能值 M，依据表 5－1 判断机床的性能状态处在哪个等级。

表 5－1　机床的性能状态

序号	级别	指标性描述	故障性描述
Ⅰ	健康	指标优秀，性能良好	发生故障可能性小
Ⅱ	亚健康	指标合格，性能比较好	发生故障可能性较小
Ⅲ	合格	指标属于超标临界，性能不太稳定	故障在可接受范围内
Ⅳ	异常	指标超标，不合格，性能不好	须尽快接受维修
Ⅴ	故障	指标严重超标，不能正常工作	必须立即停机检查

以可靠性为例说明，假设机床在健康状况下，可用度和可靠度在 0.9 以上，$MTBF$ 为 500h，$MTTR$ 为 0.5h，则 M_1 的计算公式为：

$$M_1 = 0.9 \times 0.25 + 0.9 \times 0.25 + 500 \times 0.25 + 0.5 \times 0.25 = 125.58$$

表 5－1 中把机床健康状态分为 5 级，每级占比 20%，当 M_1 低于健康值的 20% 时，就认为机床健康状态为亚健康，当 M_1 低于亚健康值的 20% 时，就认为机床健康状态为合格，依次类推判定机床的性能状态。动特性和精度的评价方法与可靠性类似。在实际使用过程中，上述各个参数要以企业车间的具体加工参数设定，并以机床的实际运行状况为参考依据，各个参数及指标的权重系数根据实际情况动态调整。

5.8　汽车零部件生产线关键设备的故障间隔分析

汽车零部件生产线属于大批量生产线，大多采用自动化生产线，要发挥数控机床的效率，对数控机床提出高可靠性要求，设备的可靠性关系到整个生产线的生产能力。衡量可靠性的主要指标是平均无故障工作时间（MTBF）。平均无故障工作时间和其分布模型直接影响设备的可靠性、设备维修时间的确定和生产调度计划的调整。

5.8.1　生产线设备的故障间隔分析方法

（1）生产线设备故障数据采集

收集数控机床现场试验数据，建立故障时间分布模型，是评价数控机床的可靠性和求解各种可靠性参数的必由之路，也是进一步预测故障发展、研究其失效机理及制定维修策略的重要手段。数控机床故障间隔时间模型的建立分为五个步骤，如图 5－12 所示。

结合数控机床的特点，制定数控设备的可靠性数据收集程序和方法。制定的程序和方法应获取尽可能多的数据信息，力求对所有数控机床进行跟踪记录，包括在研设备、成型设备等。每隔一定时间，生产厂家或负责此项工作的有关人员到现场了解情况，并就具体问题进行指导，用户负责记录故障数据。一旦发生故障，立即根据故障记录表的内容详细记录，恢复正常工作

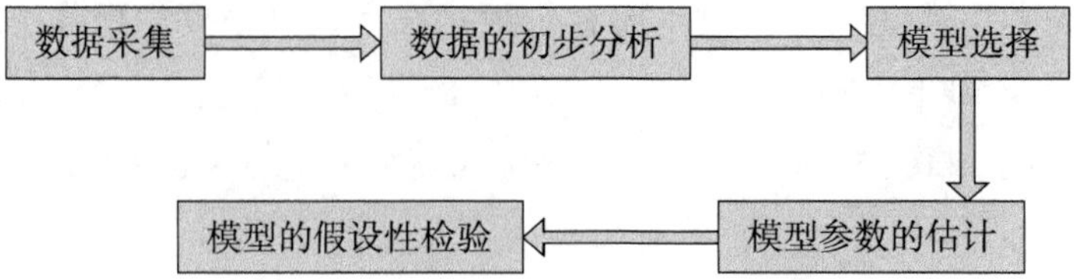

图 5－12　数控机床故障间隔时间模型的建立步骤

状态后继续观察记录当前状态。

（2）生产线设备故障的计数原则

为确保故障记录的有效性，应遵照如下原则。

①数控机床的每个故障都按关联故障或非关联故障分类。若为关联故障，则每个故障均按一次故障计数，非关联故障不应计数。

②如果数控机床若干项功能丧失或性能指标超过规定界限，而且不能证明它们是由同一原因引起的，则每项均判为一个故障；若是由同一个原因引起的，则判为只产生一个故障。

③如果数控机床一项功能丧失或性能指标超过规定界线，且该故障是由两个或更多独立的故障原因引起的，则判故障数为独立的故障原因数。

（3）生产线设备故障间隔时间分布模型

故障分析就是确定故障模式，分析故障原因、失效机理，估计该故障对产品及其所属系统可能造成的影响并寻求改善措施。分析故障可用物性论模型和概率论模型。物性论模型是研究故障在产品的什么部位，以什么形式发生，从物理、化学或材料强度等方面对故障产品进行分析，即从失效机理上进行分析，也是一种追根求源的做法。概率论模型研究故障与时间的关系，用数理统计的方法，找出其故障时间的概率分布。常用的概率分布类型有指数分布、正态分布和威布尔分布。

（4）生产线设备故障间隔时间概率密度的观测值

收集某系列凸轮轴生产线的主轴颈磨床 2010 年 2 月到 10 月的数据。首先，将故障间隔时间按一定的组距分组，分组数 $k \geqslant 1 + 3.322\lg n$。式中，$n$ 为总故障数，$n = 223$，分组数 $k \geqslant 1 + 3.322\lg 223 \approx 8.8$，取 $k = 9$。观测到的最短故障时间是 3h，最长故障时间是 2198h。磨床故障间隔时间数据如表 5－2 所示。

表 5-2　　　　磨床故障间隔时间数据　　　　单位：h

次数	间隔时间	次数	间隔时间	次数	间隔时间	次数	间隔时间	次数	间隔时间	…	次数	间隔时间
1	6	20	14	39	220	58	19.5	77	50	…	205	336
2	86	21	10	40	20	59	50	78	796	…	206	805
3	66	22	127	41	12	60	245	79	802	…	207	15
4	15	23	48	42	24	61	24	80	794	…	208	25
5	195	24	1168	43	36	62	45	81	778	…	209	7
6	9	25	432	44	46	63	4	82	67	…	210	370
7	3	26	22	45	30	64	125	83	336	…	211	800
8	144	27	150	46	9	65	2198	84	297	…	212	530
9	16	28	65	47	9	66	167	85	30	…	213	22
10	473	29	27	48	312	67	95	86	26	…	214	241
11	152	30	112	49	430	68	72	87	17	…	215	35
12	442	31	479	50	61	69	420	88	200	…	216	106
13	367	32	178	51	118	70	234	89	93	…	217	379
14	154	33	483	52	10	71	80	90	17	…	218	152
15	470	34	70	53	8	72	7	91	1445	…	219	400
16	624	35	185	54	140	73	321	92	42	…	220	90
17	175	36	60	55	272	74	495	93	115	…	221	138
18	379	37	580	56	45	75	180	94	500	…	222	41
19	96	38	5	57	93	76	110	95	468	…	223	565

将故障间隔时间 $t \in [3, 2198]$，将其分为 9 组，$\Delta t_i = \frac{2198-3}{9} \approx 243.89(h)$，分组结果如表 5-3 所示。

表 5-3　　　　磨床故障频次

组号	区间下限	区间上限	中值	频数	频率	累计频率
1	3	246.89	124.94	144	0.64574	0.64574
2	246.89	490.78	368.83	36	0.16143	0.80717
3	490.78	734.67	612.72	18	0.08072	0.88789

续 表

组号	区间下限	区间上限	中值	频数	频率	累计频率
4	734.67	978.56	856.61	12	0.05381	0.94170
5	978.56	1222.45	1100.5	7	0.03139	0.97309
6	1222.45	1466.34	1344.39	3	0.01345	0.98655
7	1466.34	1710.23	1588.28	1	0.00448	0.99103
8	1710.23	1954.12	1832.17	1	0.00448	0.99552
9	1954.12	2198	2076.06	1	0.00448	1

以每组时间的中值为横坐标，每组的概率密度函数的统计值$f(t)$为纵坐标，其中：

$$f(t) = \frac{n_i}{n\Delta t_i}$$

式中，n_i为每组故障间隔时间中的故障频数；n总故障数；Δt_i为组距。

n为223，组距Δt_i为243.89。由此拟合出磨床故障概率密度散点图，如图5－13所示。

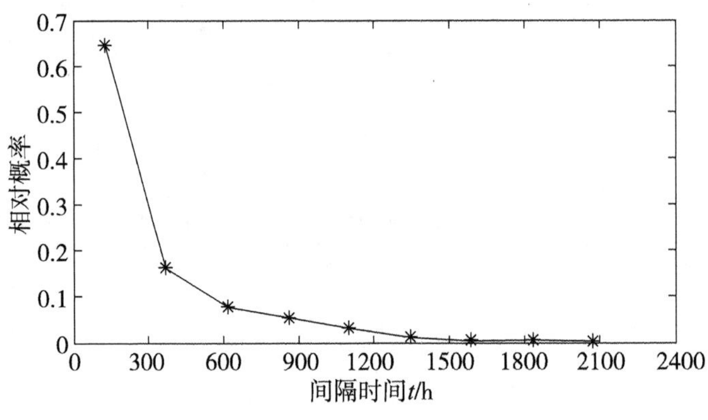

图5－13　磨床故障概率密度散点图

（5）生产线设备故障间隔时间分布模型的初步判断

磨床故障间隔时间的经验积累分布函数定义为：

$$F(t) = P\{T < t\}$$

式中，T为故障间隔总体时间；t为任意故障间隔时间。

设 t 为故障间隔时间的观测值，由该组观测值所得到的故障间隔时间的顺序统计量为 t_i，$i = 1,2,3,\cdots,n$，则该数控机床故障间隔时间的经验分布函数为：$F_n(t) = i/n$，$i = 1,2,3,\cdots,n$。将故障间隔时间的观测值 $t \in [3, 2198]$ 分为9组，以每组时间的中值横为坐标，每组的累计频率为纵坐标，由此拟合出的 $F_n(t)$ 的曲线如图5－14所示。

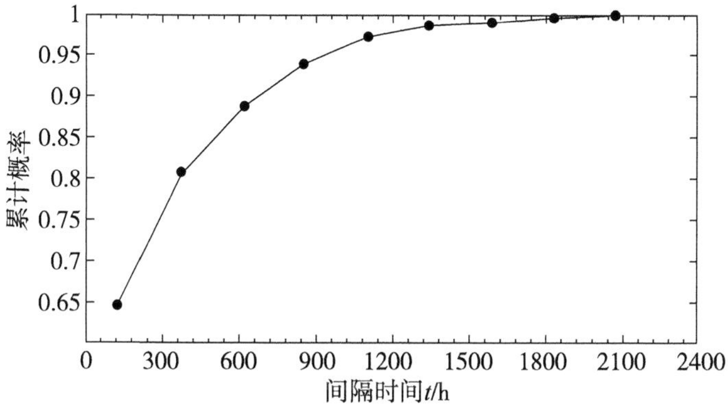

图5－14 磨床故障间隔时间经验分布函数曲线

磨床故障间隔时间的经验分布函数 $F_n(t)$ 为外凸，无拐点。该磨床故障间隔时间所服从的分布不会是正态分布，可能是指数分布或威布尔分布。

假设该分布服从威布尔分布，通过最小二乘法进行参数估计，并运用相关系数法检验威布尔分布，从而确定该磨床的故障间隔时间的分布规律。威布尔分布的概率密度函数 $f(t)$ 和分布函数 $F(t)$ 为：

$$f(t) = \begin{cases} \dfrac{\beta}{\alpha}\left(\dfrac{t-r}{\alpha}\right)^{\beta-1} e^{-\left(\frac{t-r}{\alpha}\right)^{\beta}}, t \geqslant r \\ 0, t < r \end{cases}$$

$$F(t) = \begin{cases} \int_0^t f(t)\,dt = 1 - e^{-\left(\frac{t-r}{\alpha}\right)}, t \geqslant r \\ 0, t < r \end{cases}$$

式中，β 为形状参数，$\beta > 0$；α 为尺度参数，$\alpha > 0$；r 为位置参数，$r > 0$。

r 的变化影响概率密度曲线的平移位置，产品在 $t = r$ 之前不发生故障，在 $t = r$ 以后发生故障。在实际应用中，假设在 $t = 0$ 时产品便可能发生故障。两式可简化为：

$$f(t) = \frac{\beta}{\alpha}\left(\frac{t}{\alpha}\right)^{\beta-1} e^{-(\frac{t}{\alpha})^{\beta}}, t \geqslant 0$$

$$F(t) = 1 - e^{-(\frac{t}{\alpha})^{\beta}}, t \geqslant 0$$

以两参数威布尔分布来研究故障间隔的分布规律。设一元线性回归方程为：

$$y = A + Bx$$

式中，参数 B 为该直线的斜率；A 为截距。

对于两参数威布尔分布，对简化后的分布函数 $F(t)$ 进行线性变换，可得：

$$y = \ln\left[\ln\frac{1}{1 - F(t)}\right]$$

$$x = \ln t$$

$$A = -\beta \ln a$$

$$B = \beta$$

令 $\bar{x} = \frac{1}{n}\sum_{i=1}^{n} x_i$，$\bar{y} = \frac{1}{n}\sum_{i=1}^{n} y_i$，

令 $l_{xx} = \sum_{i=1}^{n}(x_i - \bar{x})^2 = \sum_{i=1}^{n} x_i^2 - n\bar{x}^2$，$l_{yy} = \sum_{i=1}^{n}(y_i - \bar{y})^2 = \sum_{i=1}^{n} y_i^2 - n\bar{y}^2$，

$l_{xy} = \sum_{i=1}^{n}(x_i - \bar{x})(y_i - \bar{y}) = \sum_{i=1}^{n} x_i y_i - n\bar{x}\bar{y}$

用最小二乘法估计参数 A、B：

$$\hat{B} = \frac{\sum_{i=1}^{n}(x_i - \bar{x})(y_i - \bar{y})}{\sum_{i=1}^{n}(x_i - \bar{x})^2} = \frac{\sum_{i=1}^{n} x_i y_i - n\bar{x}\,\bar{y}}{\sum_{i=1}^{n} x_i^2 - n\bar{x}^2} = \frac{l_{xy}}{l_{xx}}$$

$$\hat{A} = \bar{y} - \hat{B}\bar{x}$$

$$\hat{\beta} = \hat{B}, \hat{\alpha} = \exp(-\hat{A}/\hat{B})$$

一般用中位秩估计 $F(t_i) \approx (i-0.13)/(n+0.4)$。为了便于处理，将故障数据整理为表，如表 5-4 所示。

表 5-4　某凸轮轴生产线磨床故障试验数据

序号	间隔时间	x_i	$F(t_i)$	y_i
1	3	1.098612289	0.003133393	0.576407
2	4	1.386294361	0.007609669	0.487452

续 表

序号	间隔时间	x_i	$F(t_i)$	y_i
3	4	1.386294361	0.012085944	0.440964
4	5	1.609437912	0.01656222	0.409229
5	5	1.609437912	0.021038496	0.385079
6	6	1.791759469	0.025514772	0.36556
7	6	1.791759469	0.029991047	0.349167
8	6	1.791759469	0.034467323	0.335026
9	7	1.945910149	0.038943599	0.322585
10	7	1.945910149	0.043419875	0.311472
		⋮		
220	1459	7.285506549	0.98343778	1.411141
221	1596	7.375255778	0.987914056	1.485169
222	1932	7.566311015	0.992390331	1.584804
223	2198	7.695303135	0.996866607	1.751916

根据表中数据，求得

$$\bar{x} = \frac{1}{n}\sum_{i=1}^{n} x_i = 4.718828589 \qquad \bar{y} = \frac{1}{n}\sum_{i=1}^{n} y_i = 0.5724$$

$$l_{xx} = \sum_{i=1}^{n} x_i^2 - n\bar{x}^2 = 519.4191299 \qquad l_{yy} = \sum_{i=1}^{n} y_i^2 - n\bar{y}^2 = 353.073$$

$$l_{xy} = \sum_{i=1}^{n} x_i y_i - n\bar{x} = 417.6333$$

得到 $\hat{B} = \dfrac{l_{xy}}{l_{xx}} = \dfrac{417.6333}{519.4191299} \approx 0.804039$，$\hat{A} = \bar{y} - \hat{B}\bar{x} = 0.5724 - 0.804039 \times 4.718828589 = -3.221722$

$\hat{\beta} = \hat{B} = 0.804039$，$\hat{\alpha} = \exp(-\hat{A}/\hat{B}) = \exp(4.0069225) \approx 54.97742$

（6）生产线设备故障间隔的威布尔分布假设检验

①线性相关性检验。

对于威布尔分布的线性相关性，采用相关系数法进行检验。相关系数为：

$$\hat{\rho} = \frac{l_{xy}}{\sqrt{l_{xx} l_{yy}}}$$

当 $|\hat{\rho}| > \rho_\alpha$ 时，认为 x 与 y 之间的线性相关性显著。其中，ρ_α 为相关系数的临界值，当显著性水平 $\alpha=0.1$ 时，近似计算公式为：

$$\rho_\alpha = \frac{1.645}{\sqrt{n-1}}$$

当 $n=223$ 时，$\rho_\alpha \approx 0.11$，$\hat{\rho} \approx 0.975$，$|\hat{\rho}| > \rho_\alpha$，$x$ 与 y 线性相关。

②分布拟合的假设检验。

常用的假设检验法有 χ^2 检验法和 $K-S$ 检验法（柯尔莫哥洛夫－斯米尔诺夫检验）。$K-S$ 检验法又称 d 检验法，比 χ^2 检验法精确，适用小样本情况。采用 d 检验法对分布函数进行假设检验。d 检验法将 n 个试验数据按由小到大的次序排列，根据假设的分布，计算每个数据对应的 F_0（x_i），与经验分布函数 F_n（x_i）进行比较，其中差值的最大绝对值即检验统计量 D_n 的观察值，将 D_n 与临界值 $D_{n,\alpha}$ 进行比较。

对于检验统计量 D_n，若满足下式，则接受原假设，否则拒绝原假设。

$$D_n = \sup_{-\infty<x<+\infty} |F_n(x) - F_0(x)| = \max\{d_i\} \leqslant D_{n,\alpha}$$

式中，$F_0(x)$ 为假设分布函数，即

$$F_0(x) = 1 - \exp\left[-\left(\frac{x}{54.97742}\right)^{0.804039}\right]$$

$F_n(x)$ 为样本大小为 n 的经验分布函数：

$$F_n(x) = \begin{cases} 0, & x < x_1 \\ \frac{i}{n}, & x_i < x < x_{i+1} \quad (x_1 < x_2 < x_3 < \cdots < x_n) \\ 1, & x > x_n \end{cases}$$

d_i 由下式确定：

$$d_i = \max\left\{ \left| F_0(x_i) - \frac{i-1}{n} \right|, \left| \frac{i}{n} - F_0(x_i) \right| \right\}$$

$D_n = 0.069464$，$D_{n,\alpha}$ 为临界值。

取显著性水平 $\alpha=0.1$，由经验公式得：$D_{n,\alpha} = \frac{1.22}{\sqrt{n}} = 0.081697$。

$D_n < D_{n,\alpha}$，接受原假设，认为该系列设备的无故障工作时间服从威布尔分布。

（7）生产线设备故障间隔函数的确定

生产线关键设备磨床的故障间隔时间概率分布函数为：

$$F(t) = 1 - \exp\left[-\left(\frac{t}{54.97742}\right)^{0.804039}\right],\ (t \geqslant 0)$$

磨床故障概率密度函数：

$$\begin{aligned} f(t) &= \frac{0.804039}{54.97742}\left(\frac{t}{54.97742}\right)^{0.804039-1}\exp\left[-\left(\frac{t}{54.97742}\right)^{0.804039}\right] \\ &= 0.014625\left(\frac{t}{54.97742}\right)^{-0.19596}\exp\left[-\left(\frac{t}{54.97742}\right)^{0.804039}\right] \end{aligned}$$

磨床可靠度函数为：

$$R(t) = 1 - F(t) = \exp\left[-\left(\frac{t}{54.97742}\right)^{0.804039}\right]$$

磨床失效率函数为：

$$\lambda(t) = f(t)/R(t) = = 0.014625\left(\frac{t}{54.97742}\right)^{-0.19596}$$

5.8.2　某变速器生产线设备的故障间隔时间分布模型的应用

某汽车变速器零部件繁多，其中自制件有 26 种规格。加工方法主要包括车削、磨削、镗削、钻扩、齿轮加工等。采用按订单由装配线拉式生产，生产线的设备主要包括数控车床、滚齿机、插齿机、倒角机、拉床、剃齿机、组合钻床、镗扩孔、外圆磨床、精密磨床和磨齿机等。在加工过程中，由于设备发生故障会造成交货延误或半成品积压。经过跟踪发现数控设备的故障多发部位主要是数控机床的传送带、机械手和传感器等。主要故障模式有转位、移位不到位，无动作转变，几何精度超标等。故障原因有磨损、断裂、失灵、松动、卡住等。这些设备的故障严重影响了生产的正常进行。应该对数控加工设备进行故障分析，查清故障原因和发生时间，找出对数控设备可靠性影响较大的故障模式。对发生故障频繁的设备或子系统进行故障模式及原因分析，摸清各生产线故障较多的设备，为维修设备提供依据。

以生产线上使用最多的粗加工工序上的数控车床为例进行分析。根据数控车床设备故障间隔件数和分布区间将数控车床设备故障间隔件数分成 8 组数据并做统计处理，为了设备部门和生产部门的协调，将故障间隔用生产数量件作为单位。根据车间实际的设备故障统计，将故障发生时间对应产品的累计产量，得到故障发生累计天数。该组数据有 137 个样本，$n=137$，平均分为 8 组，每组的概率密度观测值 $f(t)_i$ 为：$f(t)_i=\frac{k_i}{k}$，k_i 为每组故障间隔件数的故障频数；k 为故障总频数，$k=137$。以每组的中值为横坐标，每组概率密度的观测值 $f(t)_i$ 为纵坐标作概率密度函数散点图，如图 5－15 所示。以每组中值为横坐标，每组的累计频率为纵坐标，得出故障间隔件数经验分布函数 $F(k)_t=i/k$ 的散点图，如图 5－16 所示。可以看出，该数控车床的故障间隔件数不是正态分布，可能是指数分布或威布尔分布。

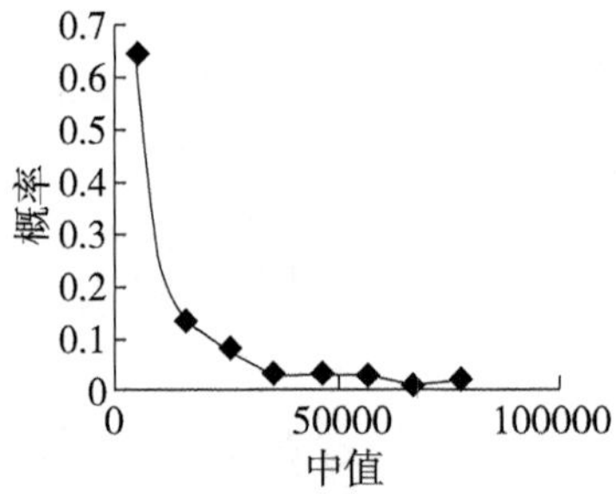

图 5－15　某数控车床概率密度函数散点图

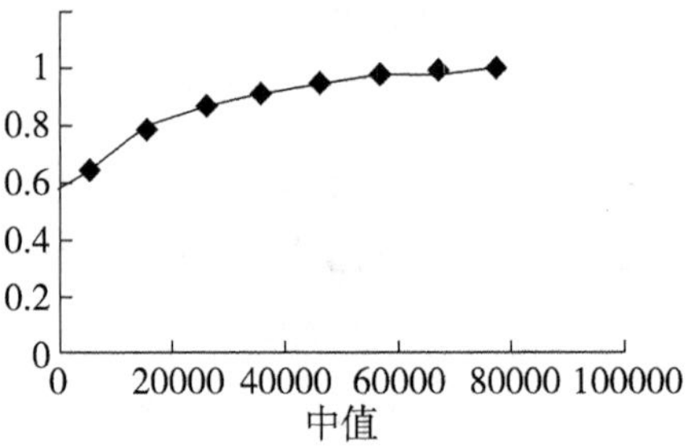

图 5－16　某数控车床故障间隔件数经验分布函数散点图

对威布尔分布的拟合效果，采用线性相关进行检验，计算得到 $\hat{\rho}=0.9885$。当显著性水平 $\alpha=0.1$ 时，$\rho_0=1.645/(k-1)^{\frac{1}{2}}=0.1411$，$k=137$。由于 $|\hat{\rho}|>\rho_0$，认为该数控车床故障分布函数服从威布尔分布。

对数控车床故障间隔件数分布函数进行 d 检验，计算得到的观察 $D_k=0.0768<D_{k,\alpha}=0.104$，故障间隔件数的分布符合威布尔分布。该数控车床平

均无故障工作生产件数服从威布尔分布，概率密度函数 $f(t)$ 、分布函数 $F(t)$ 分别为：

$$f(t) = \frac{\beta}{a}\left(\frac{t}{a}\right)^{\beta-1} e^{\left[-\left(\frac{t}{\alpha}\right)^{\beta}\right]}, t \geqslant 0 \text{ , } F(t) = 1 - e^{\left[-\left(\frac{t}{\alpha}\right)^{\beta}\right]}, t \geqslant 0$$

其中，$\alpha = 11515.5$，$\beta = B = 0.8042$，则概率密度函数 $f(t)$ 、分布函数 $F(t)$ 如图 5 - 17 所示，x 轴表示设备两次故障的间隔件数，概率密度函数的 y 轴表示故障在该故障间隔件数发生的概率，分布函数 y 轴表示在从 0 到某一的故障间隔件数内发生的故障在所有故障中所占比例。可靠度函数 $R(t)$ 与故障率函数 $\lambda(t)$ 为：$R(t) = 1 - F(t) = \exp[-(t/\alpha)^{\beta}]$，$\lambda(t) = f(t)/R(t) = (\beta/\alpha)(t/\alpha)^{\beta-1}$。

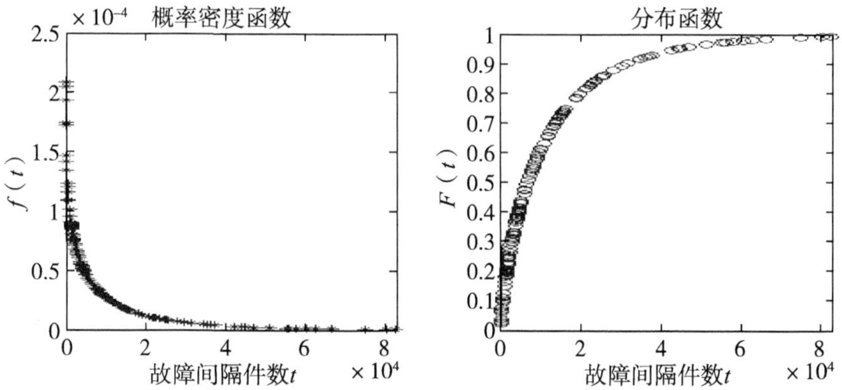

图 5 - 17　某数控车床故障函数

数控车床的平均无故障工作件数的估计值可以由 $MTBF = \int_0^t tf(t)\,dt = E(t)$ 得到，结果为 11715.9 件。

同理，得到壳体线设备的故障间隔件数威布尔分布和 $MTBF$，如表 5 - 5 所示。

表 5 - 5　　壳体线设备的故障间隔件数威布尔分布和 *MTBF*

壳体线设备名称	威布尔分布的参数		*MTBF*（件）
	α	β	
OP10	5551.051	0.8647	5976
OP20	8418.851	0.7439	10092

续 表

壳体线设备名称	威布尔分布的参数		MTBF（件）
	α	β	
OP25	9756.000	0.4797	21122
OP40	20292.46	0.5685	32878
OP50	3796.000	0.8557	4113

数控设备的故障间隔件数服从威布尔分布。数控设备这样的复杂机电产品在其全寿命周期内，故障间隔件数的威布尔函数中，参数β与产品的故障机理相关，不同的β值伴随着不同的故障机理。当$\beta<1$时，呈现出初始故障期的寿命分布；当$\beta=1$时，呈现出偶然故障期的寿命分布；当$\beta>1$时，呈现出耗损故障期的寿命分布。α与工作负载有关，负载大，则相应的α小；反之亦然。从实际的分析结果可以看出，大多数数控设备的威布尔分布$\beta<1$，同时该生产线投产只有两年，设备进入初始故障期和偶然故障期。其故障模式多为转位、移位不到位，无动作转变，几何精度超标等。故障原因有磨损、断裂、失灵、松动、卡住等。说明数控设备在设计和制造过程中选择的元器件可靠性较差，使设备的可靠性难以得到保证。对生产商提出改进建议，并在休班期间对数控设备进行预防性维修，以便延长数控设备的使用时间，确保生产的正常进行。

同时参照平均无故障工作件数，当生产线产量达到平均无故障工作件数的1/3时，对重点设备进行检查和维护；达到平均无故障工作件数的2/3时，对每台设备进行全面检查。同时，根据可靠度函数中60%～70%处对应的间隔件数来确定维修保养计划。

5.9 基于故障模式的生产线关键设备运行状态分析

5.9.1 设备故障模式分析的基本原理

故障模式、影响及危害性分析（Failure Mode，Effect and Criticality Analysis，FMECA）是分析每一个机械系统中所有可能的故障模式及其对机械系统所有可能的影响，并按每个故障模式的危害程度及其发生概率予以分类的一种归纳分析方法。对设备故障模式、影响及危害度进行分析，可进一步提高机械系统的可靠性水平。FMECA 包括故障模式、影响分析（Failure Mode and Effect Analysis，FMEA）和危害性分析（Criticality Analysis，CA）。故障分析常用方法如图 5 - 18 所示。

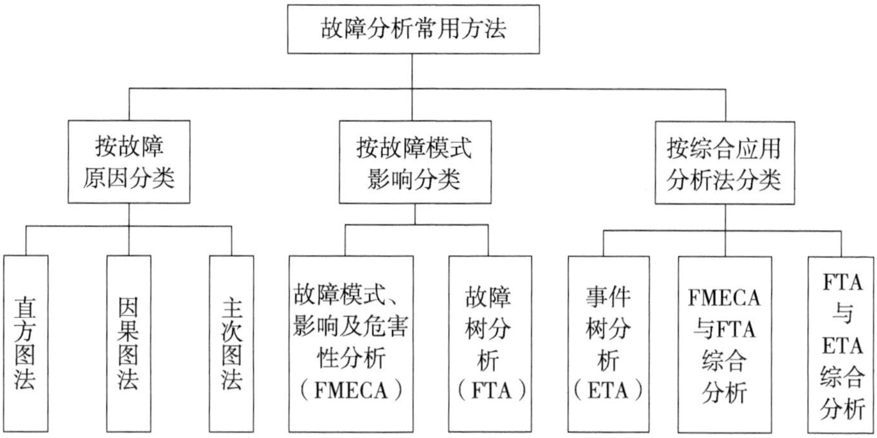

图 5 - 18　故障分析常用方法

FMECA 对所有可能发生的故障，确定对机械系统或人员安全有危害性的故障模式及其等级，为机械系统中的监控子系统和内部自检子系统的配置和设计提供依据，并根据对故障模式的分析，确定每种故障模式对机械系统的影响，且按故障模式的严重度及其发生概率确定其危害性。表 5 - 6 为 FMECA 表头项目，分析人员通过对设备进行具体、有层次的分析，从而掌握设备故障模式的危害性影响。

表 5 - 6　FMECA 表头项目

编号：________分析者姓名：________设计工程师姓名：________日期：________

设备名称	功能	设备识别代号	失效模式	失效原因	失效影响		失效检测	可选择的预防措施	失效模式发生概率	危害度等级	备注
					局部影响	最终影响					

通过对多生产线上的关键设备进行故障统计，查清整机各故障部位、故障模式及故障原因的比率，从整体上掌握生产线关键设备的故障发生情况，找出对整机可靠性影响较大的故障模式，对发生故障频繁的部件或子系统进一步进行故障模式及原因分析，通过危害性分析，摸清该生产线的薄弱环节，为排除该生产线故障提供依据，为生产线的生产计划制订、设备的维护措施制定提供依据。

5.9.2 生产线设备的故障模式、影响分析（FMEA）

（1）故障模式分析

故障模式是 FMECA 分析的基础。产品的故障与产品所属系统的功能和条件密切相关，对具体的机械系统进行故障分析时，必须先明确系统在规定的条件下丧失规定功能的判别准则，即系统的故障判据，以便明确产品的某种非正常状态是否为该产品的故障模式。对某生产线关键设备（主径凸轮磨床）的故障数据进行分析，通过对故障模式的统计分析得出表 5 - 7。

表 5 - 7　主径凸轮磨床故障模式分类

故障类型	故障模式	模式代码	故障频次	故障概率
损坏型 . 01	零部件损坏 . 01	101	31	0. 13025
损坏型 . 01	液、气、油元件损坏 . 07	107	23	0. 09664
状态型 . 06	检测系统失灵 . 09	609	22	0. 09244
损坏型 . 01	元器件损坏 . 02	102	19	0. 07983
动作型 . 02	运动部件不动作 . 01	201	18	0. 07563
堵塞、渗漏型 . 05	液、气、油渗漏 . 01	501	14	0. 05882
状态型 . 06	性能参数下降 . 12	612	12	0. 05042
状态型 . 06	元器件功能丧失 . 14	614	11	0. 04622
状态型 . 06	气、液控制失灵 . 06	606	9	0. 03782
工艺型 . 07	几何精度下降 . 01	701	7	0. 02941
其他型 . 08	不能正常工作 . 02	802	7	0. 02941
松动型 . 04	紧固件松动 . 01	401	6	0. 02521
其他型 . 08	原因不明 . 04	804	6	0. 02521

续　表

故障类型	故障模式	模式代码	故障频次	故障概率
损坏型.01	电机损坏.03	103	5	0.02101
动作型.02	转位、移位无动作.03	203	4	0.01681
动作型.02	运动部件控制失灵.10	210	4	0.01681
失调型.03	砂轮失调.09	309	4	0.01681
失调型.03	主轴失调.12	312	4	0.01681
堵塞、渗漏型.05	液、气、油堵塞不畅.02	502	4	0.01681
状态型.06	温度过高.01	601	4	0.01681
状态型.06	发出异响.05	605	4	0.01681
动作型.02	定向不准.07	207	3	0.01261
失调型.03	压力调整不当.06	306	3	0.01261
动作型.02	清洗失灵.12	212	2	0.0084
动作型.02	电机启动不起来.13	213	2	0.0084
失调型.03	液压元件流量过大.04	304	2	0.0084
松动型.04	零部件脱落.05	405	2	0.0084
状态型.06	传感部件失灵.08	608	2	0.0084
状态型.06	电机不能正常工作.10	610	2	0.0084
失调型.03	行程不当.07	307	1	0.0042
状态型.06	运动部件动作冲击大.03	603	1	0.0042

（2）故障原因分析

故障原因分析一般从直接原因和间接原因两个方面着手，直接原因一般称为故障机理。由于各种故障因素的作用，机械系统一旦发生故障，必然带来一定的影响和损失，称为故障损失。故障损失有直接损失和间接损失之分，正确处理故障原因对机械系统的故障判断有着至关重要的作用。将获得的主径凸轮磨床的故障数据按照已有的故障原因进行分类，可分为24种故障原因，如表5－8所示。

表 5-8　　主径凸轮磨床故障原因分类

代码	故障原因	故障频次	故障概率	代码	故障原因	故障频次	故障概率
R10	零部件损坏	43	0.18067	R35	其他	7	0.02941
R5	元器件损坏	26	0.10924	R13	过热	6	0.02521
R2	磨损	23	0.09664	R9	脱落	5	0.02101
R6	调整不当	19	0.07983	R28	漂移	5	0.02101
R1	断裂	16	0.06723	R17	元器件超期使用	4	0.01681
R11	堵塞	14	0.05882	R34	润滑不充分	4	0.01681
R3	松动	11	0.04622	R7	工艺不良	3	0.01261
R4	过压	9	0.03782	R14	过载	3	0.01261
R29	误操作	9	0.03782	R27	过流	3	0.01261
R8	参数丢失	8	0.03361	R19	变形	2	0.00840
R12	划伤	8	0.03361	R20	烧坏	2	0.00840
R25	腐蚀	7	0.02941	R16	短路	1	0.00420

机床故障的主要原因是零部件损坏（18.07%）、元器件损坏（10.92%）、磨损（9.66%）、调整不当（7.98%）、断裂（6.72%）、堵塞（5.88%）、松动（4.62%）等。零部件损坏、元器件损坏、磨损、调整不当主要发生在检测系统、冷却与恒温系统、电源与电气系统、液压系统、主轴系统。这些是造成设备停机的主要原因，在维修保养过程中重点检查设备这些系统中对应的易损件，定期做相应的保养计划，选取较好的备件，从源头上减少因为零部件、元器件损坏而造成的故障。

（3）故障部位分析

通过对故障现象、故障原因的统计分析及在深入观察与实践的基础上，得到主径凸轮磨床的故障部位的故障频率等，该设备故障多发部位为检测系统、冷却与恒温系统、电源与电气系统，它们的故障频率分别为 15.13%、13.03%、12.19%。结论如下：

①检测系统是发生故障最频繁的部位，故障模式主要有检测系统失灵、元器件损坏、零部件损坏、性能参数下降、传感部件失灵、紧固件松动等。

②冷却与恒温系统也是故障较多的部位，故障模式主要有液、气、油元件损坏，液、气、油渗漏，温度过高，元器件损坏，元器件功能丧失，零部件脱落等。

③电源与电气系统故障相对较多，故障模式主要有元器件损坏、零部件损坏、元器件功能丧失等。

5.9.3　生产线关键设备的危害性分析（CA）

机械系统的故障危害性指故障模式所产生故障后果的严重程度。故障危害性分析是对机械系统故障造成的最终后果所做的度量。机械部位的危害性是对零部件的故障后果的危害程度的综合评定，反映子系统或部件发生故障时，对整机的性能、功用、周围环境及人员安全的影响程度。通过整机危害性分析可以确定影响该设备可靠性的关键零部件，摸清攻关产品的薄弱环节，以便有针对性地进行可靠性改进设计。根据设备危害性分析的需要，将机床分成多个主要子系统或零部件，分别算出各个子系统或零部件的危害度。零部件 i 以故障模式 j 发生故障致使该零部件发生故障的危害性 CR_{ij} 定义为：

$$CR_{ij} = \alpha_{ij}\beta_{ij}\lambda_{ij}$$

其中，零部件 i 对整机的危害度为：

$$CR_i = \sum_{j=1}^{n} CR_{ij} = \sum_{j=1}^{n} \alpha_{ij}\beta_{ij}\lambda_{ij}$$

式中，n 为零部件 i 出现的故障模式的种数；α_{ij} 为故障模式频数比；β_{ij} 为故障影响概率；λ_i 为零部件 i 的基本故障率。零部件 i 以故障模式 j 而引发的故障模式频数比为：

$$\alpha_{ij} = \frac{n_j}{n_i}$$

式中，n_j 为零部件 i 第 j 种故障模式出现的次数；n_i 为零部件 i 全部故障模式发生的总次数。如果考虑机械系统的所有故障模式，则其故障模式频数比之和为 1。

零部件 i 以故障模式 j 发生故障造成该零部件损伤的概率为 β_{ij}，即故障影响概率，其值如表 5 - 9 所示。

表 5－9　故障影响概率 β_{ij} 的选择范围

故障影响	β_{ij}	故障影响	β_{ij}
实际丧失规定的功能	1.0	有可能丧失规定的功能	0～0.1
很可能丧失规定的功能	0.1～1.0	无影响	0

平均基本故障率 $\overline{\lambda_i}$ 是通过现场试验得到的：

$$\overline{\lambda_i} = \frac{N_i}{\sum t}$$

式中，N_i 为在规定时间内零部件 i 累计故障次数；$\sum t$ 为在规定时间内零部件 i 累计的工作时间。

5.9.4　某凸轮轴生产线磨床子系统故障分析

检测系统是该生产线磨床故障最频繁的部位。对检测系统的故障模式和故障原因进行统计，如表 5－10 和表 5－11 所示。

表 5－10　检测系统的故障模式分布

模式代码	故障模式	频次	频率
609	检测系统失灵	22	0.611
102	元器件损坏	3	0.083
101	零部件损坏	3	0.083
612	性能参数下降	3	0.083
608	传感部件失灵	2	0.056
401	紧固件松动	1	0.028
804	原因不明	1	0.028
802	不能正常工作	1	0.028

表 5－11　检测系统的故障原因分布

原因代码	故障原因	频次	频率
R6	调整不当	15	0.417
R5	元器件损坏	6	0.167

续　表

原因代码	故障原因	频次	频率
R10	零部件损坏	5	0. 139
R3	松动	5	0. 139
R29	误操作	2	0. 056
R35	其他	2	0. 056
R17	元器件超期使用	1	0. 028

冷却与恒温系统故障模式和故障原因统计分析结果如表 5 - 12 和表 5 - 13 所示。

表 5 - 12　　冷却与恒温系统故障模式统计分析

模式代码	故障模式	频次	频率
107	液、气、油元件损坏	12	0. 387
501	液、气、油渗漏	6	0. 194
601	温度过高	4	0. 129
102	元器件损坏	4	0. 129
614	元器件功能丧失	2	0. 065
405	零部件脱落	2	0. 065
103	电机损坏	1	0. 032

其中，冷却与恒温系统中故障模式以液、气、油元件损坏和液、气、油渗漏最严重，液、气、油元件损坏占 38. 7%。

表 5 - 13　　冷却与恒温系统故障原因统计分析

原因代码	故障原因	频次	频率
R11	堵塞	13	0. 419
R25	腐蚀	6	0. 194
R5	元器件损坏	4	0. 129
R9	脱落	3	0. 097
R35	其他	2	0. 065
R27	过流	2	0. 065
R7	工艺不良	1	0. 032

堵塞、腐蚀、元器件损坏、脱落是造成该子系统故障的主要原因，其中堵塞占41.9%，是最主要的原因。

电源与电气系统故障模式和故障原因统计分析结果如表5－14和表5－15所示。

表5－14　　电源与电气系统故障模式统计分析

模式代码	故障模式	频次	频率
102	元器件损坏	12	0.413793
101	零部件损坏	10	0.344828
614	元器件功能丧失	5	0.172414
610	电机不能正常工作	1	0.034483
103	电机损坏	1	0.034483

电源与电气系统中主要的故障模式是元器件损坏和零部件损坏，故障频率分别约为41.38%、34.48%。

表5－15　　电源与电气系统故障原因统计分析

原因代码	故障原因	频次	频率
R5	元器件损坏	12	0.413793
R10	零部件损坏	9	0.310345
R6	调整不当	3	0.103448
R17	元器件超期使用	2	0.068966
R35	其他	1	0.034483
R16	短路	1	0.034483
R3	松动	1	0.034483

元器件损坏、零部件损坏、调整不当、元器件超期使用是造成该子系统故障的主要原因，其中元器件损坏（约41.38%）和零部件损坏（约31.03%）是最主要的原因。

5.9.5　某凸轮轴生产线磨床的危害性分析

经计算与分析得出该生产线关键设备磨床的 FMECA 如表 5－16 所示。

表 5－16　　某生产线关键设备磨床的 FMECA

子系统	模式代码	故障模式	α_{ij}	β_{ij}	λ_{ij}
检测系统	609	检测系统失灵	1	0.5	0.000537474
	102	元器件损坏	0.157894737	1	
	101	零部件损坏	0.096774194	1	
	612	性能参数下降	0.25	0.1	
	608	传感部件失灵	1	0.5	
	401	紧固件松动	0.166666667	0.1	
	804	原因不明	0.166666667	0.5	
	802	不能正常工作	0.142857143	0.5	
冷却与恒温系统	107	液、气、油元件损坏	0.52173913	1	0.000462825
	501	液、气、油渗漏	0.428571429	0.5	
	601	温度过高	1	0.5	
	102	元器件损坏	0.210526316	1	
	614	元器件功能丧失	0.181818182	0.5	
	405	零部件脱落	1	0.5	
	103	电机损坏	0.2	1	
电源与电气系统	102	元器件损坏	0.631578947	1	0.000432965
	101	零部件损坏	0.322580645	1	
	614	元器件功能丧失	0.454545455	0.5	
	610	电机不能正常工作	0.5	0.5	
	103	电机损坏	0.2	1	
液压系统	606	气、液控制失灵	0.888888889	0.5	0.000373246
	107	液、气、油元件损坏	0.217391304	1	
	501	液、气、油渗漏	0.285714286	0.5	
	306	压力调整不当	1	0.1	

续 表

子系统	模式代码	故障模式	α_{ij}	β_{ij}	λ_{ij}
液压系统	304	液压元件流量过大	1	0.5	0.000373246
	502	液、气、油堵塞不畅	0.5	0.1	
	213	电机启动不起来	0.5	0.5	
砂轮	612	性能参数下降	0.75	0.5	0.000343386
	701	几何精度下降	1	0.1	
	309	砂轮失调	1	0.1	
	614	元器件功能丧失	0.272727273	0.5	
整体防护装置	101	零部件损坏	0.451612903	1	0.000268737
	401	紧固件松动	0.5	0.1	
	614	元器件功能丧失	0.090909091	0.5	
主轴系统	201	运动部件不动作	0.222222222	0.5	0.000253807
	605	发出异响	1	0.5	
	312	主轴失调	1	0.5	
	103	电机损坏	0.6	1	
	610	电机不能正常工作	0.5	0.5	
	213	电机启动不起来	0.5	0.5	
润滑系统	107	液、气、油元件损坏	0.260869565	1	0.000194088
	501	液、气、油渗漏	0.285714286	0.5	
	502	液、气、油堵塞不畅	0.5	0.1	
	606	气、液控制失灵	0.111111111	0.5	
X轴（砂轮架）进给系统	201	运动部件不动作	0.277777778	0.5	0.000179158
	203	转位、移位无动作	1	0.5	
	101	零部件损坏	0.096774194	1	
其他	201	运动部件不动作	0.454545455	0.5	0.000134368
	802	不能正常工作	0.571428571	0.5	
C轴（工件头架）进给系统	207	定向不准	1	0.1	0.000119439
	201	运动部件不动作	0.111111111	0.5	
	401	紧固件松动	0.333333333	0.1	
	307	行程不当	1	0.1	

续　表

子系统	模式代码	故障模式	α_{ij}	β_{ij}	λ_{ij}
数控系统	210	运动部件控制失灵	1	0.5	0.000119439
	804	原因不明	0.666666667	0.1	
Z 轴（工作台）进给系统	802	不能正常工作	0.285714286	0.5	0.000074649
	804	原因不明	0.166666667	0.1	
	603	运动部件动作冲击大	1	0.5	
	101	零部件损坏	0.032258065	1	
排屑系统	212	清洗失灵	1	0.5	0.000059719
	201	运动部件不动作	0.111111111	0.5	

将 α_{ij} 、β_{ij} 、λ_{ij} 代入公式得出磨床的危害度为：

CR_i = {0.000779965，0.001035497，0.000706410，0.000636191，0.000244282，0.000146997，0.000561180，0.000098846，0.000131800，0.000068929，0.000034504，0.000067682，0.000051641，0.000033177}

为方便观察，经排序，磨床各子系统的设备危害度如表 5－17 所示。

表 5－17　　　　　磨床各子系统的设备危害度

故障部位	危害度
冷却与恒温系统	0.001035497
检测系统	0.000779965
电源与电气系统	0.000706410
液压系统	0.000636191
主轴系统	0.000561180
砂轮	0.000244282
整体防护装置	0.000146997
X 轴（砂轮架）进给系统	0.000131800
润滑系统	0.000098846
其他	0.000068929
数控系统	0.000067682
Z 轴（工作台）进给系统	0.000051641
C 轴（工件头架）进给系统	0.000034504
排屑系统	0.000033177

通过磨床各子系统的设备危害度可以看出，冷却与恒温系统的危害度最高，是影响该生产线磨床可靠性的关键部位，其次是检测系统、电源与电气系统、液压系统、主轴系统，应在维修保养计划中进行重点防护和维修，以保证生产的顺利进行。要提高磨床的可靠性，必须在数控机床的设计方面，制造方面，装配方面，外购、外协件方面和使用维护方面提高水平，保证质量。

影响数控机床可靠性的主要因素有以下几个方面：①元器件质量差，由于元器件工艺不精致，质量低劣，使用中经常损坏，严重影响磨床的正常使用。②零部件质量差，磨床的功能部件的可靠性在很大程度上也决定了整机的可靠性，提高零部件的质量对磨床的可靠性也有很大的作用。③防护措施不到位，对切削液、冷却液和油液防护不利，导致各种液体混合，造成故障。④设计制造时存在缺陷，导致机床几何精度变化，容易超差，特别是热平衡不佳及加工时容易引起精度变化。⑤装配时配校不到位，从而影响位置精度。⑥装配时螺钉、螺母等紧固件力矩不够或不合理，使用过程中引起零部件的松动，引起故障。⑦对机床使用不当引起故障，操作失误引起故障。⑧机床保养维护不善、润滑不够、铁屑磨泥未及时清理等易引起磨床故障。

5.10 汽车零部件生产线设备的选择性维修决策技术

5.10.1 可靠性维修理论

现代化的机械和设备的功能越来越多，机构也越来越复杂，设备长期在高压、高温、过载等环境下运作。一旦关键设备发生故障，将使生产停机，造成巨大的经济损失，而且还可能危及员工的安全。根据维修技术、维修类型、维修策略不同时期的变化特征，维修可以分为以下三种类型：事后维修、定期维修和状态维修。

基于状态的维修是采用一定的状态监测技术对产品可能发生功能故障部位的各种物理信息进行周期性监测、分析、诊断，据此推断其状态，并根据状态发展情况安排预防性维修。

“以可靠性为中心”的维修是根据机械系统和零部件的状态，用最少的维修资源，使用正确的逻辑决策分析法确定所需要的维修内容、维修类型、维修周期和维修级别，制订机械系统预防性维修计划，从而达到优化的目的。可靠性维修遵循以下原则：①机械系统的功能故障如果有安全性和环境性危害后果，若预防性维修后仍不能将机械系统的功能故障危害度降低到可接受的范围，则必须对系统进行重新设计或者改进设计。②功能故障如果是隐蔽性功能故障，则必须采用预防性维修。③机械系统预防功能故障的维修工作必须在经济上是可行的。④机械系统在设计过程中尽量达到标准化和模块化、互换性和可达性的要求，应易于进行功能故障的查找和识别。

5.10.2　生产线可靠性维修方式决策模型

在汽车关键零部件制造系统中，各设备的最优维修间隔一般都是按照单设备的维修策略来确定。由于设备的维修间隔不尽相同，甚至差距很大，所以如果直接依照这些维修间隔执行维修操作，会造成生产线停工。维修方式决策模型包括逻辑分析决策模型和模糊分析决策模型。逻辑分析决策模型如图 5 - 19 所示。

对于生产设备而言，维修通常有小修、预防性维修和大修三种维修方式。小修是恢复性维修，即在设备工作过程中对突发性故障进行维修，是使其快速恢复到正常状态的维修，不会改变设备的故障率。大修是一种全面维修，对机械系统的所有零部件全部进行检测、调整和维修，大修可以使设备恢复到正常工作状态。预防性维修是在产品发生故障前发现故障并采取措施的一种维修策略，综合考虑役龄递减因子和故障率递增因子，建立预防性维护修复模型。Cassady 等建立了以串并联系统的最大化可靠性为目标的服从威布尔分布的设备选择性维修优化模型。Lust 等通过将启发式方法和禁忌搜索结合的求解算法改进模型。

5.10.3　汽车零部件生产线的选择性维修决策

企业在订单比较集中的时期，如何保证生产线的产能最大化是关键。对于积累的设备故障可以在生产任务不紧时进行定期大修以恢复其功用。企业在实际生产过程中将生产线分为生产时段和维修时段。在生产时段，设备出现故障时，应该以最快的维修方式进行维修，使设备重新投入生产活动中，

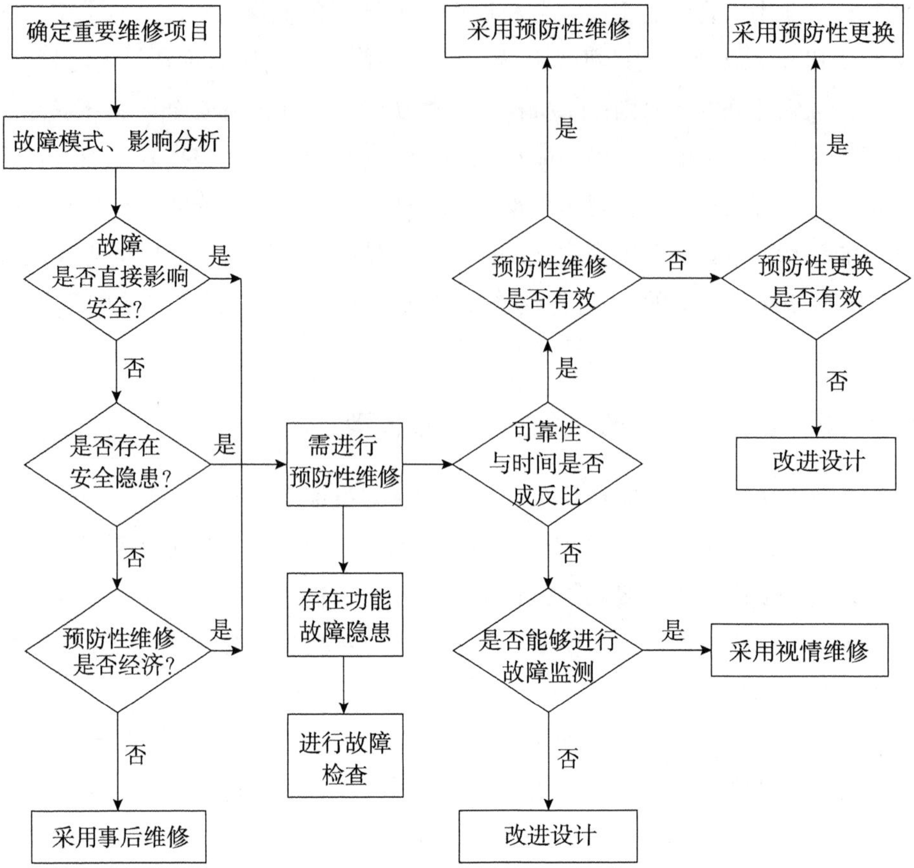

图 5－19　逻辑分析决策模型

保证在生产时段内完成生产任务。在维修时段，应该根据生产任务的需要建立维修模型，保证在下一个生产周期前执行维修计划。如生产线系统由 m 道工序组成，工序 $k(1 \leqslant k \leqslant m)$ 由 n_k 台设备并联组成，如果设备的总数为 M ，则有 $\sum_{k=1}^{m} n_k = M$ ，如图 5－20 所示。

（1）工序并联设备节拍

设生产线生产节拍为 ν ，工序 k 由 n_k 台设备并联组成，其中设备 $i(1 \leqslant i \leqslant n_k)$ 生产节拍是 T_i ，则有：

$$\sum_{i=1}^{n_k} \frac{1}{T_i} \geqslant \frac{1}{\nu}, k = 1,2,\cdots,m$$

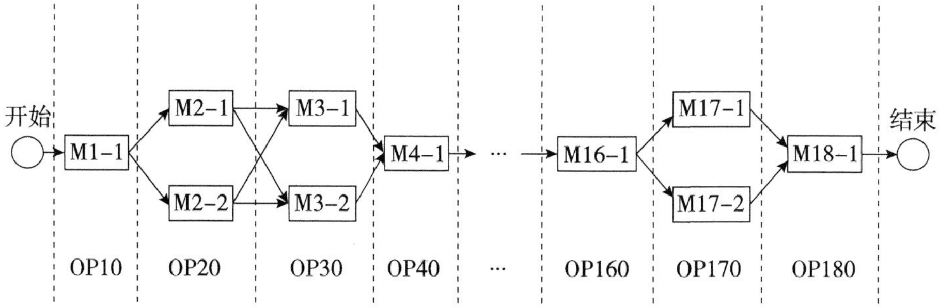

图 5-20　生产线系统

在该工序内，设备 i 的生产能力比重是 w_i，满足 $w_i = \frac{1}{T_i} \times \nu$，得 $\sum_{i=1}^{n_k} w_i \geqslant 1, k = 1,2,\cdots,m$，大于 1 的情况表明该工序的设备有待机时间。

（2）设备期望故障次数

假设大修后设备可以恢复到正常状态，小修可使设备恢复到故障前的状态，故障率不改变，预防性维修可以改变设备的故障率曲线和可靠性。设 $\lambda_{ij}(t)$ 为设备 i 第 $j(j \geqslant 1)$ 次预防维修后的故障率函数，其初始故障率为 $\lambda_{i0}(t)$，$W_{i(j-1)}(t)$ 为第 $j-1$ 次主动维修后到第 j 次主动维修前的设备故障间隔时间，即设备实际工作时间，α、β 为常数，t 为设备工作时间，则有：

$$\lambda_{ij}(t) = \beta_i \lambda_{i(j-1)}[t + \alpha_i W_{i(j-1)}], \forall j \geqslant 1$$

设 $A_{ij} = \sum_{k=0}^{j-1} W_{ik}$ 为设备第 j 次主动维修前的役龄，即上次大修结束之后实际工作时间的总和，则有：

$$\lambda_{ij}(t) = \beta_i \lambda_{i0}(t + \alpha_i A_{ij}), \forall j \geqslant 1$$

假设设备的初始故障率服从两参数威布尔分布，则有 $\lambda_{i0}(t) = \frac{\mu_i}{\eta_i}\left(\frac{t}{\eta_i}\right)^{\mu_{i-1}}$，可靠度为 $R_{i0}(t) = \mathrm{e}^{-(\frac{i}{\eta_i})^{\mu_i}}$，其中 $\mu_i > 0$ 为形状参数，$\eta_i > 0$ 为尺度参数。可以求出第 j 次维修后的故障率函数 $\lambda_{ij}(t) = \frac{\beta_i}{\eta_i}\left(\frac{t + \alpha_i A_{ij}}{\eta_i}\right)^{\mu_{i-1}}$，由故障率及可靠性公式 $R_{ij}(t) = \exp[-\int_0^t \lambda_{ij}(t)\mathrm{d}t]$，可以得到：

$$R_{ij}(t) = e^{\beta_i^j[(\frac{\alpha_i A_{ij}}{\eta_i})^{\mu_i}-(\frac{t+\alpha_i A_{ij}}{\eta_i})^{\mu_i}]}$$

如果设备在 t 时刻的故障率为 $\lambda_{ij}(t)$ ，则在其后的工作周期 T_w 内，相对 T_w 来讲，故障修复时间比较小可以忽略不计，则该设备的期望故障次数为：

$$NF_i(T_w) = \int_t^{t+T_w} \lambda_{ij}(t)\mathrm{d}t = \int_0^{t+T_w} \lambda_{ij}(t)\mathrm{d}t - \int_0^t \lambda_{ij}(t)\mathrm{d}t$$

$$= \frac{\beta_i^j \cdot [(t + T_w + \alpha_i A_{ij})^{\mu_i} - (t + \alpha_i A_{ij})^{\mu_i}]}{\eta^{\mu_i}}$$

一般情况下，设备分为正常状态与故障状态，两种状态都对应三种维修策略，不同维修策略对应四种不同的期望故障次数。假设在某个决策时刻，设备 i 自上次大修以后已经进行了 j 次主动维修，第 j 次主动维修时的役龄为 A_{ij} ，并在此后工作了 t_{i0} 时间，则设备 i 的实际役龄 $A_i = A_{ij} + t_{i0}$ ，故障率函数为：

$$\lambda_{ij}(t) = \lambda_{i0}(t_{i0} + \alpha_i A_{ij})$$

对于正常设备来讲，不修或者小修其故障率函数不变，在下一个工作周期 T_w 内仍然为 $\lambda_{ij}(t)$ 。

$$NF_i(T_w) = \int_{t_{i0}}^{t_{i0}+T_w} \lambda_{ij}(t)\mathrm{d}t = \int_{i0}^{t_{i0}+T_w} \lambda_{i0}(t_{i0} + \alpha_i A_{ij})\mathrm{d}t$$

$$= \frac{\beta_i^j \cdot [(t_{i0} + T_w + \alpha_i A_{ij})^{\mu_i} - (t_{i0} + \alpha_i A_{ij})^{\mu_i}]}{\eta^{\mu_i}}$$

故障设备采取不维修策略的情况下，工作周期内的故障时间忽略不计，其期望故障次数比第一种情况多一次。

$$NF_i(T_w) = 1 + \int_{t_{i0}}^{t_{i0}+T_w} \lambda_{ij}(t)\mathrm{d}t = 1 + \int_{i0}^{t_{i0}+T_w} \lambda_{i0}(t_{i0} + \alpha_i A_{ij})\mathrm{d}t$$

$$= 1 + \frac{\beta_i^j \cdot [(t_{i0} + T_w + \alpha_i A_{ij})^{\mu_i} - (t_{i0} + \alpha_i A_{ij})^{\mu_i}]}{\eta^{\mu_i}}$$

设备正常的情况下，维修后设备的故障率函数为 $\lambda_{i(j+1)}(t) = \lambda_{i0}(t_{i0} + \alpha_i A_{i(j+1)})$ ，役龄 $A_{i(j+1)} = A_{ij} + t_{i0}$ 。

$$NF_i(T_w) = \int_0^{T_w} \lambda_{i(j+1)}(t)\mathrm{d}t$$

$$= \frac{\beta_i^{j+1} \cdot [(T_w + \alpha_i A_{i(j+1)})^{\mu_i} - (t_{i0} + \alpha_i A_{i(j+1)})^{\mu_i}]}{\eta^{\mu_i}}$$

不管是正常还是故障的设备，采用大修策略后，设备都恢复到正常的状态，此时该设备的设备役龄为 0，故障率为 $\lambda_0(t) = \frac{\mu_i}{\eta_i}\left(\frac{t}{\eta_i}\right)^{\mu_i-1}$ ，则各个设备的期望故障次数为：

$$NF_i(T_w) = \int_0^{T_w} \lambda_0(t)\mathrm{d}t = \left(\frac{T_w}{\eta_i}\right)^{\mu_i}$$

（3）生产线生产计划约束

生产线在每个工作周期里要完成 P 件产品，对于生产线系统，每一道工序的并联设备都应该拥有在工作周期内完成 P 件产品的能力。已知各个设备的期望故障次数为 $NF_i(T_w)$ ，工序 k 内有 n_k 台并联的设备，设备 i 的加工时间为 T_i ，在工作周期内的小修时间为 tm_i ，则必须满足：

$$\sum_{i=1}^{n_k} \frac{[T_w - tm_i \times NF_i(T_w)]}{T_i} \geqslant P, k = 1,2,\cdots,m$$

（4）数学优化模型

如某生产线中共有 M 台设备，对于设备 i 而言，用 S_i 代表设备在本次维修时的状态，

$$S_i = \begin{cases} 1, \text{设备正常} \\ 0, \text{设备已发生故障} \end{cases}$$

对于设备采取的维修措施有小修、预防性维修和大修，分别用 MM_i 、PM_i 、RM_i 三个变量表示：

$$MM_i = \begin{cases} 1, \text{对设备 } i \text{ 进行最小维修} \\ 0, \text{不对设备 } i \text{ 进行最小维修} \end{cases}$$

$$PM_i = \begin{cases} 1, \text{对设备 } i \text{ 进行预防性维修} \\ 0, \text{不对设备 } i \text{ 进行预防性维修} \end{cases}$$

$$RM_i = \begin{cases} 1, \text{对设备 } i \text{ 进行大修} \\ 0, \text{不对设备 } i \text{ 进行大修} \end{cases}$$

假定对设备 i 进行一次小修、预防性维修和大修的期望时间为 tm_i 、tp_i 和 tr_i ，其花费为 cm_i 、cp_i 和 cr_i 。则总小修时间为 $TM = \sum_{i=1}^{M}(tm_i \cdot MM_i)$ ，总预防性维修时间 $TP = \sum_{i=1}^{M}(tp_i \cdot PM_i)$ ，总大修时间 $TR = \sum_{i=1}^{M}(tr_i \cdot RM_i)$ ，总维

修时间合计为：

$$TA = TM + TP + TR$$

总维修费用为：

$$C = \sum_{i=1}^{M} (cm_i \cdot MM_i + cp_i \cdot PM_i + cr_i \cdot RM_i) + cs \times TA$$

式中，$cs \times TA$ 为维修时的固定费用；cs 为单位时间内的固定费用；TA 为实际维修时间；$\sum_{i=1}^{M} (cm_i \cdot MM_i + cp_i \cdot PM_i + cr_i \cdot RM_i)$ 是不同维修策略下可变费用的总和。

选择性维修模型，以维修时间最短为目标实现基于可靠性的维修，即 $\min TA = TM + TP + TR$ ，在任务期间内控制成本的情况下将效率最大化。其中，决策变量为 MM_i 、PM_i 和 RM_i $(1 \leqslant i \leqslant M)$ 。

设备的总维修时间 TA 不应大于给定的时间约束 T_m ，即 $TA \leqslant T_m$ 。

总维修费用不应该超过给定的最大维修费用，即 $C \leqslant C_m$ 。

每个工序的期望生产数量都要大于生产批量，即 $\dfrac{\sum_{i=1}^{n_k} [T_w - tm_i \times NF_i(T_w)]}{T_i} \geqslant P, k = 1,2,\cdots,m$ 。

$S_i + MM_i \leqslant 1$ ，表明最小维修方式仅适用于已发生故障的设备。

$PM_i - S_i \leqslant 0$ ，表明预防性维修方式仅适用于正常状态的设备。

$PM_i + RM_i \leqslant 1$ ，表明对于正常状态的设备，预防性维修和大修只能选择一种。

$RM_i + MM_i \leqslant 1$ ，表明对于故障状态的设备，最小维修和大修只能选择一种。

$MM_i, PM_i, RM_i \in \{0,1\}$ ，表明所有决策变量的取值只能是 0 或 1。

对于大修、小修、预防性维修和不维修这几种维修策略，可以只选择一种，这样模型就简化为一个多维背包问题。

（5）某生产线应用

选取某凸轮轴生产线，产品上线节拍 $\nu = 52\text{s}$ ，工作周期是 $T_w = 144\text{h}$ ，该生产线共有 17 道工序是机器加工，生产批量为 9600 根，由于设备数较多，表 5 - 18 列出了部分设备的维修参数。

表 5－18　　某凸轮轴生产线部分设备的维修参数

设备	α_i	β_i	η_i	μ_i	ω_i	cm_i	cp_i	cr_i	trn_i	cp_i	cr_i	j	A	t_{i0}	S_i
M1－1	0.1	1.1	100	2	1	100	350	1000	0.5	1	1.5	2	250	88	1
M2－1	0.1	1.1	120	1.5	0.2	90	400	800	1.3	1.8	3	3	300	60	1
M2－2	0.1	1.1	95	1.5	0.2	80	180	450	1	1.5	2.8	0	60	72	1
							…								
M4－1	0.2	1.1	92	2.5	0.1	120	250	880	0.8	1.2	200	2	236	155	1
							…								

设备一般有不修、小修、预防性维修和大修几种状态，因此，对于生产线，并联工序的最小生产能力就是设备都不修时的生产能力，生产线各工序设备最大生产能力就是设备都更换时的生产能力，如表 5－19 所示。

表 5－19　　生产线各工序的最大、最小生产能力

工序	工序 1	工序 2	工序 3	…	工序 10	工序 11	工序 12	…	工序 16	工序 17	工序 18
最大生产能力	12400	10300	11000	…	9800	9800	9800	…	9940	10700	13200
最小生产能力	10400	9840	9900	…	9710	9710	9710	…	9790	9900	11000

在最小维修下生产数量小于生产批量时，设备必须进行维修，以满足生产批量的要求。对于最小维修下生产数量大于批量的工序，为了使维修时间最小，工序 10 到工序 12 是联动的设备，所以它们的加工能力是一样的。在设备加工能力富余的情况下需要进行预防性维修，对加工能力偏弱的设备进行小修。采用以维修时间最小为目标的串并联生产线系统的维修决策模型时，设备 M3－1 不修时其故障次数为 5.5 次，维修后为 0.7 次。此时 M2－2，M7－1，M7－2，M14－2 应进行大修，M2－1，M13－1 应进行小修，M16－2 应进行预防性维修，总维修时间为 15.5h。

对于 M10 的数控凸轮磨床，经故障统计发现 β 凸轮磨有振纹，很长时间没有调好，甚至把磨头拆下清理静压轨道，也没有得到根本解决，直至厂家来测动平衡，才找到原因。分析认为，机床操作人员及机床维护人员对机床（主要指装卸砂轮过程）不了解，才造成了如此严重的后果。还出现过其他问题，如平衡报警后，操作人员及维护人员对机床不熟悉，自行扣下动平衡主板上的电池，导致参数丢失，造成参数输入不成功，停机数日。

对于 M6 和 M10 的加工中心，经常出现继电器故障、液压油管破裂、软过热继电器报警等现象，其故障率比较高，所以为了防止占用过多的维修时间，在定期维修保养的时候要重点保护，减少其故障率。

统计发现，M15 的清洗机出现过油水分离、皮带断裂、过滤泵压力低、密封圈损坏、烟味冷凝器受潮失效等故障，由于该设备的加工环境比较恶劣（清洗油、水系统较复杂），容易出现油液混合等现象，同时各种泵类也容易因密封不好导致压力降低。这些在维修过程中都要加强注意。

5.11 汽车零部件生产线关键设备的故障预测技术

故障预测指根据系统过去和现在的状态，预测系统将来是否会发生故障，对故障的发展趋势做出预报，判断系统可以安全运行多久，为维修决策提供支持。目前，用于预测的方法主要有统计趋势预测法、最小方差预测法、回归分析预测法、指数平滑预测法、神经网络预测法、马尔可夫预测法、德尔菲预测法、灰色模型预测法等。其中，马尔可夫预测法、德尔菲预测法、神经网络预测法的预测精度较高，但是需要大量的样本，实现较为困难。回归分析预测法、统计趋势预测法、指数平滑预测法、最小方差预测法模型简单易实现，但预测精度相对较低。人工神经网络具有模仿连续非线性函数的能力，并且能够对样本进行学习，因而在故障预测中得到了广泛应用。人工神经网络通过样本的学习可以掌握系统规律，具有很强的自适应学习能力、非线性映射能力和强大的学习功能，能够对可预测的突变数据进行学习，从而预测某些特殊情况的出现。

5.11.1 基于 RBF 神经网络生产线关键设备故障预测方法

（1）径向基函数神经网络（RBFNN）

人工神经网络（Artificial Neural Network，ANN）理论是 20 世纪 80 年代中后期在世界范围内迅速发展起来的人工智能领域的一个重要分支。目前 BP（反向）神经网络和 RBFNN，在众多的领域中显示出了广阔的应用前景。径向基函数神经网络是一种新型神经网络，属于多层前馈网络，即前后相连的两层之间神经元相互连接，在各神经元之间没有反馈。径向基函数神经网络如图 5－21 所示。

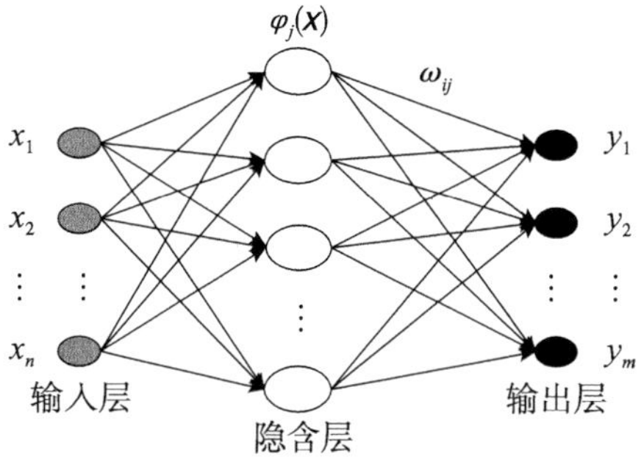

图 5－21　径向基函数神经网络

RBF 神经网络输入层、隐含层、输出层的节点数分别为 n,p,m。设输入层的输入为 $\boldsymbol{X}=(x_1,x_2,x_3,\cdots,x_n)$，实际输出为 $\boldsymbol{Y}=(y_1,y_2,y_3,\cdots,y_m)$。输入层节点不对输入向量做任何操作，直接传递到隐含层，实现从 $\boldsymbol{X}\rightarrow F_i(x)$ 的非线性映射。隐含层节点由非负非线性径向基函数构成。常用的非线性基函数有以下几种。

①薄板样条函数：$\varphi(\boldsymbol{x})=\boldsymbol{x}^2\lg(\boldsymbol{x})$

②多二次函数：$\varphi(\boldsymbol{x})=(\boldsymbol{x}^2-\boldsymbol{c})^{\frac{1}{2}},c>0$

③逆多二次函数：$\varphi(\boldsymbol{x})=(\boldsymbol{x}^2-\boldsymbol{c})^{-\frac{1}{2}},c>0$

④高斯函数：$\varphi_j(\boldsymbol{x})=\exp(-\frac{\|\boldsymbol{x}-\boldsymbol{c}_j\|}{2{\sigma_j}^2})$

式中，$\varphi_j(\boldsymbol{x})$ 为第 j 个隐含层节点的输出；$\boldsymbol{c}_j\in\boldsymbol{R}^n(1\leqslant j\leqslant P)$ 是 RBF 的中心，与 $\boldsymbol{x}$ 具有相同维数的向量；$\boldsymbol{x}$ 为 n 维输入向量；σ_j 为第 j 个感知的变量，为宽度参数，可调节 RBF 神经元的敏感程度，它决定了该基函数围绕中心点的宽度；n 为感知单元的个数；$\|\boldsymbol{x}-\boldsymbol{c}_j\|$ 为向量 $\boldsymbol{x}-\boldsymbol{c}_j$ 的范数，通常表示 $\boldsymbol{x}$ 与 $\boldsymbol{c}_j$ 之间的距离；$\varphi_j(\boldsymbol{x})$ 在 $\boldsymbol{c}_j$ 处有一个唯一的最大值，随着 $\|\boldsymbol{x}-\boldsymbol{c}_j\|$ 的增大，$\varphi_j(\boldsymbol{x})$ 迅速衰减到零。

RBF 层传输函数 $\varphi(\cdot)$ 一般取高斯函数。

对于给定的输入，只有一小部分 $\boldsymbol{x}$ 靠近的中心被激活。隐含层到输出层采用从 $\varphi_j(\boldsymbol{x})\rightarrow y_j$ 的线性映射，输出层第 j 个神经元网络输出即输出函数：

$$y_j(\boldsymbol{x}) = \sum_{j=1}^{m}\omega_{ij}\exp\left(-\frac{\|\boldsymbol{x}-\boldsymbol{c}_j\|^2}{2\sigma_j^2}+b_j\right), i=1,2,3,\cdots,n$$

式中，$y_j(\boldsymbol{x})$ 为输出层第 j 个神经元的输出；m 为输出层节点数；ω_{ij} 为隐含层第 i 个神经元与输出层第 j 个神经元的连接权值。

根据数据中心的取值方法，径向基函数网络的学习方法可分为两大类。

①数据中心从样本输入中选取或取随机值。

这种方法通常采用正交最小二乘（OLS）算法、正则化正交最小二乘（ROLS）算法、进化算法等。这类算法的特点是数据中心一旦获得就不再改变，而隐含节点的数目一开始就固定，也可以在学习过程中动态调整。这类算法较容易实现，且能在权值学习的同时确定隐含节点的数目，并保证学习误差不大于给定值。

②数据中心动态调整方法。

在这类方法中，数据中心的位置能够在学习过程中动态调整，如各种动态聚类法（最常用的是 K－means 聚类或 SOFM 方法）、梯度训练方法、资源分配网络（RAN）及各种变结构学习方法等。

（2）训练样本集的确定方法

由于故障间隔时间是一个随着故障次数增加的时间间隔问题，本次故障间隔时间受诸多因素的影响。将故障间隔时间看作确定性非线性系统，即设备内部的特性、机制是确定的，故障间隔时间的历史数据和其他信息可用于预测未来故障间隔时间，即存在一个函数：

$$t(n+m) = F(t_{n-k},\cdots,t_n;y_{n-k},\cdots,y_n;z_{n-k},\cdots,z_n;\cdots)$$

式中，t 表示故障间隔时间，y,z 表示外部变量。若只考虑故障间隔时间的内部关系，则函数可表示为：

$$t(n+m) = F(t_{n-k},\cdots,t_n)$$

将 $\boldsymbol{T}=(t_{n-k},\cdots,t_n)^{\mathrm{T}}$ 作为 RBFNN 模型的输入，将 $\boldsymbol{S}=(t_{n+m})$ 作为 RBFNN 在输入为 $\boldsymbol{T}$ 情况下的期望输出。这样，训练样本集就可以写为：

$$\boldsymbol{\Omega} = \{[\boldsymbol{T}_1, \boldsymbol{S}_1], [\boldsymbol{T}_2, \boldsymbol{S}_2], \cdots\}$$

其中，$[\boldsymbol{T}_i,\boldsymbol{S}_i]=[(t_i,t_{i+1},\cdots,t_{i+n})^{\mathrm{T}},(t_{i+n+1},t_{i+n+2},\cdots,t_{i+n+m})^{\mathrm{T}}]$。

（3）预测方法的设计

选择 8 次故障间隔时间，预测随后 1 次的故障间隔时间的预测方法如下：

网络输入 $\boldsymbol{T}=\{t_n, t_{n+1}, \cdots, t_{n+8}\}$ ，输出为 $\boldsymbol{S}=\{t_{n+9}\}$ 。

（4）输入向量和目标向量的确定

由于样本数据差别很大，最小的间隔时间是 3 小时，最大的间隔时间为 2198 小时，在对故障进行预测时必定误差很大，对数据先进行必要的处理。综合以上考虑取设备在可靠度为 10% ~90% 的间隔时间为界限，按下式计算：

$$F(t)=1-\exp\left[-\left(\frac{t}{54.97742}\right)^{0.804039}\right],(t\geqslant 0)$$

当 $F(t)=0.1$ 时可得到 $t\approx 3.3$ 小时，当 $F(t)=0.9$ 时可得到 $t\approx 155.1$ 小时，故取下限为 4 小时，上限为 156 小时。将同一系列的凸轮轴磨床的故障间隔时间按序排列进行训练，凸轮轴磨床的故障间隔时间数据共有 145 个，将数据交叉性地分为两组，前 135 个为训练样本的输入和输出，后 18 个为测试样本的输入和输出。为了加快训练网络的收敛性，对数据进行归一化，在保证建立的模型具有一定的外推能力的情况下，使数据预处理后的值在 [0.1，0.9]。

（5）确定隐含层神经元数量和散布常数

在建立的模型中，隐含层神经元数量与散布常数是互相关联的，如果散布常数太大，导致神经元数量太少，从样本中获取信息的能力就会变差，导致建立的网络不足以概括和体现训练样本中数据的规律。如果散布常数太小，神经元数量过多，导致预测不确定。采取 K - means 聚类算法确定 RBFNN 的中心，用尝试法确定径向基分布密度（Spread）和隐含层神经元的数量。

（6）训练网络

根据前 8 次的故障间隔时间，预测后 1 次的故障间隔时间，即随后一次故障的时间点。具体方法是，用第 1 个到第 8 个故障间隔时间预测第 9 个故障间隔时间、用第 2 个到第 9 个故障间隔时间预测第 10 个故障间隔时间、第 3 个到第 10 个故障间隔时间预测第 11 个故障间隔时间……依次类推。

5.11.2　基于 RBF 神经网络生产线关键设备故障预测应用

采用 2010 年 2 月至 2010 年 10 月期间六台凸轮轴磨床的故障间隔时间的 147 个数据作为样本，将数据交叉性地分为两组，前 135 个数据作为训练样本，后面的 18 个数据作为测试样本。把 1 ~ 134 个设备故障时间间隔写成一个 127 ×8 的矩阵，即用第 1 ~ 8 个故障间隔时间的数据作为第 1 行，第 2 ~ 9 个故障间隔时间的数据作为第 2 行，依次类推。把 9 ~ 135 个故障间隔时间写成一个 1 × 281 的矩阵作为输出矩阵，利用径向基函数神经网络进行训练。把 128 ~ 144 个故障间隔时间写成一个 8 × 10 的矩阵作为输入矩阵，把 136 ~ 145 个故障间隔时间写成一个 1 × 10 的矩阵作为输出矩阵，通过已经训练的网络进行仿真，从而可得预测值。在确定训练样本的情况下，建立 RBF 网络，通过对网络不断地训练，使预测误差不断缩小。

选择分布密度为 0. 9、1、1. 5、2、3、4、5，观察分布密度对网络预测性能的影响。网络的逼近误差如图 5 - 22 所示，当分布密度为 1 和 1. 5 时，网络的逼近误差比较小，考虑到收敛速度和计算方面的原因，分布密度选 1。

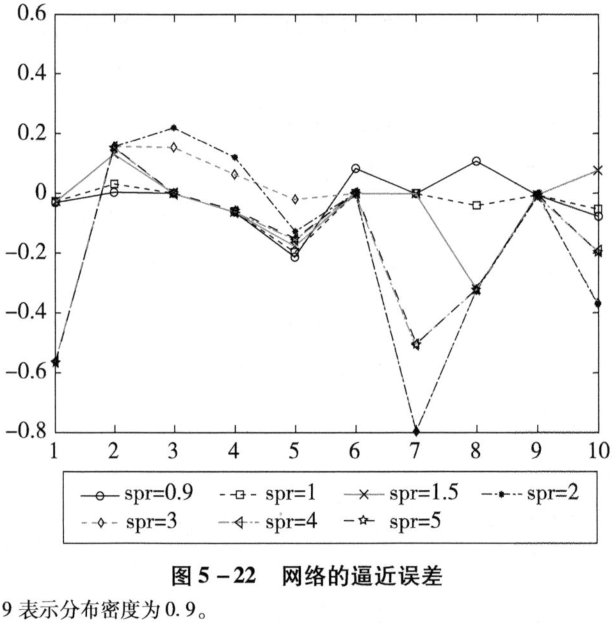

图 5 - 22　网络的逼近误差

注：spr = 0. 9 表示分布密度为 0. 9。

再对故障间隔时间进行预测，同时可以得到预测结果与实际数据的比较，如图 5 - 23 所示。

可以看出运用径向基函数由 K - means 聚类算法构成的神经网络有比较好的预测结果。

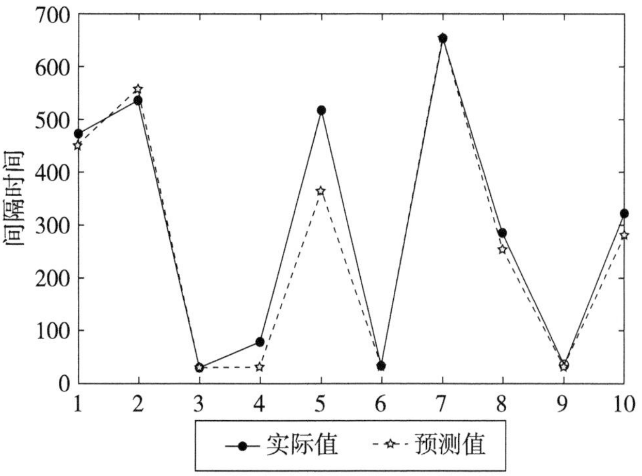

图 5－23　预测结果与实际数据的比较

5.11.3　基于遗传算法优化神经网络的生产线关键设备故障预测方法

针对 RBF 神经网络输出层容易陷入数据量少时不能工作、隐含层和输出层权重分开等缺点，用遗传算法对 RBF 神经网络进行优化。

（1）基于遗传算法优化 RBF 神经网络的故障预测方法

RBF 神经网络有三个重要的参数：隐含层径向基函数的中心 c_j 和宽度 σ_j ，连接权值 w_i 。用遗传算法对 RBF 神经网络模型结构进行优化，针对径向基函数的中心 c_j 、宽度 σ_j 和连接权值 w_i 进行全局寻优，步骤如下。

①编码方式选择。

遗传算法中最常用的编码方式有二进制和实数编码两种方式。RBF 神经网络优化参数较多，实数编码（浮点数编码）是个体的每个基因值都用一个范围内的浮点数表示，个体编码长度等于决策变量的个数，精度略高于二进制编码。

②初始种群。

初始种群直接影响遗传算法的收敛性或计算效率。初始种群规模小，可以加快算法的收敛，但容易陷入局部极小值；规模过大，容易找到最优解，但会造成计算速度降低。群体规模可以根据实际情况选定，一般为 10～200。群体规模设定为 50 时，按照上述方法随机生成 50 条染色体组成初始种群。

③适应度函数。

训练 RBF 神经网络的目标是使网络的精确度达到最小，精确度由网络期望输出与实际输出之间的误差决定，因此建立适应度函数：

$$fitness = \sum_{i=1}^{n} [Y_i(t) - \overline{Y}_i(t)]^2$$

式中，$Y_i(t)$ 为训练数据 i 的实际输出值；$\overline{Y}_i(t)$ 为训练数据 i 的期望输出值；适应度函数为网络的实际输出值和期望输出值的差值的平方和。

④选择操作。

选择操作采用轮盘选择法（比例选择法），它是将所有个体的适应度之和看作一个轮盘，根据适应度的大小，将每个个体与轮盘中某些部分对应起来，然后旋转轮盘上的指针，指针指向的个体即被选中。具体操作是：对上代群体中所有个体的适应度进行累加，得到适应度之和 $\sum F$；根据每个个体的适应度的大小，将个体与 $[0,\ \sum F]$ 上某区域建立对应关系；在 $[0,\ \sum F]$ 范围内产生一个随机数；随机数所在区域对应的个体被选择。

⑤交叉。

采用两点交叉，交叉概率为 0.3。

⑥变异。

采用基本位变异，对应的变异概率为 0.02。

（2）基于遗传算法优化 RBF 神经网络的故障预测步骤

根据前文对遗传算法的设计方案，故障预测的具体步骤如下。

第一步，确定训练样本集，对原始数据进行预处理，以达到训练要求。

第二步，根据确定的编码方式和种群大小，用随机数发生器，对种群进行初始化，生成初始种群 $P(t)$，并设进化代数 $t = 0$。

第三步，将染色体个体进行解码操作，得出 RBF 神经网络的 3 个参数，并通过 RBF 神经网络的结构公式计算出输入训练样本所对应的输出。

第四步，根据适应度函数 $fitness = \sum_{i=1}^{n} [Y_i(t) - \overline{Y}_i(t)]^2$，将目标函数值转化为适应度值，并对群体中的个体进行适应度评价。

第五步，找出群体中适应度最高和最低的个体，采用最优保存策略。

第六步，判断适应度是否满足收敛精度要求，如满足，则结束，如未满足，转到下一步。

第七步，判断当前进化代数是否达到最大进化代数，如达到，则结束，如未达到，转到下一步。

第八步，对当前种群进行选择、交叉、变异操作，用轮盘选择法进行选择，进入下一代的染色体，保留最优个体。按照交叉概率对染色体进行交叉，对于染色体非零元素，按照变异概率进行变异。

第九步，通过遗传操作，生成新一代种群，当前进化代数 $t=t+1$，转到第三步。

以上训练过程结束后，得到最终的设备故障间隔时间的 RBF 神经网络，再通过测试样本进行测试，观察计算结果与实际数值之间的误差，该算法整体流程如图 5-24 所示。

（3）基于遗传算法优化 RBF 神经网络的故障预测应用

主径凸轮磨床是凸轮轴生产线上连续生产的关键设备，由于生产线上主径凸轮磨床只有一台，并且价格昂贵，一旦发生故障造成停机，不仅使其本身遭受重大损失，而且会造成生产线生产中断，导致停工停产，给企业带来巨大的经济损失。

$F(t)$ 取 [0.1，0.9]，即在 [4，156] 区间内的时间间隔数据。将这些数据分成50组，其中前45组作为训练样本，后5组作为测试样本。将输入数据进行归一化处理，具体归一化公式如下：

$$x_i=\frac{\mu_i-\mu_{\min}}{\mu_{\max}-\mu_{\min}}$$

式中，μ_i 为待归一化数据；$\mu_{\max}$ 为待归一化数据最大值；$\mu_{\min}$ 为待归一化数据最小值；x_i 为归一化以后的结果。

根据神经网络训练的精度要求，预设网络隐含层节点个数 P，在计算过程中根据逼近程度调整 P，直至满足精度要求或精度不再提高。采用先选择较小的 P，再不断增加的方法。当 P 为 6 时，权值的进化误差达到最小值。RBF 神经网络最终确定结构为：输入节点 6 个，隐含层节点 6 个，输出节点 1 个，因此，整个遗传优化 RBF 神经网络为 6-6-1 结构。遗传算法优化 RBF 参数的进化误差曲线如图 5-25 所示。

遗传算法初始种群为 50 个，染色体长度为 $MP+P+NP=48$，其中 $M=6$

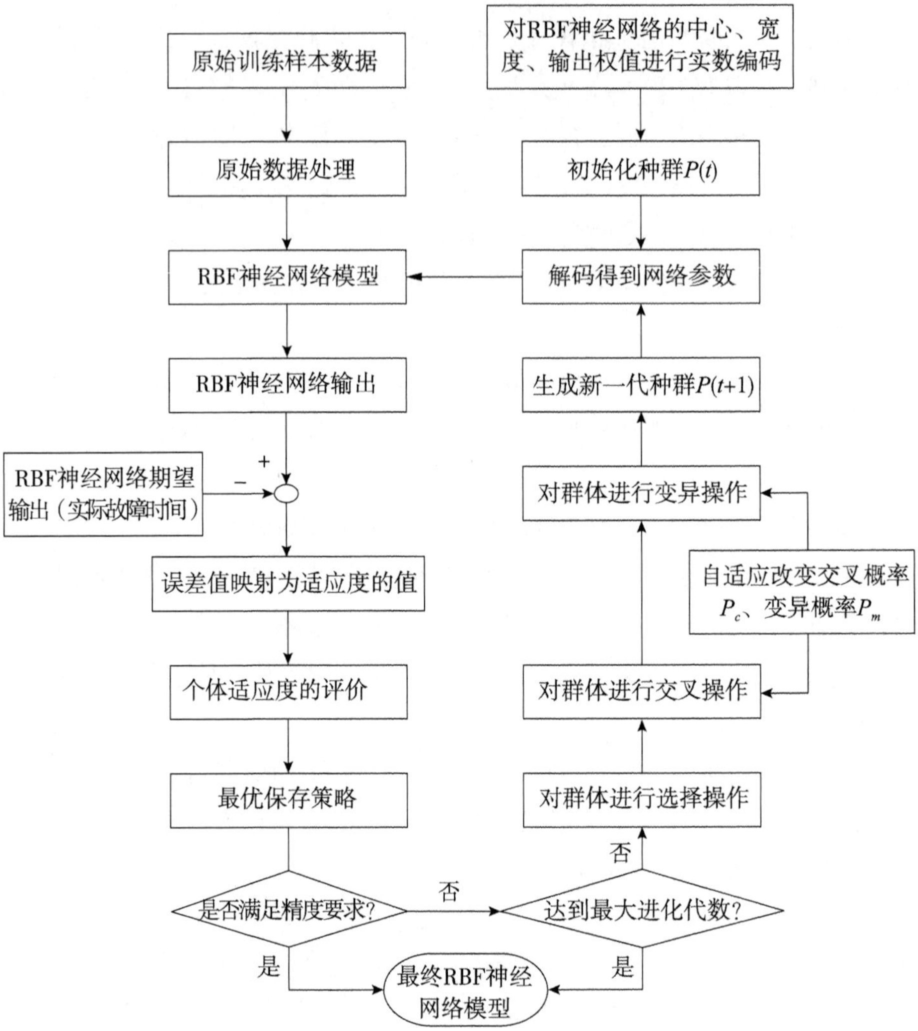

图 5-24　基于遗传算法优化 RBF 神经网络的故障预测方法整体流程

为输入节点数，$P=6$ 为隐含层节点数，$N=1$ 为输出节点数。选择自适应交叉概率 $P_c=0.3$，自适应变异概率 $P_m=0.02$。经过计算，随着进化代数的不断增加，适应度不断上升，误差也不断减少，当种群进化到 3000 代左右时，适应度趋于平稳，判定平均适应度已经接近最佳适应度。

表 5-20 给出了三种算法对 45 个故障间隔时间进行训练的误差比较，其中绝对误差（EA）为网络训练输出值与实际值之差（$y-y'$）；EC 为相对误差

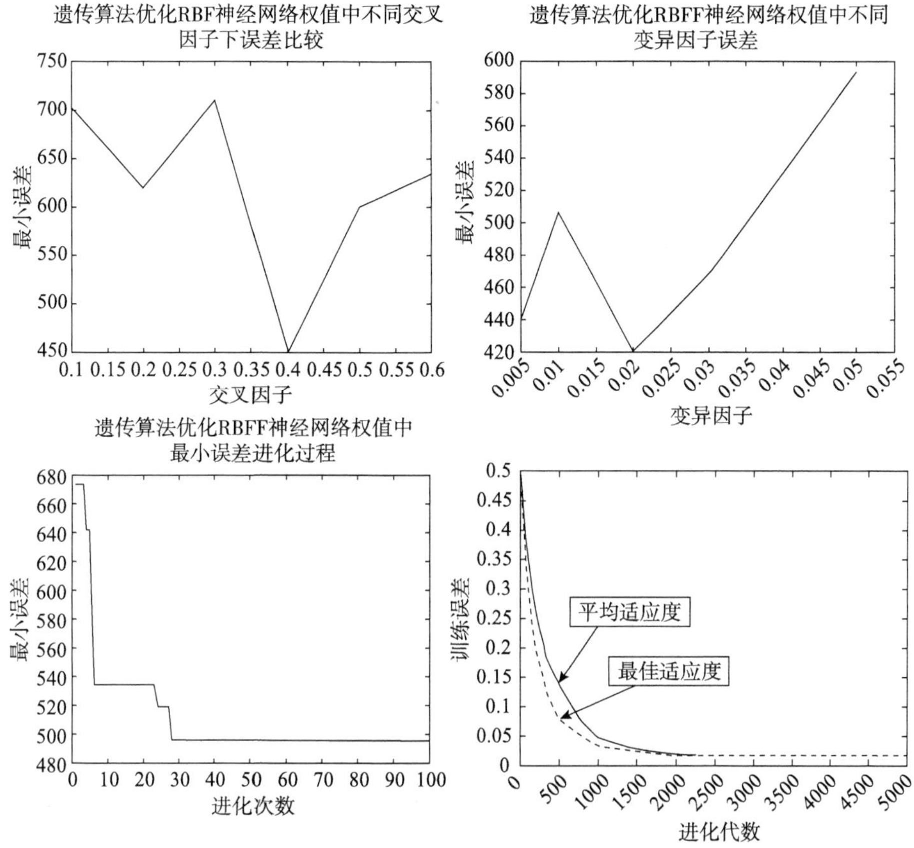

图 5－25　遗传算法优化 RBF 参数的进化误差曲线

百分数（$EA/y\times100\%$）。可以看出，用遗传算法（GA）优化 RBF 神经网络在训练精度上较 BP 算法有较大的提高。其中 40 个相对误差百分数在 1% 以下，与不用遗传算法（GA）优化的传统 RBF 神经网络相比，网络的拟合能力有了很大的改进。另外，与 BP 算法相比，本文的方法虽然在训练时间上有所增加，但训练精度却优于 BP 算法许多，BP 算法训练误差可以较快地下降，但容易陷入局部最小值，即下降到一定程度后，即使增加训练时间和训练次数，精度也将不会再提高。而本文的训练在训练样本数少、没有牺牲网络效率的前提下，只是稍稍增加网络训练时间，但无论是网络的精确性还是稳定性都有很大的提高。

表 5－20　　三种算法误差比较

EC 范围	1% 以下	1% ~5%	5% ~10%	10% 以上
故障间隔时间个数（BP）（个）	25	10	7	3
故障间隔时间个数（RBF）（个）	34	6	4	1
故障间隔时间个数（GA 优化 RBF）（个）	40	4	1	0

经过 RBF 神经网络拟合，得到了实际故障间隔时间和拟合后的曲线，如图 5－26 所示，在图中可以看到估计拟合的曲线与实际值比较吻合。

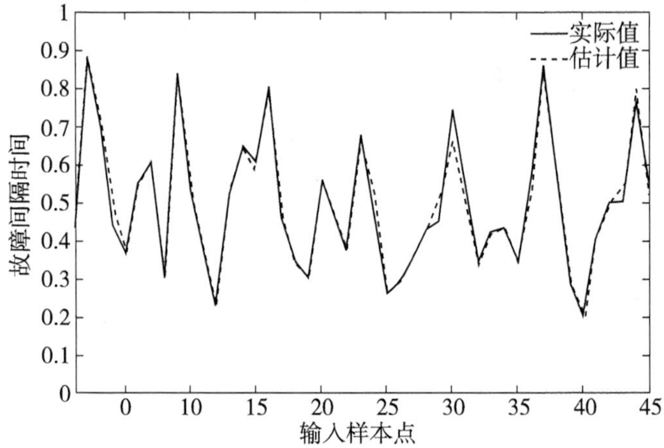

图 5－26　遗传算法优化 RBF 神经网络拟合曲线

（4）故障预测结果的比较与分析

按照威布尔分布的概率分布函数，拟合出概率密度函数曲线如图 5－27 所示。

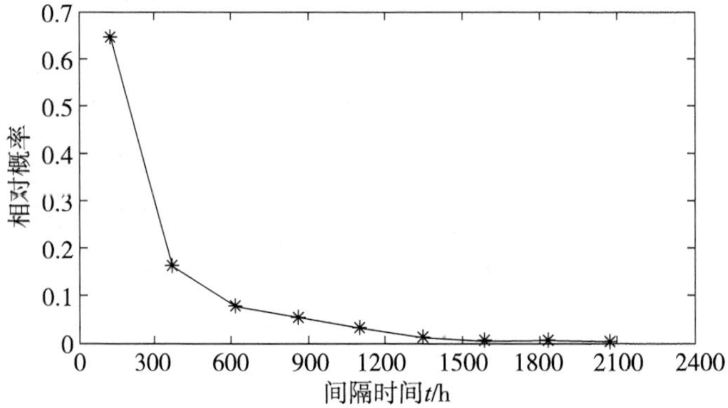

图 5－27　概率密度函数曲线

若在故障间隔时间统计数据增加的情况下，遗传算法优化 RBF 神经网络的方法更加精确，在短期内能够预测出故障间隔时间。

5.12　基于网络的生产线服役状态监测与预测

设备管理是现代企业管理的重要组成部分，包括对设备管理信息的采集和对采集的信息进行管理等内容。基于网络的生产线设备故障统计分析系统可以为企业设备的正常运行、定期检查、维修计划制订、状态监测、维修策略制定、备件管理等提供一定的支持。

5.12.1　基于网络的生产线服役状态监测与预测系统框架

基于网络的生产线服役状态监测与预测系统分为三级：第一级为生产线现场数据采集设备，包括振动数据采集分析仪器和离散故障数据记录设备；第二级为 Web 服务器和数据库服务器，提供数据处理和分析；第三级为客户端计算机，可进行数据操作。网络形式多样，既可以建立专用的网络，也可以采用一般信息化企业中现有的局域网络，而且系统应提供多种网络接入方式。基于网络的生产线服役状态监测与预测系统框架如图 5－28 所示，分为以下模块。

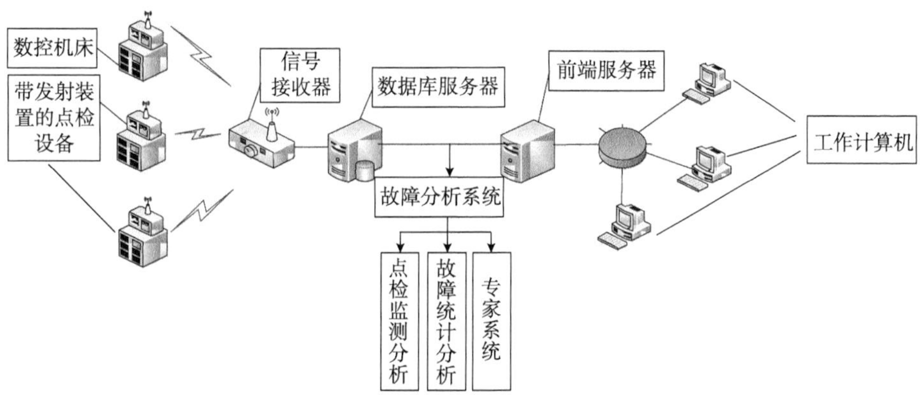

图 5－28　基于网络的生产线服役状态监测与预测系统框架

①生产线设备的状况检测与信息获取。在生产线中，每台设备上都会有一个在线监测仪器（嵌入式动态测试分析仪、点检仪等），能够获取包括振动信号在内的多种设备状态信息，监测仪器获得的数据可以进行现场分析，也可以上传到服务器端。

②基于网络的设备状态信息的传递与处理。在线监测设备得到的数据通过短程无线通信技术（蓝牙、GPRS、Wi－Fi 等）与信号接收器进行通信，传导过来的信息通过信号接收器解码分析后存入数据库。

③基于网络的生产线服役状态预测系统。该系统可实现系统生产线设备基本信息分析、设备状态信息分析、故障统计与预测等。数据库中，统计分析系统对数据进行整理分析，并传输到网络服务器中，企业内部局域网的工作计算机可以通过浏览器查看和跟踪设备的状态信息。

该系统以生产线设备相关信息为出发点，建立起相应的网络数据库支持环境，采用动态提取设备在线采集信息和人工录入离线信息相结合的方式获得有用的设备信息，并对信息进行相应的诊断与分析，从而得出设备的状态信息，然后对设备信息进行一定的趋势预测，根据预测及分析结果实现对设备的维修、保养及维修决策等各项工作的综合管理。系统既可以作为一个独立的设备综合管理应用平台，也可以作为企业信息管理系统的一个子系统并与其他子系统有相应的接口，可实现无缝连接。

5.12.2 生产线设备的状态监测与信息获取

（1）生产线设备状态监测信息的类型

随着加工的复杂化，生产线上的各种数控设备越来越多，且趋向复杂化，数控机床状态关联信息越来越多，为了实现对数控机床的状态监测，一般对其状态相关联的信息进行分类，以实现对生产线数控机床的状态监测信息的获取。反映数控设备性能状态的信息载体主要包括振动信号、运动信号、噪声信号、电磁信号、力学信号和液压信号等。根据信息产生源的不同，将数控机床的状态监测信号分为刀具切削状态监测信号、加工工件质量监测与误差补偿信号、加工运行状态监测信号、加工设备状态监测信号、加工过程状态监测信号等。设备的现场运行状态包括正常、异常和停机等。数控机床各种状态监测信号如图 5－29 所示。

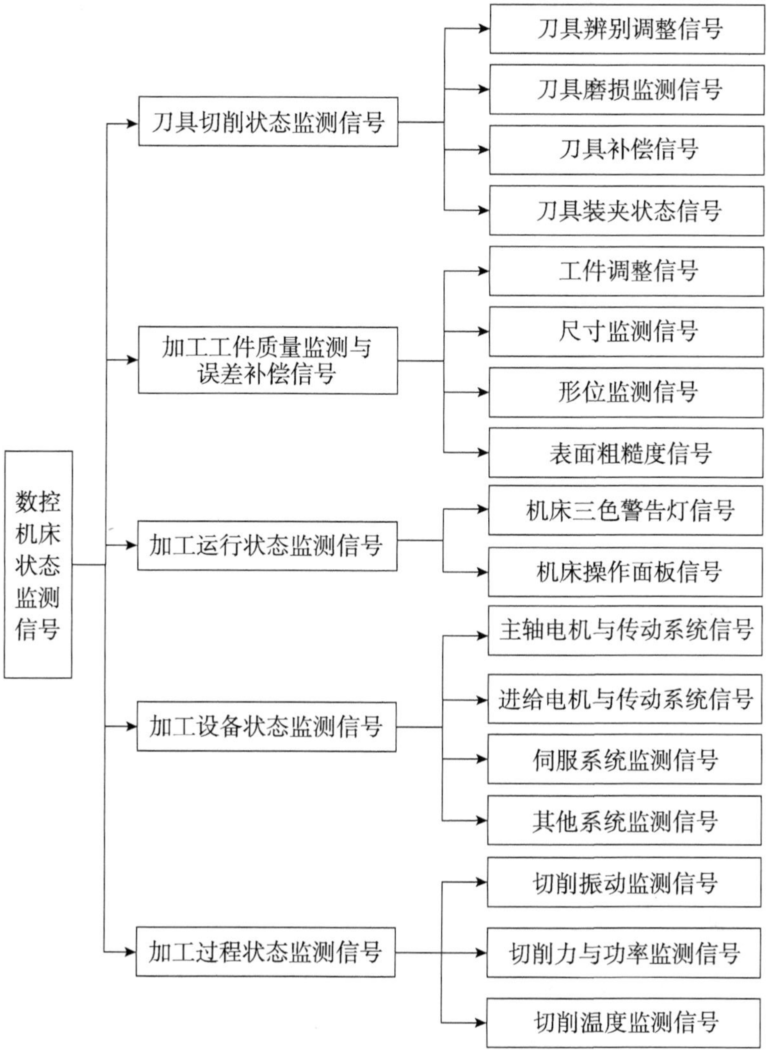

图 5－29　数控机床各种状态监测信号

（2）生产线设备状态监测信息的采集方法

数控机床常见的设备信息采集方法包括：利用数控系统自身具备的监测模块采集、通过数控机床标准的接口和软件配置采集。

通过采用外部数据采集装置进行状态信息的采集时，数据采集装置主要是指离散点检仪、无线远程数据采集装置等。

离散点检仪利用外置信号采集仪器对机床的关键运转部位的信号定时进行采集，现在的点检仪可以直接对信号进行分析，生成离散数据供用户分析使用。

无线远程数据采集装置包括 2 ~ 3 个无线监测模块和一套无线接收站。

无线监测模块应满足以下 3 个要求。

①采用无线传输方式，可采集振动信号（加速度、速度、位移）的波形数据，最大具备 3200 线的谱分析能力。

②采用 2.4GHz 免费频段的传输频率，抗干扰能力强，便于工业现场使用，低功耗设计，可以工作一年以上，体积小巧，适合于各种不同工业现场。

③数据采集通道不少于 16 个通道。

无线接收站应满足以下 2 个要求。

①通信传输方案多样化：可以采用无线 Wi - Fi、GPRS 等方式传输，以适合不同工业现场情况。

②数据备份多样化：接收的数据可通过网络传输到数据服务器，也可本地备份。

一套无线接收站可接收多个无线监测模块的采集数据。

5.12.3 基于网络的生产线服役状态监测与预测系统的功能模块

根据用户的不同功能需求，基于网络的生产线服役状态监测与预测系统的功能模块主要包括：设备管理模块、设备维修保养模块、设备故障统计分析模块、故障报表模块、关键设备故障模式库、设备点检监测模块、系统管理模块。该系统的功能模块如图 5 - 30 所示。

设备管理模块通过建立生产线现有运行设备信息库，录入设备基本信息参数和运行状况，如设备的编号、名称、型号和供应商等内容，设备维护人员可以对运行设备进行信息维护（增加、删除、查询和更新）。

设备维修保养模块包括设备维修记录、设备保养记录、设备维修计划、设备保养计划等子模块。该模块对发生故障设备的名称、型号、时间、地点、故障模式、维修人员、维修用时等信息进行记录和管理，实现设备的故障维修、计划维修和状态维修的作业管理，维修计划制订后经过审批后执行，可以自动产生备件备品需求计划，并且可以在维修申请接收或维修计划下达后自动生成维修工单，进行动态作业管理。

设备故障统计分析模块是系统的核心模块，包括故障信息统计分析和故障预测维修决策两个子模块，如图 5 - 31 所示。故障信息统计分析模块可实

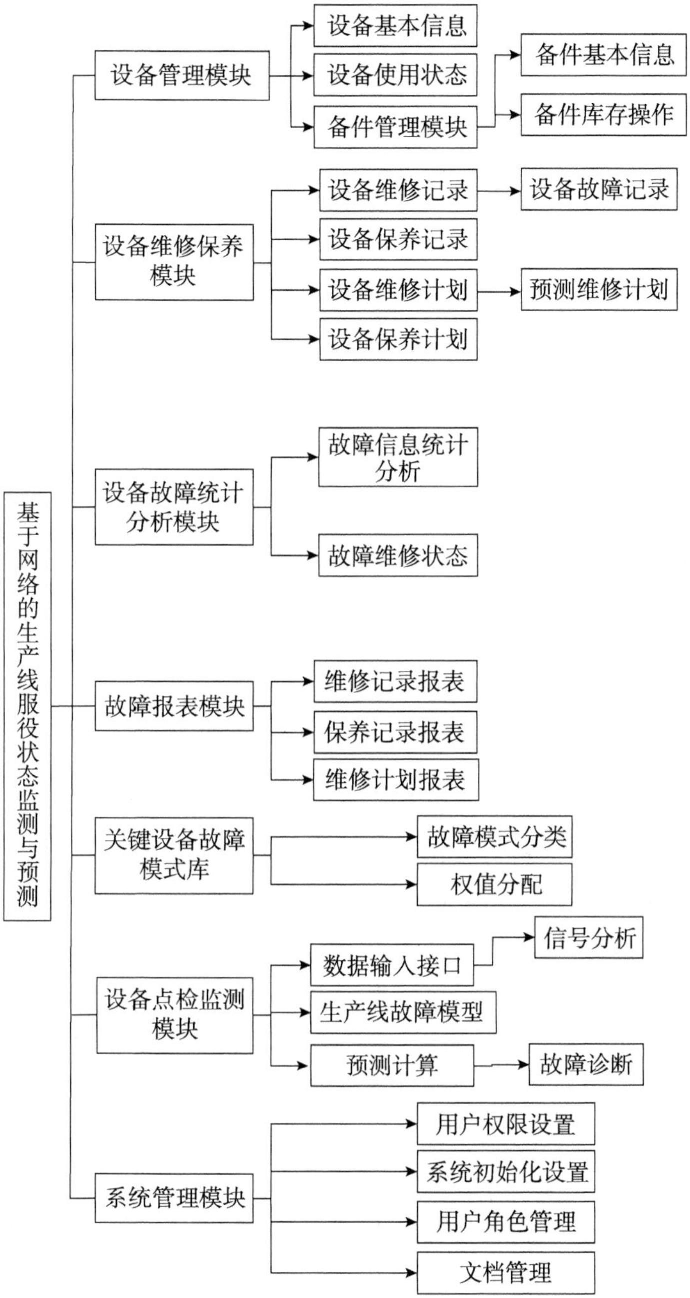

图 5－30　基于网络的生产线服役状态监测与预测系统的功能模块

现对整条生产线的故障统计、单独设备的微观故障统计、设备利用率分析、设备故障模式分析和设备危害度分析。故障预测维修决策模块是通过维修记录对单个设备的故障频数、故障模式等情况进行分析判断，进而获得预测的数据。运用最小二乘法等方法对数据进行分析，从而获得一个维修建议。

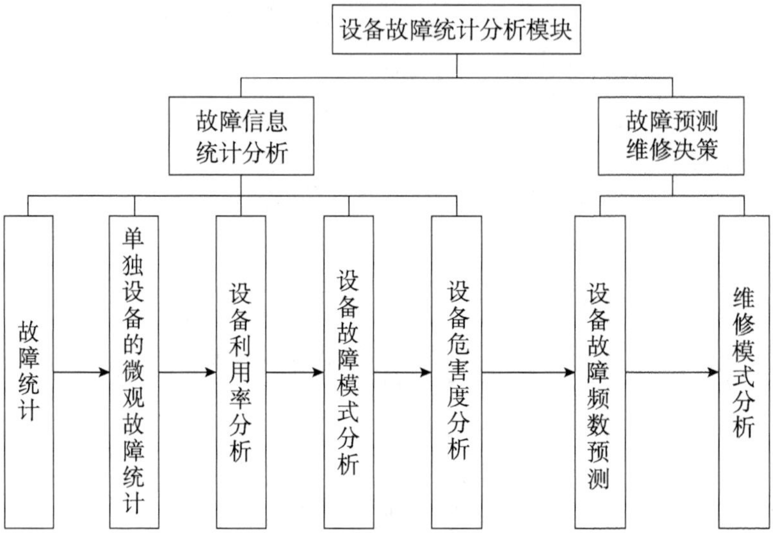

图 5－31　故障统计分析模块

故障报表模块包括设备维修记录报表、保养记录报表、维修计划报表等模块。可以随时将设备维修、保养记录及生成的维修计划报表打印成统一格式，报予维修部门，便于其进行维修及文件存档等。

关键设备故障模式库通过故障记录信息建立关键设备故障模式库，给出对应的维修频率和可靠度，可以用来预测设备故障并给出预测性维修的频率和可靠度，为设备维修和生产计划的制订提供依据。

实行设备点检制度能使设备问题得到及时发现和解决。检查时有明确的量化检查判定标准，可以保证设备的检查和维护质量，能够尽早发现设备的异常状况和劣化，有利于推广经济责任制，有利于实现计算机辅助管理。对设备点检监测的数据进行处理，建立设备关键零部件损耗趋向预测、诊断预报模型，针对耗损故障的机件判别极限参数，预测从量变到质变的时间，实现预知维修。设备点检监测模块的结构如图 5－32 所示。

系统管理模块包括用户权限设置、系统初始化设置、用户角色管理、文

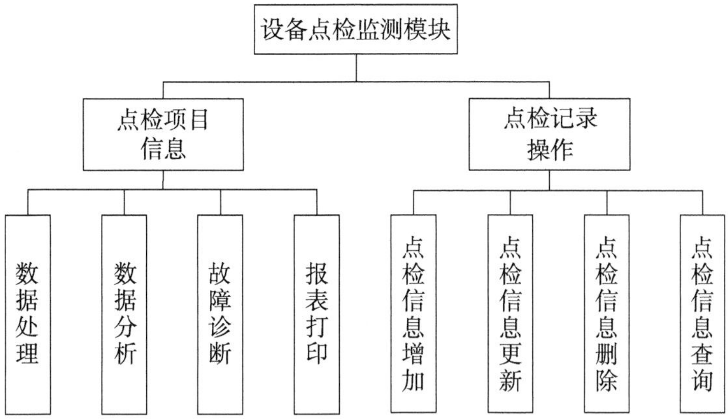

图 5－32　设备点检监测模块的结构

档管理等子模块。

5.12.4　系统实现

该系统的数据库采用选取基于结构化查询语言 SQL 和基于 NET 技术的 4 层应用程序，数据库结构如图 5－33 所示。数据层对数据源进行物理存储，通常为数据库管理系统；数据访问层主要是对原始数据（数据库或文本文件等形式存放的数据）进行操作，其上层提供统一的数据访问接口。本系统采用 ODBC 技术编写数据访问层，业务层进行各种业务逻辑处理、业务规则检查和负责调用数据访问层的数据，用户界面层主要用 Web 方式完成系统与用户的交互、显示和收集数据功能。对于具体的用户界面的更改不会影响业务层。

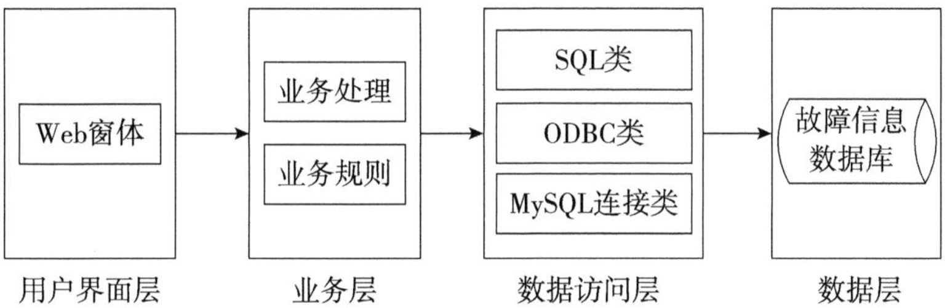

图 5－33　数据库结构

注：ODBC——开放数据库连接；SQL——结构化查询语言。

系统的运行流程如图 5－34 所示。

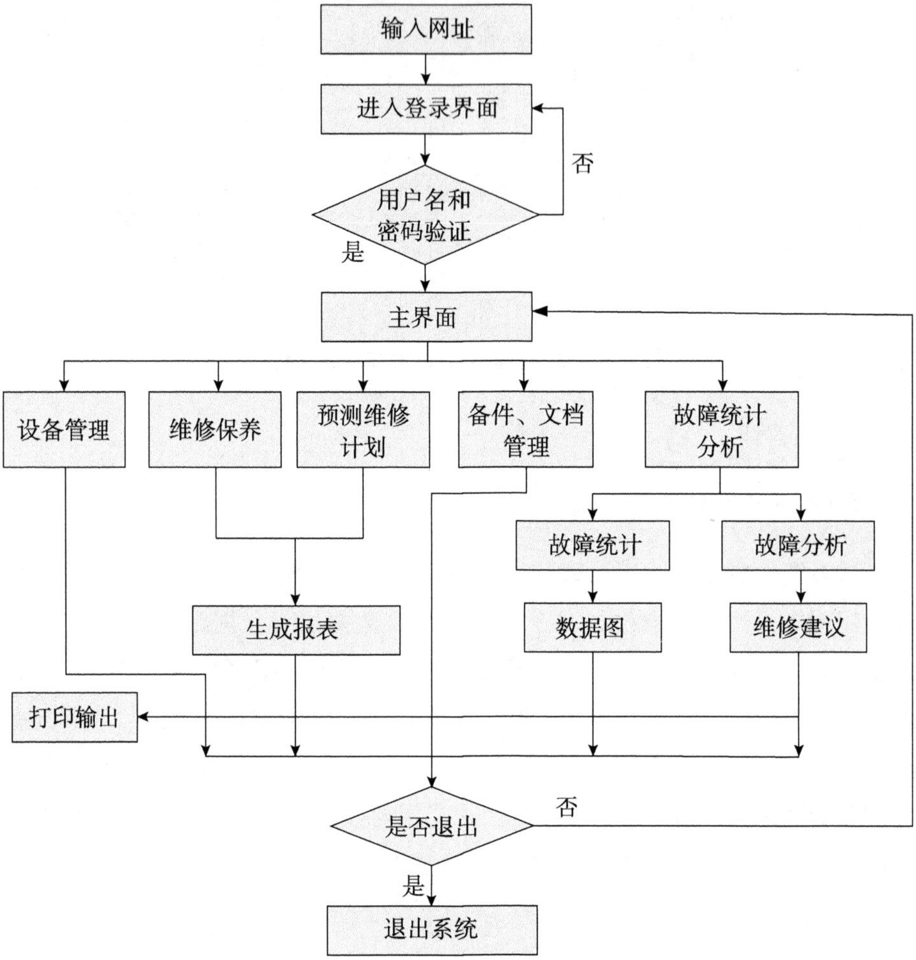

图 5－34　系统的运行流程

参考文献

［1］刘建丽，李娇．智能制造：概念演化、体系解构与高质量发展[J]．改革，2024（2）：75－88.

［2］杨浩昌，罗雨成，李廉水．智能制造对制造业高质量发展的影响研究——基于“量”与“质”的视角［J］．科学学研究，2024（8）：1644－1655.

［3］李培根，高亮．智能制造概论［M］．北京：清华大学出版社，2021.

［4］陶飞，戚庆林，张萌，等．数字孪生及车间实践［M］．北京：清华大学出版社，2021.

［5］刘强．智能制造概论［M］．北京：机械工业出版社，2021.

［6］陈雪峰．智能运维与健康管理［M］．北京：机械工业出版社，2018.

［7］鲍劲松．数字孪生基础——体系、建模与系统集成［M］．武汉：华中科技大学出版社，2024.

［8］李双寿，高君．数字孪生在智能制造中的工程实践［M］．北京：机械工业出版社，2024.

［9］KANG H S，LEE J Y，CHOI S S，et al. Smart manufacturing：Past research，present findings，and future directions［J］. International Journal of Precision Engineering and Manufacturing－Green Technology，2016，3：111－128.

［10］ZHOU J，LI P G，ZHOU Y H，et al. Toward new－generation intelligent manufacturing［J］. Engineering，2018，4（1）：11－20.

［11］林雪萍．工业软件简史［M］．上海：上海社会科学院出版社，2021.

［12］秦志光，聂旭云，秦臻．智能制造信息安全技术［M］．北京：清华大学出版社，2022.

［13］田秋生．高质量发展的理论内涵和实践要求［J］．山东大学学报(哲学社会科学版)，2018（6）：1－8.

［14］成琼文，郭波武，张延平，等．后发企业智能制造技术标准竞争的动态过程机制——基于三一重工的纵向案例研究［J］．管理世界，2023(4)：119－141.

［15］张伯旭，等．智能制造：助推高精尖产业发展［M］．北京：机械工业出版社，2018.

［16］刘建丽．“凹凸世界”背景下的关键核心技术突破路径选择——基于集成电路产业技术特质的分析［J］．求索，2023（3）：118－126.

［17］胡登峰，黄紫微，冯楠，等．关键核心技术突破与国产替代路径及机制——科大讯飞智能语音技术纵向案例研究［J］．管理世界，2022（5）：188－209.

［18］赵保华．基于遗传算法的设备布局设计及软件开发［D］．武汉：武汉理工大学，2012.

［19］周亦波，李志华，戴同，等．单元制造系统布局模型及其求解［J］．华中科技大学学报，2002，30（1）：65－67.

［20］于思远．重点用户基础装备需求分析［J］．世界制造技术与装备市场，2008（2）：38－43＋46.

［21］曹战．基于遗传算法的车间设备布局问题研究［D］．大连：大连交通大学，2007.

［22］吴晓丹，王云峰，朱昭贤，等．单元制造系统理论与方法研究综述［J］．河北工业大学学报，1999，28（3）：1－5.

［23］王红军．数字化制造系统布局与优化技术［M］．北京：中国财富出版社，2012.

［24］郑力源．复杂混流生产线车间规划研究［D］．江门：五邑大学，2012.

［25］锁小红．基于制造系统功能的设施布局设计研究［D］．济南：山东大学，2008.

［26］刘训波．以基本单元形状及组成方式为基础的工艺布局优化方法研究［D］．上海：上海交通大学，2012.

［27］王红军，赵建辉. 基于遗传的装配线平衡系统研究［J］. 计算机工程与应用，2008，44（10）：195－197＋208.

［28］王红军. 变速箱生产线数控设备故障分析系统研究［J］. 机床与液压，2008，36（9）：151－153＋169.

［29］柴树峰，王红军. 基于 eM－plant 的输出轴加工线仿真研究［J］. 北京机械工业学院学报，2007，22（4）：56－58＋61.

［30］王红军，韩秋实，柴树峰. 基于仿真的生产系统规划技术研究［J］. 机械设计与制造，2007（10）：205－208.

［31］柴树峰，王红军. 基于 FactoryPrograms 的发动机装配线规划仿真［J］. 北京机械工业学院学报，2007，22（1）：33－37.

［32］王红军. 变速箱生产线的建模与仿真技术研究［J］. 北京机械工业学院学报，2006，21（1）：11－14.

［33］王红军. 基于 eM－Plant 的 FMS 仿真建模技术研究［J］. 新技术新工艺，2004（7）：9－11.

［34］王红军，张怀存. STEP 标准及其企业信息化［J］. 新技术新工艺，2003（5）：9－11.

［35］王红军. 基于 DEFORM 软件的车削加工仿真［J］. CAD/CAM 与制造业信息化，2002（9）：57－59.

［36］王红军，周志峰. 数控机床维护及故障分析软件的研究与开发［J］. 北京机械工业学院学报，2001（4）：15－18.

［37］成武冬，张慧东，郭晓炜，等. 面向制造单元的成组工艺设计研究［J］. 制造技术与机床，2013（6）：47－50.

［38］ROBIN S L. Automated facilities layout：past，present and future［J］. Automation in Construction，2000（2）：197－215.

［39］龚全胜，李世其. 基于虚拟仿真的制造系统布局设计［J］. 机械科学与技术，2004（7）：857－859.

［40］侯扬，范秀敏，严隽琪，等. 基于仿真的制造系统对象建模及其应用［J］. 计算机集成制造系统－CIMS，2001（5）：42－46.

［41］杨再龙. 发动机厂车间布局设计与仿真［D］. 上海：上海海事大学，2007.

[42] 胡震. 发动机车间布局优化设计研究 [D]. 合肥：合肥工业大学，2005.

[43] 王伟，刘德忠，黄静，等. 基于设备可重组布局的车间系统 [J]. 组合机床与自动化加工技术，2006 (9)：100 - 102 + 105.

[44] 刘颖，宋光辉，谢玉荣，等. 多品种、小批量离散型制造企业生产车间零件/机床成组方法研究 [J]. 计算机应用研究，2012，29 (2)：546 - 549.

[45] 王海涛. 基于 RS232 串口的数控机床程序传输及状态监控系统的研究 [D]. 长春：长春理工大学，2012.

[46] 闫伟国，王敏杰，何祝林. DNC 技术的内涵和发展 [J]. 组合机床与自动化加工技术，2001 (8)：28 - 30.

[47] 张挺. 通过 DNC 接口实现数控机床网络化管理的可行性方案[J]. 计算机与信息技术，2007 (7)：56 - 57.

[48] 敖茂尧，覃贵礼，林雯. 基于 OPC 技术的数控机床数据采集应用研究 [J]. 计算机与信息技术，2009 (3)：64 - 66.

[49] 付林云. MES 中数控车间数据采集系统的研究和应用 [D]. 杭州：浙江大学，2008.

[50] 毕海霞. 数字化机床建模及其切削仿真技术研究 [D]. 天津：河北工业大学，2007.

[51] 王栋，俞涛. 虚拟数控机床仿真系统的研究与实现 [J]. 机床与液压，2006 (9)：33 - 36.

[52] 王洪刚. 虚拟数控机床仿真系统的研究 [D]. 杭州：浙江大学，2004.

[53] 冯娟，杨承涛. 数控镗铣床的 3D 仿真建模及应用 [J]. 机床与液压，2013，41 (5)：161 - 163 + 166.

[54] 吴龙元. 数控铣床多领域建模与仿真应用研究 [D]. 广州：华南理工大学，2012.

[55] 李晓斌. 基于 WITNESS 的集装箱码头堆场闸口系统仿真研究 [D]. 大连：大连理工大学，2007.

[56] 陈彩丽，王加兴. 基于 Witness 的汽轮机叶片车间仿真优化方法研究 [J]. 轻工机械，2010 (4)：116 - 118 + 122.

［57］王苏安．面向全寿命周期管理的刀具直接标识与信息追踪技术研究［D］．西安：西北工业大学，2007.

［58］孙久文．一汽—大众总装车间人员优化配置方案设计［D］．吉林：吉林大学，2005.

［59］倪霖．基于 RFID 的汽车生产线信息集成模式及关键技术研究［D］．重庆：重庆大学，2010.

［60］裴世超．基于 RFID 的装配车间动态物料配送模式研究［D］．重庆：重庆大学，2010.

［61］邢琳琳．基于 RFID 技术的多信息动态标识系统的研究及应用［D］．杭州：浙江大学，2013.

［62］王春江，李平．物流标识技术的研究与应用［J］．科技信息，2007（5）：232－233.

［63］房殿军．生产线物流技术设备概况［J］．物流技术与应用，2003（7）：27－30.

［64］徐菱．现代生产物流成套设备系统管理与监控的关键技术研究［D］．成都：西南交通大学，2006.

［65］严新平，梁世翔．物流设备维护问题及对策思考［J］．中国设备工程，2008（10）：11－13.

［66］刘飞，曹华军，张华，等．绿色制造的理论与技术［M］．北京：科学出版社，2005.

［67］吕楠．快速物流通道布局研究［D］．长沙：长沙理工大学，2006.

［68］张党飞，阮晓光，王寅晨，等．浅谈数控加工中刀具的特点及选择［J］．制造业自动化，2011（5）：146－148.

［69］张新，张萍．数控机床刀具的分类特点及合理选择［J］．林业机械与木工设备，2007（6）：52－53.

［70］周嵘，潘晓彬，郑堤．车间机床监测系统的设计与实现［J］．组合机床与自动化加工技术，2002（9）：51＋54.

［71］蔡旺，杜道山，李从心．数控机床状态数据采集系统的实现［J］．机床与液压，2005（3）：59－61.

［72］高振清，孙厚芳，宫琳．车间现场信息采集技术研究与系统开发

[J]. 机械工程学报，2006（42）：188－191.

[73] 王蛟，宫政. 基于嵌入式系统的数控机床信息采集与监测技术的研究[J]. 机床与液压，2010，38（8）：90－92.

[74] 陈灿，刘鑫. 西门子840D数控系统数据采集的开发和实现[J]. 制造业信息化，2009（5）：122－124.

[75] FERRAZ F，COELHO R T. Data acquisition and monitoring in machine tools with CNC of open architecture using internet [J]. The International Journal of Advanced Manufacturing Technology，2005，26（1）：90－97.

[76] 肖士利. 数控机床状态数据实时采集与监视系统的研究开发[D]. 南京：南京航空航天大学，2008.

[77] 李继磊. 数控机床现代信息采集方法的研究[D]. 重庆：重庆交通大学，2012.

[78] 夏志. 基于嵌入式适配器的数控机床数据采集与监视系统设计与开发[D]. 上海：上海交通大学，2012.

[79] 李治，王敏杰，闫伟国. 一种基于Web的DNC数控机床信息采集系统[J]. 组合机床与自动化加工技术，2005（9）：110－112.

[80] 王智明. 数控机床的可靠性评估与不完全预防维修及其应用[D]. 上海：上海交通大学，2011.

[81] 汪春蕾，化玉荣. 提高数控机床工作效率分析[J]. 现代商贸工业，2010（3）：320.

[82] 房长兴，罗和平，高志永，等. 发动机缸体加工工艺研究[J]. 机械设计与制造，2013（3）：262－264.

[83] 殷洋武，邹恒琪，刘昌宏，等. HR发动机缸体生产线的工艺规划设计[J]. 组合机床与自动化加工技术，2009（2）：88－95.

[84] 金延安，洪方明. 发动机缸体加工基准的选择[J]. 发动机制造，2010（8）：78－79.

[85] 陈泽扬. 4缸柴油机机体加工柔性生产线的方案设计[J]. 柴油机设计与制造，2005，14（3）：125－127.

[86] 纪有君，田树民，刘德春，等. 内燃机缸体加工生产线研究[J]. 机械制造，2010（4）：60－63.

［87］王抒扬．发动机缸盖的机加工工艺及加工难点［J］．汽车工程师，2009（8）：37－40.

［88］杨俊峰，王红军，冯昊天，等．基于数字孪生模型的设备故障诊断技术［J］．设备管理与维修，2021（9）：128－130.

［89］王红军，邹安南，左云波．基于电流的主轴性能退化评估方法［J］．北京理工大学学报，2019，39（1）：22－27.

［90］王红军．生产过程信息技术［M］．北京：机械工业出版社，2006

［91］王红军．计算机辅助制造［M］．北京：机械工业出版社，2018.

［92］韩凤霞，王红军，邱城，等．基于S形试件五轴数控机床动态性能劣化评价［J］．制造技术与机床，2019（12）：50－54＋61.

［93］冯昊天，王红军，常城，等．基于数字孪生的柔性生产线状态感知［J］．电子测量与仪器学报，2021，35（2）：17－24.

［94］刘泽锐，邢济收，王红军，等．基于VMD与快速谱峭度的滚动轴承故障诊断［J］．电子测量与仪器学报，2021，35（2）：73－79.

［95］古文宇，王红军，邢济收．基于遗传算法与Flexsim的生产线缓冲区优化研究［J］．组合机床与自动化加工技术，2020（10）：51－54＋58.

［96］林雯雯，王红军，张怀存．可靠性分配在生产线设备选型中的应用［J］．北京信息科技大学学报（自然科学版），2015，30（6）：59－63.

［97］WANG L，WANG H J. Study of operational reliability assessment method based on devices operating information［J］. Key Engineering Materials，2016，693：1916－1921.

［98］WEI P S，WANG H J. Evaluation method of spindle performance degradation based on VMD and random forests［J］. The Journal of Engineering，2019（23）：8862－8866.

［99］WANG S C，WANG H J，HAN Q S，et al. Analysis of dynamic characteristics of five－axis CNC machine tool［J］. The Journal of Engineering，2019（23）：8790－8793.

［100］赵川，王红军，张怀存，等．高速电主轴运行状态下模态识别及高速效应分析［J］．机械科学与技术．2016，35（6）：846－852.

［101］YANG W，WANG H J. Rotating machinery fault diagnosis based on improver resonance sparse decomposition [J]. The Journal of Engineering, 2019 (23): 8848 -8851.

[102] 杨伟，王红军. 基于 VMD 共振稀疏分解的滚动轴承故障诊断 [J]. 电子测量与仪器学报，2018 (9): 22 -27.

[103] 邹安南，王红军，高杨杰. 基于改进 FMECA 的机床运行可靠性评价与提升 [J]. 北京信息科技大学学报（自然科学版），2018，33 (3): 31 -35.

[104] 魏帅充，王红军，王茂. 基于 EEMD 和 ICA 的轴承故障特征提取 [J]. 机械工程师，2017 (12): 1 -3 +6.

[105] 夏建华，王红军. 基于 DEMATEL - ISM 的复杂制造系统故障致因分析 [J]. 北京信息科技大学学报（自然科学版），2018，33 (3): 37 -41.

[106] 王红军，董婷，杨庆东. 基于资源约束的凸轮轴生产线用工策略仿真 [J]. 北京信息科技大学学报，2012，27 (1): 22 -27.

[107] 肖红，程良伦，张荣跃，等. 智能制造信息物理系统安全研究 [J]. 信息安全研究，2017 (8): 727 -735.

[108] 李刚，郑美红. 智能制造工控网络安全防护体系发展概述 [J]. 信息技术与网络安全，2019，38 (6): 6 -10.

[109] 兰昆，唐林. 智能制造信息安全保障体系分析 [J]. 通信技术，2016，49 (4): 469 -474.

[110] 杨帅锋，张莹，李俊，等. 智能制造网络安全风险分析与防护思考 [J]. 中国信息安全，2021 (1): 42 -45.

[111] 肖远军，刘波，陈琳. 动静协同的智能制造生产控制系统网络安全框架 [J]. 通信技术，2019，52 (1): 213 -217.

[112] 马娟，于广琛，柯皓仁，等. 工业互联网设备的网络安全管理与防护研究 [J]. 中国工程科学，2021，23 (2): 81 -87.

[113] 刘丽华. 工业信息安全思考与建议 [J]. 无线互联科技，2019 (1): 125 -126.

[114] 马英. 智能制造信息系统工控安全的研究与应用 [J]. 仪器仪表用户，2020，27 (7): 105 -109.

[115] 韩正. 智能制造领域工业控制系统网络安全防护研究 [J]. 网络安全技术与应用，2020 (11): 161 -163.

［116］倪旻，范菁，李晨光，等．工业控制系统信息安全防护技术研究综述［J］．云南民族大学学报（自然科学版），2020，29（6）：619－627.

［117］李绪国．工业控制系统信息安全与生产安全一体化管理体系探索［J］．信息技术与标准化，2020（6）：65－70.

［118］魏祺．工业控制系统信息安全研究综述［J］．通信电源技术，2019，36（5）：225－226.

［119］丁晓倩，向勇，李喜旺，等．工业控制系统信息安全研究新动态［J］．计算机系统应用，2021，30（2）：12－19.

［120］李焕．多层次体系环境的工业控制系统信息安全概述［J］．信息系统工程，2019（6）：65－67.

［121］陈彦彰，李继安．工业大数据信息安全风险研究及调控体系建议［J］．网络空间安全，2020，11（10）：6－11.

［122］孙健．工控网络仿真靶场的虚拟化场景构建研究［D］．哈尔滨：哈尔滨工业大学，2021.

［123］王荣壮．智能制造下的工业互联网安全风险应对分析［J］．网络安全技术与应用，2022（6）：94－96.